天津市普通高等学校人文社会科学重点基地
"滨海城市安全与智慧防灾"韧性防灾系列

国家社会科学基金重点项目（项目号：12AZD101）
国家自然科学基金重点项目（项目号：51438009）
国家"十三五"重点研发专项（项目号：2016YFC0502903）

曾坚　王峤　孙晓峰　靳瑞峰 等 著

Research on
Comprehensive

Disaster
PreventionPlanning
of Coastal Cities

滨海城市综合防灾
规划研究

中国林业出版社
China Forestry Publishing House

图书在版编目（CIP）数据

滨海城市综合防灾规划研究 / 曾坚等著. —北京：中国林业出版社，2020.8
ISBN 978-7-5219-0626-4

Ⅰ.①滨… Ⅱ.①曾… Ⅲ.①沿海–城市–灾害防治–城市规划 Ⅳ.①X4②TU984.11

中国版本图书馆 CIP 数据核字（2020）第 102397 号

策划编辑 吴　卉
责任编辑 张　佳

出版发行 中国林业出版社
　　　　　 邮编：100009
　　　　　 地址：北京市西城区德内大街刘海胡同 7 号 100009
　　　　　 电话：(010) 83143552
经　　销 新华书店
印　　刷 河北京平诚乾印刷有限公司
版　　次 2020 年 8 月第 1 版
印　　次 2020 年 8 月第 1 次印刷
开　　本 889mm×1194mm　1/16
印　　张 20
字　　数 480 千字
定　　价 65.00 元

编写人员

　　本书主要编写人员为曾坚、王峤、孙晓峰、靳瑞峰、曹湛、聂蕊、于洪蕾。在书籍的撰写中，刘晓阳、赵亚琛、辛儒鸿博士生和耿煜周、刘一瑾、李杜若、李晓、唐明珠、杨昊彧等硕士生参与了大量的资料整理、内容调整和表格绘制工作；出版社的张佳和吴卉编辑为本书的策划和出版付出了辛勤劳动，在此一并致谢！

前　言

　　进入 21 世纪以来，世界范围内的灾害发生次数不断增加，造成的损失级别也逐渐上升。在气候变化、城市不良建设及人口高密度集聚等的复合作用下，传统城市灾害的灾害链不断延长，作用机理日益复杂，并导致了城市新灾害类型不断产生，应对灾害的行动在全球已经成为了首要议题。尤其是 2020 年全球新冠肺炎疫情爆发以后，进一步兴起了人们对灾害扰动及其应对方式的深刻思考。此外，近年来，人工智能、大数据等新兴科技以及基于韧性城市的适灾理念的发展，为应对新情况下的灾害扰动提供了更丰富和更适合的工具方法。

　　城市安全问题是一个城市健康、有序发展的基础，和平年代所面临的灾害主要包括地震、火灾、风灾、洪涝、地质灾害、环境污染等常规灾害。这些灾害对城市居民的生命安全造成了严重危害。然而，过去的城市规划对于城市灾害的关注还远远不够。一方面，城市综合防灾规划的编制往往较为宏观，缺乏与中微观规划设计的有效关联，可操作性和实效性不强；另一方面，在具体的城市开发建设中，管理者、开发者对防灾规划和设计的重视度也不够，致使防灾规划往往流于形式。在城市的发展建设中，规划师的职责在于辅助政府制定正确的城市规划政策，引导社会认同合理的城市规划方法，从而避免城市灾害的发生，并在灾害来临时能够及时应对和降低损失。因此，我们必须清醒地认识到，城市安全是城市建设和发展的柱石，离开了安全城市这一基本目标，健康城市、美化城市等目标就无法实现；同时，城市安全问题也是其他研究的基础和底线，以安全城市为底线，探讨城市的美学原则、文化内涵等才有价值。

　　本书的编写初衷在于呼吁城市规划领域的规划设计和实施管理人员认识城市灾害的严重性，基于源头防控，降低灾害风险，建设具有应对灾害扰动能力的健康安全城市。笔者及研究团队近年来致力于城市安全与减灾防灾方面的研究，并陆续得到了包括"十二五"科技支撑计划（子项）、"十三五"国家重点研发计划（课题）、国家自然科学基金（重点项目）和国家社会科学基金（重大项目）在内的一系列基金资助，指导了一批该方向博（硕）士研究生的毕业论文，作为上述系列研究成果之一，笔者通过对相关内容的整理，以典型地域为主线，以分析灾害特征及致灾因子为切入点，以安全城市、适灾城市为目标，以综合防灾、平灾结合、韧性城市为主要原则，探讨符合现实需求的城市综合防灾策略和方法；为管理者提供制定政策的基础，为规划设计人员提供一定的方法指引。

　　希望本书能够对激发广大读者对城市灾害防控的重视，一起为构建安全城市贡献力量，也希望读者能够对书中的不足提出宝贵的批评和建议。

曾坚

二〇二〇年五月于天津大学

目 录

第 1 章　绪论

灾害一直伴随着人类发展的历史，可以说，人类城市建设的过程也是不断与各种灾害斗争的过程。从本世纪初开始，全球范围内的灾害呈现出发生频率增加和灾害影响扩大的趋势，防灾减灾已成为各国面临的首要问题之一[1]。

1.1 全球灾害现状及发展趋势

1.1.1 全球灾害现状

世界范围内来看，灾害发生次数不断增加（图1-1）。21世纪以来，世界上已发生40余次重大冲突和大约2500余场灾难。20多亿人受到影响，数百万人失去了生命，造成了基础设施、人口、人类安全的威胁[2]。例如，2008年我国5·12汶川地震，造成69227人死亡，374643人受伤，17923人死亡[3]。2011年日本311大地震引起海啸和核物质泄漏，造成118549人员失踪或死亡。2013年4月至发稿，全球地震活动比较频繁，我国共发生三级以上地震近2200次，其中7.0级以上地震就4次，6.0~6.9级28次，5.0~5.9级128次，2013年4月20日我国四川雅安发生7.0级地震，雅安多数房屋倒塌，至24日地震就造成200多万人受灾，引起196人死亡，21人失踪和11470人受伤[4]（图1-2）。2014年4月18日，墨西哥南部发生7.2级地震；2015年10月26日，阿富汗发生7.8级地震，造成265人死亡，超过2000人受伤；2016年4月16日，日本九州岛熊本县发生7.3级地震；2017年9月7日，墨西哥发生里氏8.4级地震，墨西哥城造成至少300人死亡。2017年11月13日，伊拉克发生7.8级地震，造成500余人遇难，近8000人受伤。

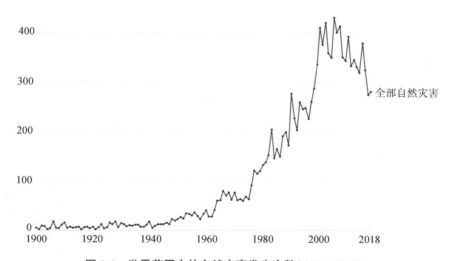

图 1-1 世界范围内的自然灾害发生次数（1900-2018）

来源：EMDAT（2019）：OFDA/CRED International Disaster Database，Unibersité
catholique de Louvain-Brussels-Belgium OurWorldInData. org/natural-disasters/·CC BY

　　从全球趋势来看，自然灾害造成的人员伤亡有所增加（图1-3），且造成经济损失显著增长（图1-4）。十一五期间（2006—2010年）我国发生了地震、泥石流、洪涝、干旱、台风、风暴、热浪、雪灾、火灾等多种灾害，共造成22亿人次受灾，10.3万人因灾害死亡或失踪，直接经济损失达2.4万亿元人民币。2005年"卡特里娜"飓风使美国新奥尔良市防洪堤决口，市内80%地区成为汪洋，造成1200多人死亡，经济损失达340多亿美元。十二五期间（2011—2015）相继发生严重夏伏旱、特大洪涝、地震、大洪水、超强台风等重特大自然灾害，因灾死亡失踪1500余人，直接经济损失3800多亿元。

图1-2　四川雅安芦山县7.0级地震

来源：四川雅安芦山县7.0级地震［DB/OL］．新浪新闻中心，http：//slide.news.sina.com.cn/zt/yadzh2013/4.html，2013

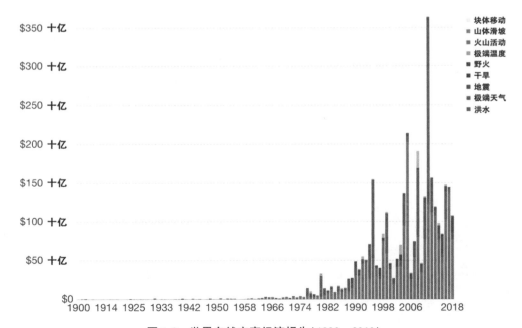

图1-3　世界自然灾害经济损失（1992—2010）

来源：EMDAT（2019）：OFDA/CRED International Disaster Database，Unibersité catholique de Louvain-Brussels-Belgium OurWorldInData.org/natural-disasters/·CC BY

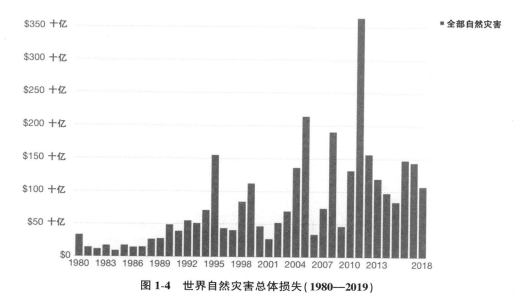

图 1-4 世界自然灾害总体损失 (1980—2019)

　　统计数据显示出世界范围内地震发生次数相对稳定，而风暴和洪水发生次数却不断增加（图 1-5）。2007 年世界范围内多国受到暴雨洪灾、泥石流影响，高温天气袭击美国、日本、欧

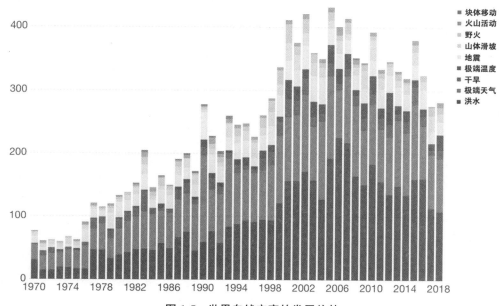

图 1-5 世界自然灾害的发展趋势

洲多个城市，欧洲共导致约600人死亡。2011年我国多数城市受到暴雨袭击，共造成13省(自治区、直辖市)86个市(州)510个县(市、区)3657万人次受灾。2012全球多个城市遭遇了极端气候灾害，包括飓风、高温、干旱、暴雨、暴雪、沙尘暴等(图1-6)。国家减灾委员会办公室在《"十二五"时期中国减灾行动》报告中指出，东部沿海地区平均每年约有7个热带气旋登陆，洪涝、台风等灾害主要集中在汛期。2011—2015年，国内有1600多条河流发生超警戒水位洪水，100多条河流发生超历史纪录大洪水[5]；热带气旋登陆强度显著增加，以强台风和超强台风级别登陆中国大陆地区的台风有10个(占台风总数的31%)。风暴和洪水发生次数的增加说明了世界范围内由于气候变化所引发的灾害风险正在增加，而这些自然灾害在很大程度上是人类活动直接导致，或是因为人类影响使得城市抵抗灾害的能力下降，从而形成了灾害[6]。

图1-6 美国"桑迪"飓风

来源：(左)Superstorm Sandy floods NYC streets，causes massive blackouts(右)Aftermath of Hurricane Sandy [DB/OL]. Xinhuanet，English. news. cn，2012.

除自然灾害以外，人为灾害如爆炸、泄漏等也造成了相当的经济和社会损失。2013年11月22日，青岛经济技术开发区中石化黄潍输油管线一输油管道发生原油泄漏，造成55人死亡，9人失踪，136人受伤住院。2014年7月31晚，高雄发生可燃气体泄漏连环爆炸事故，造成26人死亡、至少280人受伤、2人失踪。2014年11月16日，山东寿光龙源食品有限公司一胡萝卜包装车间发生火灾，事故导致18人死亡，13人受伤。2015年8月12日23：30左右，位于天津市滨海新区天津港的瑞海公司危险品仓库发生火灾爆炸事故，事故中爆炸总能量约为450吨TNT当量，造成165人遇难[7]。2015年12月24日，尼日利亚南部一天燃气厂发生爆炸并引发大火，造成100多人死亡。2018年3月25日，俄罗斯西伯利亚南部城市克麦罗沃一家购物中心发生火灾，造成至少64人死亡。

1.1.2 城市灾害演化趋势及特征

城市灾害具有多样性、复杂性、高频度、人为性、群发性、链状性、高损失性和区域性等多重特征，目前人们对于城市灾害的认识已经从突发性自然灾害及人为灾害扩展到渐进性破坏的环境污染等各方面，因而常态下的城市规划建设与灾害的萌芽、孕育、爆发有着密不可分的关系[8]。

1.1.2.1 城市灾害的发展趋势

我国处在经济持续快速增长阶段，位于诺瑟姆 S 型城市发展曲线中的加速城市化阶段，这个阶段由于对经济利益的强烈愿望追求，过度重视经济而忽视可持续发展，易造成各类环境和社会问题等，成为潜在的人为致灾因素。总的来说表现出灾害次数上升、灾害强度增加的趋势。人为致灾因素种类增多，发生次数、造成的损失均不断上升。另外，新科技新方法在城市中的广泛应用致使新的致灾隐患不断出现，新灾害与原有灾害隐患之间的关系复杂化；原有致灾隐患的孕灾环境改变，也使得原有的致灾隐患的内涵和外延不断扩展和变化（表1-1）。

表 1-1　城市灾害的发展趋势

趋势	针对	描述
次数上升	发生频率	随着城市经济的发展，灾害的发生呈上升趋势
强度增加	灾害强度	灾害强度、造成的损失不断增加
人为灾害比例上升	致灾原因	自然灾害与人为灾害动态叠加，人为灾害在灾害发生次数、灾害造成损失中的比例不断上升
灾害范畴扩大	灾害范畴	新的致灾隐患出现，新旧灾害隐患关系更加复杂，原有致灾隐患的孕灾环境发生变化

1.1.2.2 城市灾害特征

城市灾害即承灾体为城市的灾害。城市作为巨大的承灾体，其人口和各类资源、财富的集中，建成环境的紧密等使其在面对灾害时表现出日益脆弱的状态。城市灾害在发生前、发生时、及发生后对城市的影响中表现出多样性、复杂性、人为性、高频度、群发性和连锁性，以及高损失性等特征（表1-2、表1-3）。

表 1-2　城市灾害在灾前、灾时、灾后表现的特征

发生时段	灾前			灾时			灾后
灾害特征	灾害种类	致灾因素		灾害频率	灾害特点		灾害影响
	多样性	复杂性	人为性	高频度	群发性	连锁性	高损性

表 1-3　城市灾害的特性

特性	针对	描述
多样性	灾害种类	城市内各种要素数量及种类多，相互影响，易引发的灾害类型多样
复杂性	致灾因素	城市内致灾因素和致灾机理复杂，表现在自然和人为以及非传统因素的相互作用
人为性	致灾因素	人工干预深入城市方方面面，自然致灾因素与人为致灾因素边界模糊；人为因素在灾害发生中所占比重上升，造成损失较大
高频度	灾害频率	城市是各类要素密集流动的场所，各类灾害发生频率高，城市规模与灾害发生次数呈现正比关系

（续）

特性	针对	描述
群发性 连锁性	灾害特点	大型灾害体现出群发性的特点，主灾发生后，往往伴随很多危害大、次数多、范围广的次生灾害，表现为短期内的持续发生或长时期内的间歇性发生。城市作为承灾体，其密集的环境和要素间的紧密联系，使灾害发展快并易蔓延到相邻系统，形成较大的扩张范围
高损性	灾害影响	城市各类要素的密集状态及相互依存的关系，使其在发生灾害时受到的损失高于灾害本身造成的损失

1.2　滨海城市防灾研究的重要意义

滨海城市是以海岸线为界线，以海洋为依赖背景，向陆地延伸发展而形成的靠海的城市。与内陆城市相比，滨海城市拥有便利的海陆区位优势，丰富的物产资源，开阔的水域空间以及独特的生态系统等特征[9]。

海陆过渡地带的地理和资源优势促进了其发达的城市经济和文化。众多的滨海城市发展形成了巨大的滨海城市带，推动着全球经济与社会的发展。如美国集中在以纽约、费城为代表的美国东北部大西洋沿岸城市带，欧洲以巴黎及荷兰的阿姆斯特丹港口城市为代表的欧洲西北部城市带；带带相连的滨海城市群，成为世界经济发展的动力，世界范围内的滨海城市开发已经成为经济全球化的必然趋势。

我国拥有 1.8 万 km 的海岸线，东部沿海地区在仅占全国 12% 的国土面积上，集中了全国 50% 以上的城市人口、城市建成区面积和房屋建筑面积，并创造了占全国 60% 以上的 GDP。我国滨海城市濒临太平洋西部，从北到南主要包括辽宁省的大连、东港、凌海、营口、盘锦和葫芦岛等，河北省的秦皇岛，天津市，山东省的东营、潍坊、烟台、青岛、日照、威海等，江苏省的南通、连云港、盐城等，上海市，浙江省的温州、宁波、舟山、海门、乍浦等，福建省的福州、漳州、厦门、宁德、莆田、泉州等，广东省的湛江、茂名、阳江、珠海、汕头、汕尾等，广西的防城、北海、钦州和海南省的海口、三亚等，由于地处东半球中纬度地区，气候宜人，物产丰富。自 19 世纪中期我国多个口岸被迫开埠通商以来，滨海城市一直在我国经济发展的历程中发挥着至关重要的作用。中华人民共和国成立前东部沿海地区便是我国的经济发展重心①，1949 年后一段时期内虽然发展势头有所减缓，但是仍然是国家轻重工业的主要基地。改革开放以来，国家提出优先发展东部沿海地区，沿海地区得以迅速发展，城市规模扩张，城市化水平快速提升，远超过内陆其他地区。目前滨海城市各方面积累及财富增长速度仍高于全国其他地区，滨海城市的稳定，是我国可持续发展的根本保障。

地域特殊性在很大程度上决定了滨海城市的产业结构。我国滨海城市的典型产业集中于港口贸易、沿海旅游、重化工产业以及海洋产业等几个方面。

---

① 沿海地区重工业比重占全国的 70% 以上。

（1）由于地处海陆交接的门户位置，港口贸易运输产业凭借其天然的区位优势，一直是滨海城市的主导产业之一，该种产业主要布置于港口码头及其腹地（加工、生产），我国著名的港口码头如天津港、青岛港、宁波港、上海港等。（2）海陆交接的海岸线部分拥有丰富的海、陆景观与自然资源，适于发展旅游产业。滨海旅游上可追溯至古罗马时期，在当代更是得到极大发展，也是滨海城市的主导产业之一，有力地推动了滨海城市城市化进程的发展①。（3）我国著名的旅游城市包括青岛、大连、三亚、海口、厦门等。滨海城市重化工产业的发展，凭借于两方面优势，一方面是北方沿海地区丰富的矿产、石油资源以及便利的交通运输条件，另一方面我国滨海城市在全球以重化工产业为代表的全球产业向中国转移的背景下，迎来了沿海化工园区建设的高潮。另外，渔类海洋资源及其相关产业也是滨海城市的主导产业之一。

改革开放 40 年来，作为中国经济的先锋地带，众多滨海城市已成为区域性乃至全国性的经济中心和国际化窗口。我国对外开放城市和高新技术开发区大都集中在滨海地区，沿海地区已建立 2 万多家外商企业，避免及减少沿海地区的灾害影响，不仅是滨海城市生命安全的基本保障，也是改善招商引资环境、促进经济社会可持续发展的重要支撑。

当前我国滨海城市的发展面临三大契机。（1）我国东部沿海城市正在进入向海洋发展转型的关键时期。十八大报告明确提出了"建设海洋强国"的发展策略，"十二五"发展规划首次提出了"陆海统筹"，国家"新型城镇化"战略规划对东部沿海城市群提出了"推进海洋经济发展"等发展要求；与此同时，在我国 54 个沿海城市中，90%以上均提出"海洋发展""陆海联动"等地方发展战略。（2）当前我国面临"第四次产业转移"浪潮，中国成为世界发达国家以重化工业、制造业为代表的转移产业承接地，滨海城市以其特殊的地理、交通和资源优势，成为产业转移的首要承接地。（3）十八大后我国提出"新型城镇化"的城市发展战略，将城镇化的发展重心由传统的城市规模扩张转向关注城镇化质量的提高、关注人的城镇化进程。在此复合发展背景下，我国滨海城市空间组织与发展呈现出诸多变化和趋势，主要体现在城市人口与资本将继续集聚，发展重心将向海岸带转移；滨海产业区呈现组团发展态势，沿海工业园规模继续发展扩大；城镇化重心转向追求质量城镇化、人口城镇化等等。

现代化进程的加速使得沿海城市的经济规模及综合价值不断提升，与此同时，城市在快速发展的过程中，复杂程度不断增高，城市问题与城市风险也在不断加剧，沿海城市的公共安全面临着巨大的挑战。由于自然界受人类社会发展的不断干扰，灾害影响加剧，海洋灾害的反应速度较之其他灾害更快，叠加于滨海城市之上的灾害也更为突出。而滨海城市的建设和发展受到海岸带生态环境与公共安全高度复杂和动态性的制约，不合理的开发会引起海岸生态环境的污染和破坏，潜在自然灾害也可能对滨海城市造成不可估量的损失。

我国多年来计划经济体制的副作用，即部门管理之间壁垒森严，海陆之间、灾种之间、地区之间缺乏彼此之间的统筹协调，尽管在单一部门、单一灾种的研究实践中都取得了重要进展，但随着社会协同、社会分工的加剧，体制与封闭的经济发展方式与防灾减灾模式所带来的

---

① "旅游城市化"（tourism urbanization）是 Mullins 最早提出的，他认为旅游城市化是 20 世纪后期在西方发达国家出现的，基于后现代主义消费观和城市观（注重享乐，pleasure）的一种城市形态，是一种建立在享乐的销售与消费基础上的城市化模式。

问题也愈加明显，难以应对愈加复杂与"立体化"的城市。因此，在数字信息化的今天，在统一、协调和高效客观需求下，开展基于数字技术的滨海城市综合防灾理论研究，构建数字化的城市综合防灾系统，是现代化城市发展需要研究解决的重大科技问题。

参考文献

［1］UNISDR. How To Make Cities More Resilient＿A Handbook For Local Government Leaders［R］. GFDRR，2012.

［2］联合国环境规划署. 灾难与冲突［DB/OL］. http：//www. unep. org/chinese/conflictsanddisasters/%E7%AE%80%E4%BB%8B/tabid/3694/Default. aspx.

［3］5·12汶川地震［DB/OL］. 百度百科. http：//baike. baidu. com/view/3486152. htm？fromId＝1587662&redirected＝seachword.

［4］4·20雅安地震［DB/OL］. 百度百科. http：//baike. baidu. com/view/10481163. htm？subLemmaId＝10663673&fromenter＝%D1%C5%B0%B2%B5%D8%D5%F0&redirected＝alading.

［5］中国气象局. "十二五"时期中国的减灾行动［EB/OL］. http：//www. cma. gov. cn/2011xwzx/2011xqxxw/2011xqxyw/201610/t20161012_ 332929. html.

［6］How To Make Cities More Resilient：A Handbook For Local Government Leaders［R］. International Strategy for Disaster Reduction. Unite Nations，2012.

［7］https：//baike. baidu. com/item/8·12天津滨海新区爆炸事故/18370029？fr＝aladdin.

［8］王崤，曾坚. 高密度城市中心区的防灾规划体系构建［J］. 建筑学报，2012（8）：144.

［9］吴晓莉，陈宏军. 美国滨海地区综合管理的经验［J］. 城市规划，2001，25（4）：26-31.

第 2 章　滨海城市综合防灾研究综述

在滨海城市的防灾减灾研究中，自 20 世纪 80 年代起我国进行了以珠三角、长三角为代表的滨海城市开发，近年来又加强了环渤海地区的区域发展，在滨海城市功能提升与人居环境安全保障等理论研究、关键技术和管理方面取得了较大进展。

近年来，在持续深入研究各灾种防灾减灾措施的基础上，国际上逐渐形成了从工程措施向非工程技术手段转变的防灾减灾趋势。重视运用 3S、智慧技术等新技术，基于防灾物流及信息系统的综合平台，充分运用先进的信息管理手段和工程技术，确保及时发现灾害隐患、控制灾害扩展和蔓延并实施及时救援，提升及时处理城市的突发性、灾难性事故应急能力。

2.1 防灾减灾研究的发展回顾与前景展望

2.1.1 国内外防灾减灾学术研究

2.1.1.1 国内相关研究动态

（1）城市防灾与城市规划系统方面的研究

在城市防灾与城市规划领域中，北京师范大学史培军及其团队编制了中国城市自然灾害区划图，依据灾害系统理论和中国自然灾害数据库，将中国城市灾害区划为 3 个一级区，15 个二级区和 22 个三级区[1~4]，并在中国城市地震灾害、城市洪涝灾害以及城市灾害风险评价等方面进行了深入研究。金磊在城市灾害学理论与实践领域进行了探索，针对城市灾害的各个层面进行了较多研究，如工业灾害的减灾对策、城市人为灾害的减灾对策以及建立城市综合防灾规划等相关内容[5~11]。同济大学戴慎志对城市综合防灾规划中面临的问题等进行探讨，提出了从空间布局设施入手协调单灾种规划的关系等观点，强调城市防灾规划的系统性与综合性[12~14]。华南理工大学吴庆洲对中国古代城市的防灾选址、唐代长安城的防洪等进行了开拓性研究，并致力于城市与工程减灾的相关基础问题探索[15~17]。高庆华分灾种、分区域对我国防灾减灾能力进行了较为全面的研究[18]，谢礼立院士和张风华建立了城市防震减灾能力评估指标体系以及相应综合指数评估方法[19]。王薇建立了城市综合防灾应急能力评价指标体系及可拓评价模型求解算法[20]。王威分别用云模型、分形理论和贝叶斯理论对城市防灾减灾能力进行了探讨[21~22]。何明阐述了城市安全规划的本质，认为确定规划目标是城市安全规划的核心问题，并研究了城市风险预测的安全决策、城市安全规划的内容及规划实施细则等内容[23]。

（2）城市化与城镇灾害的研究

在城市化与城镇灾害的相关研究领域内，众多专家和学者从城市发展战略、资源与环境等角度探讨了快速城市化中城镇问题，并从地质灾害、内涝灾害和环境生态保护与污染防治等角度论述了城镇化与灾害防治问题。

仇保兴从城市的空间发展、资源与环境危机等方面，分析了我国城市化的发展策略，提出了我国城市化 C 模式等结论[24]，并分析了快速城市化的问题及危机解决对策等[25]。刘亚臣等分析了城市化与灾害的耦合机理，探讨了城市安全管理、安全预警以及安全支持系统的构建途径[26]。许有鹏分析了城市化对流域下垫面土地利用、地表覆盖变化以及河流水系的影响，探讨了平原区洪涝淹没模拟计算及流域洪水风险图系统的制作方法[27]。彭珂珊针对城市化快速发展面临的系列地质灾害，提出了整治城市地质灾害的基本对策与管理措施[28]。姜德文探讨了中国城市化进程中的内涝灾害频发原因，提出了预防和遏制城市内涝的综合措施[29]。梁旭辉分析导致城市型水灾害频发的原因，并概括其新特征，提出了综合灾害风险防范新模式[30]。刘学应提出应考虑水环境的承载能力，完善水利工程体系和社会保障体系，并建立水灾害风险应急防控新体系的观点[31]。单菁菁以"去脆弱性"为目的，探讨了快速城市化背景下提高我国城市安全的可行途径[32]。于宏源基于城市应对气候变化的综合视角，指出城市化与温室气体排放关系密切，城市化导致温室气体排放、环境恶化，并成为整个区域经济发展过程中主要限制因素的观点[33]。孙亮研究了随着城市化进程加快大气气溶胶污染日趋严重的问题，系统探讨了灰霾天气控制措施、监测方法与治理对策[34]。中科院遥感科学国家重点实验室基于遥感数据，用 GIS 系统分析了伶仃湾在快速城市化进程中的耕地占用、河道变窄、洪涝灾害加重等问题[35]。俞孔坚运用 GIS 和空间分析技术，对北京市水文、地质灾害等进行了系统分析，提出城镇空间发展预景和土地利用空间布局的优化战略[36]。

（3）城镇人居环境安全与地域性防灾研究

在保障我国城镇人居环境安全的研究层面，吴良镛借助复杂性科学的方法论，通过多学科的交叉从整体上予以探索和解决，以建设人类理想的聚居环境为目标，探讨人与环境间的关系[37]。重庆大学赵万民针对山地灾害的特点，探讨了以西南地区为代表的山地城市规划适应性理论、方法，以及人居环境建设研究等[38-39]。中国科学院水利部成都山地灾害与环境研究所多年来针对山地城市的特点，对地震、泥石流、生态环境灾害展开多维角度的灾害防治研究[40-41]。

（4）城市设计与数字化防灾减灾研究

在绿色城市设计层面，东南大学王建国基于城市可持续性设计领域，提出绿色的城市规划设计方法体系和低碳城市规划设计理论等，并在大尺度城市空间形态演化层面提出了相应城市设计的演化机理和优化控制方法等[42-43]。同济大学刘滨谊倡导可持续的防灾理论、提出了城市空间的微气候控制方法及生态景观调控机制，并建立了典型区位的景观规划理论及优化方法体系[44-46]。华南理工大学孙一民提出城市空间的可持续设计原理与方法，以及大型建筑的防灾设计方法体系等[47-48]。西南交通大学董靓探讨了城市热岛效应及微气候调节等方面的可持续防灾机理[49-50]。马恒升等引入低影响开发（Low Impact Development，LID）雨洪管理理念，探讨了应用 LID 技术缓解城市水环境危机，促进城市可持续发展的策略与方法[51]。

在数字化防灾减灾层面，中科院遥感科学国家重点实验室基于遥感数据，用 GIS 系统分析了伶仃湾在快速城市化进程中的耕地占用、河道变窄、洪涝灾害加重等问题[35]。中国地震局工程力学研究所在鞍山市城市综合防灾系统的示范研究中，采用 TurboC 语言编制建立了城市房屋建筑和地质灾害信息管理系统，并汇集有关综合防灾的工程信息。清华大学江见鲸等在镇江市综合防灾对策示范研究中，应用计算机技术进行综合防灾应用，包括防洪减灾、消防通信指挥、地震分析。中南大学徐志胜、冯凯等运用 VR-GIS 技术，在对小城镇洪灾三维可视化模拟基础上，辅助管理人员在远离现场的情况下，提前组织人员疏散与财产转移，为洪灾应急反应提供辅助决策支持[52]。

2.1.1.2　国际相关研究动态

（1）城市综合防灾减灾与监测评估研究

西方国家的防灾减灾基本经历了由单项防灾向综合防灾，再转向危机管理的发展历程。美国成立了美国国家大洋大气管理局（NOAA），专门监测滨海区域及全球范围的大气和海洋变化，提供对滨海地区城市的灾害天气的预警，绘制海图和空图。通过气象数据和卫星监测系统对气象灾害预测分析，还成立强风暴实验室（NSSL），专门预测滨海城市地区的海啸、龙卷风和飓风等滨海地区极端天气灾害[53-54]。在城市灾害的风险指标评估领域，国外以灾害风险指标计划（DRI）、多发展指标计划（Hotspots）和美洲计划（American　Program）等评估计划为代表[55]。

（2）基于地域性灾害的防灾研究

在基于地域性的防灾减灾研究领域，滨海和山地城市因其经常遭受灾害而作为研究的主要类型。滨海城市防灾方面，美国专门为滨海城市的气象灾害的防治出台了一系列有关法律，日本在 20 世纪 70 年代就开发了滨海风廓线雷达网（WINDAS）以实现滨海区域大气立体实时监测。1998 年 4 月 28 日，日本颁布了世界上第一部气候变化专门法律《气候变暖对策法》，以应对滨海区域突发的海洋气候灾害[56]。在山地城市的灾害防治研究领域，西方"滑坡危险区划理论"的研究始于 20 世纪 60 年代，在美国以及一些西欧国家，利用敏感因素划分山地斜坡的危险地带。例如，20 世纪 60 年代末，美国在加利福尼亚州，利用"滑坡敏感性预测方法"对该区的山地城市周边的斜坡进行了危险性分区。70 年代初期，法国专家提出了"ZERMOS"法进行山地城市滑坡危险性分区研究，建立滑坡分区的数学模型，对法国局部山区城市进行了滑坡危险性分区研究[57]。80 年代，日本采用地震、坡度以及降雨等因素对山地城市灾害进行空间预测[58]。

（3）基于数字化技术的防灾减灾研究

美国应用数字技术及数字化技术城市防灾观念及相应措施起步较早，早在 1963 年美国成立了第一个研究灾害对社会及城市影响的机构——美国灾害研究中心，主要从事对社会紧急事件做出反应的多种社会研究及应急手段。随后，美国国家大洋大气管理局（NOAA）、联邦灾害救助局（FNAA）、国家科学基金（NSF）、总统灾害救济基金（PDRF）以及联邦紧急事务管理署（FEMA）等机构也相继成立[53]。

美国联邦应急管理署（FEMA）根据与国家建筑研究院达成的合作协议，通过基于电脑系统平台的称为"HAZUS"的地理信息系统软件形成全国范围的损失评估标准方法。美国洛斯阿拉莫斯国家实验室（Los Alamos National Laboratory）的城市安全规划，首先采用计算机模拟和 GIS，模拟城市各部分受损时的情形，并提出相应评估和对策。Emmi，P. C. 等人采用 GIS 进行了美国盐湖城震后的经济损失和人身伤亡的评估。R Gamba 采用 GIS 和遥感技术进行地震受灾区域适时破坏评估[59]。

日本十分注重互联网在城市安全及综合防灾中的应用，其简易性城市灾害模拟，就是基于信息平台建立起的一种高效的城市灾害预防手段。它是以 GIS 作为平台开发城市灾害评估与管理决策信息系统涉及城市的场地、建筑物、生命线系统和次生灾害易损性评估，以及适时对策决策等多方面的问题，可以对城市进行全方位的灾害评估，找出薄弱点，这是日本目前城市综合防灾工作的重点发展方向。

日本同样重视通过智慧的防灾规划措施应对城市安全问题及重大灾变。日本的地区防灾规划布局体现出物联的特点，城市规划防灾措施十分完备。其规划布局理念是指灾害可能涉及的区域所制定的防灾规划，由日本各地方政府（都、道、府、县，以及市、街、村）依据防灾基本规划，结合本地区的灾害特征而制定的适合本区域的都（道、府、县）地区防灾规划和市（街、村）地区防灾规划。还有以灾害为单位的，涉及两个以上都（道、府、县）和市（街、村）区域的全部或一部分跨行政区域的指定地区的都（道、府、县）防灾规划和市（街、村）防灾规划[56]。目前，日本所有的都、道、府、县已经制定了各自的地区防灾布局规划，几乎所有的市、街、村也都在制定本行政区的地区防灾布局规划。

西班牙 Jose，Badal 等人评估、考虑地震衰减关系和区域人口密度等因素，使用 GIS 技术进行全部数据分析和处理。西班牙 M. J. J. line' lleza 等使用 GIS 分析巴塞罗那场地液化情况，并进行地震危险性评价等。Miles，Mankclow 等采用 GIS 技术分析地震引发的山体或山脉滑坡的危险性[56]。

2.1.2 国内外防灾减灾建设与管理

2.1.2.1 国内相关建设与管理

我国国家层面的防灾减灾规划包括《中华人民共和国减灾规划（1998-2010 年）》《国家综合防灾减灾规划》《国家防震减灾规划（2006—2020 年）》《防震减灾规划（2016—2020 年）》等，规划通过分析现有灾害形势，制定出一个时间阶段内的减灾规划目标和主要任务，并确定工作重点和保障措施，作为地方减灾政策和策略指定的指导。

在区域层面，针对某一城市的减灾规划则主要包含在城市总体规划中。我国大部分的城市总体规划都会包含综合防灾规划，内容是针对城市主要灾害的应对策略。但其基本上以工程方法为主，涉及城市空间内容较少。只有少数大城市专门出台了减灾专项规划，例如，《重庆市防灾减灾规划导则》从地质灾害、火灾、洪灾、震灾以及气象灾害等几个方面针对灾害类型特征对城市的减灾应对策略进行了详细探讨。《北京中心城地震及应急避难场所（室外）规划纲要》和《北京市地震应急避难场所专项规划研究》主要针对地震灾害，从数量，面积、位置、空间关系等多方面对北京现有可利用的应急避难场所进行了分析，并根据现有问题提出了规划设计方法。又如《深圳市应急避难场所专项规划（2009-2020）》的主要内容包括应急避难场所体系、配套应急交通和生命线体系等，其中重点研究内容为室外避难场所和室内避难场所的设计原则和方法。再如天津在地区城乡总体规划中对综合防灾规划编制专门进行了研究，研究中对天津的防灾分区，应急道路体系和避难疏散场所等城市空间相关内容进行了系统探讨。另外《天津市防灾减灾地震避难场所规划》中对防灾避难场所进行了专项研究。

目前我国防灾管理方面研究已全面开展，但内容主要集中在理论和管理体系框架，成果以指导性政策原则为主要形式。防灾管理的相关著作主要包括许文惠的《危机状态下的政府管理》[60]，中国现代国际关系研究所编著的《国际危机管理概论》[61]，薛澜等教授的《危机管理：转型期中国面临的挑战》[62]，李经中的《政府危机管理》[63]，阎梁等的《社会危机事件处理的理论与实践》[64]，中国行政管理学会课题组的《中国转型期群体性突发事件对策研究》[65]等。应急预案修订完善是国家"十二五"期间公共安全领域的重要任务之一，针对这一国家重大需求，许多机构和学者相继开展了防灾管理方面研究。四川大学赵昌文作为项目协调人，与四川大学、清华大学、西南交通大学、电子科技大学和西南财经大学等高校共同完成了国家自然科学基金资助项目"汶川特大地震的应急管理和灾后重建若干问题"研究。中国应急管理学会副会长刘铁民在国家自然科学基金重点项目和集成平台项目资助下，进行了应急预案重大突发事件情景构建，提出了以"情景——任务——能力"为技术路线的应急预案编制方法[66]。在国家社会科学基金资助下，武汉理工大学管理学院的宋英华进行了重大突发灾害事件全面应急管理机制研究；四川省社会科学院周友苏进行了应对重大自然灾害和重大突发公共事件对策研究；四川西南石油大学经济管理学院高军完成了完善灾害风险管理与减灾预警机制研究；广东省委党校段华明开展了我国城市减灾的社会机制研究；中国社会科学院经济研究所栾存存应对巨灾事件的策略研究；另外，天津大学计算机学院构建了城市应急管理系统体系的五层体系结构。同济大学相关课题组对城市突发公共事件应急管理相关规范和标准体系框架、中小城市突发公共事件应急管理体系与方法及城市信息化智能决策应急指挥系统的技术框架模型、上海城市应急管理系统总体技术框架等开展了研究。

此外，近几年来逐渐增多的城市灾害使得城市空间的防灾减灾作用逐渐被人们所重视。基于城市空间的防灾减灾措施，特别是以应急避难场所为主要内容的专项规划在多个城市中开始实施。如《北京中心城地震及应急避难场所(室外)规划纲要》和《北京市地震应急避难场所专项规划研究》主要针对地震灾害，从数量，面积、位置、空间关系等多方面对北京现有可利用的应急避难场所进行了分析，并根据现有问题提出了规划设计方法。又如《深圳市应急避难场所专项规划(2009-2020)》的主要内容包括应急避难场所体系、配套应急交通和生命线体系等，其中重点研究内容为室外避难场所和室内避难场所的设计原则和方法。再如天津在地区城乡总体规划中对综合防灾规划编制专门进行了研究，研究中对天津的防灾分区，应急道路体系和避难疏散场所等城市空间相关内容进行了系统探讨，另外还在《天津市防灾减灾地震避难场所规划》中对防灾避难场所进行了专项研究。近年来，我国台湾加强了对城市防灾规划和危机管理体系的研究，制定了防灾计划[67]，大学的相关专业开设了防灾课程[68]，有的还开设了专门专业[69]，并规定地区灾害防救规划由直辖市、县市地区灾害防救规划和乡、镇地区灾害防救规划组成，规定灾害对策、灾害应对、灾后复原 3 个方面[70]，另外众多学者还在防灾资源分配与防灾生活圈规划等方面进行了一系列的研究[70-71]。

在防灾应急预案方面，我国防灾管理长期以来沿袭了计划经济的分部门分灾种的单因子管理系统，权责界定不甚明晰，城市缺乏统一有力的灾害应急管理指挥系统，且各部门和各地方发展水平差异明显，区域合作联动性较弱。我国防灾管理方面研究在 20 世纪 80 年代后期逐步开展，2003 年非典事件后针对应急管理的研究成果逐渐增多，防灾管理研究体现出多视角下跨学科的特征。目前，以应急预案和应急管理体制、机制、法制四要素组成一案三制的应急管理体系框架已基本形成，但管理体系各要素还存在较大的提升空间，如管理体系的优化、应急法制的完善、应急预案的可操作性等。目前我国仍缺乏动态复杂的防灾决策研究，对防灾决策中具体的应急决策理论、方法和技术的研究较少。防灾决策方向研究领域集中于社会学科，如北京师范大学地理学与遥感科学学院苏筠进行的社会减灾能力信任对公众应急行为决策的影响研究；国防大学战略教研部唐永胜进行的国家安全战略中的危机决策等；防灾管理决策作为城市规划与管理、信息等学科的综合问题，需要对城市灾害和管理决策特点进行全局的把握，特别是滨海城市的重大灾害具有突发性、罕见性和不确定性等特征，使防灾管理仅靠以往定性决策的经验难以实现科学性和最优化的选择。基于智慧技术的城市防灾管理决策将预案推理与人工智能结合用于城市危机管理决策问题求解，涉及管理科学、人工智能、运筹学、计算机科学和决策科学等诸多领域，是决策技术和优化理论的结合[72]，是城市防灾管理的发展趋势，对加强城市防灾管理能力，提高决策的科学性、预见性、实时性、智能性，保障滨海城市安全具有重大意义。

2.1.2.2 国际相关建设与管理

（1）美国国际开发总署沿海社区弹性研究

1950 年颁布的《灾害救助法》和《联邦民防法》是美国防灾减灾方面的基本法，经历了半个世纪多的多次修改完善，已成为综合防灾和统一应急救援的体系。1963 年美国成立了灾害研究中心，主要从事对社会紧急事件做出反应的多种社会研究。随后相继成立美国国家大洋大气管理局（NOAA）、联邦灾害救助局（FNAA）、国家科学基金（NSF）、总统灾害救济基金（PDFR）以及联邦紧急事务管理署（FEMA）等机构对防灾减灾事务进行管理。联邦紧急事务管理署（FEMA）担负领导和协调全国性公共安全事务的职责，其推行综合性应急管理理念，强调由单灾种的防灾减灾向多灾种转变；并根据紧急事态管理的生命周期理论（Emergency Lifecycle），建立了减灾、准备、反应和恢复的四阶段综合防灾体系。另外，1997 年加州大洪水之后，美国逐渐形成了从工程措施向非工程措施转变的防灾新观念，并强调建立公共安全灾害防治信息系统的重要性，以确保及时发现灾害风险并控制灾害扩大蔓延的作用。

（2）世界银行基于气候变化的韧性城市

世界银行（the World Bank）为了推动东亚城市政府决策者更好地理解气候变化概念、城市脆弱性，以及采取有效措施应对气候变化，于 2009 年出版了报告《气候变化韧性城市：东亚城市降低气候变化脆弱性及增强灾害风险管理入门读本》（A Primer on Reducing Vulnerabilities to Climate Change Impacts and Strengthening Disaster Risk Management in East Asian Cities）中指出，在城市发展过程中，气候变化和对于灾害风险的管理是重要的组成部分，重点强调了降低城市灾害风险并采取应对气候变化的行动能够降低城市脆弱性，并且在城市可持续发展的内容中应该体现。另外，该报告中阐述了气候变化、灾害风险管理和发展政策之间的关系，因为其中一方面的行动势必给另两方面带来或正或负的影响，这就要求政府在决策过程中必须保证任一方面的措施都不能使另外部分收到负面影响。该报告中提出了基于气候变化的韧性城市评价步骤：

第一步，对城市进行综合打分和评定，完成城市类型学及风险特征矩阵模型。其中在对城市进行综合打分和评定中，需要针对以下 10 个方面进行打分：城市及其规模描述、与灾害风险相关的治理结构、城市应对气候变化的管制与灾害风险管理、资源、财政方面、建成环境、灾害的经济影响、社会与政治影响、响应系统、自然灾害的威胁等。

第二步，对增加对热点问题的研究，必须对城区应对气候变化影响的脆弱性研究评估，不同产业部分的应对灾害准备情况和灾害响应情况评估两部分；

第三步，结合上述两个研究步骤的研究结果，研究整个城市当中"热点"问题的程度高低，其越高则相应表示该城市的韧性脆弱程度越高。未来相关信息库的建立与完善对整个研究有较大帮助，将其真正纳入到研究的具体行动中来，通过框架的建立对于整个城市进行评估分析研究。

（3）日本："安全都市"

日本是灾害多发国家，其防灾法律体系由基本法、灾害预防、灾害应急、灾害恢复和复兴四方面构成，为防灾活动的有序进行提供了法律保障和依据。日本的防灾体制可以分为中央政府、都道府县、市町村和居民四个层次，中央政府层次包括中央防灾会议、指定行政机构和指定公共机构。日本将灾害分为自然灾害和事故灾害，将防灾活动按照时间顺序分为 3 个阶段，分别为灾害发生前的预防对策、灾害发生时应急对策和灾害发生后的复原对策。防灾活动的主体也分为三个部分，包括国家、地方公共团体和居民，便于对各防灾主体的责任和义务进行明确划分。同时，日本十分重视防灾的教育和宣传，支持民间自发的防灾活动，提倡在自救、互助的基础上的政府公助。日本建立了较为完善的防灾措施体系，所有都、道、府、县已经制订了各自的地区防灾布局规划。1973 年日本提出把建设城市公园置于公共安全系统的地位，1993 年首次把发生灾害时作为避难场所和避难通道的公园称为防灾公园，随后进行了多次"关于防灾公园规划建设意见"的修订，最终建立了由六类城市开放空间构成的城市应急避难场所体系，包括广域防灾据点、广域避难场所、一次避难场所、街心公园、危险地带（石油企业）与城市的隔离缓冲绿带以及具有避难功能的绿色大道，并提出"防灾生活圈和阻断燃烧带"的城市防灾格局。1995 年神户大地震后日本提出必须建立抗御灾害能力强的社会和社区以防止灾害发生和减少灾害损失。

（4）亚洲防灾中心：亚洲地区都市减灾计划

亚洲防灾中心（ADPC）在 2002 年开始推行实施"亚洲都市减轻计划"，以减轻亚洲地区所遭受的城市灾害，保护居民的生命与财产安全。该计划主要针对日本的"安全都市"理念进行大量的案例研究。通过实践经验总结出城市不同区域、不同受灾群体在面对城市灾害风险时，应该采取何种防范措施，以及如何打造理想中的"安全都市"。对政府决策者、规划制定者和民众都有重要的指导意义。

综合国内外的相关学术成果和动态，目前关于滨海城市综合防灾的研究主要涉及近岸灾害预警研究、地震灾害研究、数字技术在单一领域的防灾研究等。尽管不同领域的学者已经就上述问题做出了有价值的探索，但仍缺乏基于数字技术的滨海城市综合防灾理论体系，尤其是数字技术、环境科学、地理科学等相关学科的研究成果与滨海综合防灾减灾设计和管理之间还缺乏有效的联系，需要依托当代信息技术，综合多学科的理论与方法，凝练关键性科学问题，实现理论上的提升。

2.1.3 防灾减灾研究前景展望

2.1.3.1 应对快速城镇化衍生灾害的各种问题

我国目前正处于城镇化进程快速发展的时期，城市人口比重由 17.92% 增加到 52.57%[73]。在 2011 年，中国城镇化率首次突破 50%，达到了 51.3%，比发达国家达到同期进程要快 20~30 年[74]。可以说，中国城市正经历着世界上规模最大、最剧烈的人与环境关系的演变过程。

城镇化的快速发展在取得经济效益的同时，导致了大量的孕灾环境，也带来了新的灾害问题。具体表现为：由于无序扩张、空间结构剧变与生态承载力超限，导致环境破坏与各种地质灾害加剧[75-76]；因高密度聚集和高强度开发，导致危险源密集、安全防护距离缺失、避难与救灾的困难，以及所引发风险增加和灾害链加长；因城市下垫面物理性能和水循环模式剧变，而导致城市洪水与内涝灾害频发[77]；以及因防灾标准缺失、设防等级不当和规划管理失控而导致的诸多安全问题等。

据我国民政部统计，20世纪90年代以来，我国每年灾害造成的直接经济损失高达数百亿至数千亿元，相当于国民生产总值（GNP）的3%~6%，每年有数千至上万人因灾害死亡。尽管我国在灾害学研究领域已得到重视，然而，随着我国城镇化的快速发展，城市环境不断恶化并带来新的灾害防治难点，而现有的城市灾害防治理论已经无法解决这些问题，相关的研究积累无法满足城市防灾新需求。总的来说，城市防灾规划理论和设计方法均滞后于当前城镇防灾的国家重大需求，主要体现在以下几个方面：

（1）快速城镇化不良建设导致的灾害隐患巨大

在快速城镇化的背景下，我国的城市建设强度远远超过了环境承载能力，城市各种系统越来越庞大复杂，但城市承灾能力却越来越脆弱[78]。由于快速城镇化急剧地改变了自然地形，并导致大面积的城市下垫面硬化，它破坏了自然水网系统，引发了雨洪泛滥和大量的城市内涝[79-80]；城市的无序扩张，使城市"五岛"效应放大，并形成新的灾害链；复杂地下的滥建，导致崩塌、滑坡与泥石流；高强度、高密度的建设，突破了环境容量和安全极限，造成地面沉降及防灾空间缺失。

随着城镇的空间结构发生急剧变化和"高、大、密"的建设趋势的出现，一些城镇衍生出系列新增灾害和次生灾害[81]，并急剧增强了灾害的危害度。诸如城镇内涝、城镇交通急剧拥堵、城镇风灾、地面塌陷、城镇热岛及雾霾等新增灾害，而且呈迅速蔓延之势。对此，现行城镇防灾规划原理已经不能满足防灾需求，亟需开展快速城镇化典型衍生灾害防治理论的研究。

（2）现存的城镇灾害防御体系的能力脆弱

我国的自然灾害具有种类多、地域广的特点，各地具有独特的灾害类型。高度发达的滨海城市尽管基础设施相对完备，但由于受到海域和陆域的双重作用，面临气象、海洋和地质等灾害的多重威胁。在快速城市化进程中，高强度开发和高密度人口集聚，以及滨海地带临港化工业园、石化园等易燃、易爆高密度产业云集，存在大量的巨灾隐患。与巨大的灾害威胁相比，使该地区风灾害防御能力仍显得十分脆弱。

（3）规划理论体系存有内在安全缺陷

传统的规划理论主要涉及城市空间布局、功能组织、形式设计等方面，着重于"功能"和"形式"两个核心，缺乏将"安全"理念系统地融入规划理论体系，无法从空间布局、功能优化和建筑形态设计等方面，系统指导防灾规划与建设实践，致使延误防灾最佳的阶段并影响防灾效益的发挥。另一方面，目前，我国的规划防灾理论停留于普适性的纲要层面，典型地域性防灾规划理论研究尚不系统，因此，系统性分析滨海城市的特征，结合滨海城市的地理与气候特点，提升滨海城市防灾规划理论意义重大。

（4）我国城市防灾理论迫切需要技术提升

当前，灾害研究中物理模拟技术和数字减灾技术飞速发展，为传统的城市防灾理论与方法的提升创造了良好的机会。3S 技术和计算机网络技术、多维虚拟现实技术、智慧技术等现代高新技术的应用，GIS、Airpak、Fluent、Phoenics 等各种模拟分析软件的日益强大与成熟，使城市防灾理论与方法高技化、数字化成为可能。与国外相比，我国传统的城市防灾理论科技含量相对低下[82]，一些防灾技术乃至防灾数据管理现存不少问题。城市防灾具有特定的地域性，无法简单复制国外防灾理论和技术方法，亟需吸收数字技术、智慧技术和绿色技术改造升级，结合我国国情，创新城市综合防灾理论体系与方法。

改革开放以来，我国在滨海城市建设中积累了大量理论和实践成果，但同时也引发了海岸带与流域生态环境退化、自然灾害频繁等一系列有待解决的问题。如何在高强度、快速开发的条件下建构滨海城市综合防灾体系，是滨海城市建设及国家总体发展战略实施过程中的亟待解决的重要课题。

2.2 滨海城市综合防灾规划原则与方法

2.2.1 滨海城市综合防灾规划原则

自然灾害在滨海城市灾害中占主要地位。自然灾害事件有多样性和灾害复杂链性的特征，表明自然灾害事件具有转化性和传递性。如果城市防灾体系的规划不合理，则很有可能导致自然灾害引发或转化为其他类型次生或衍生灾害，产生复杂的次级链式反应。因此，应对自然灾害事件的滨海城市防灾建设，需要建立整合各类型自然灾害、系统性协调性综合布局的多灾种治理体系。多灾种是指城市综合防灾需要应对的灾害类型多，但是并不是所有灾害类型都要纳入城市综合防灾的范畴，而只是那些在经过科学评估后，对城市长期性的可持续发展有着全局性、经常性、重大影响的主要灾害，才是城市综合防灾应该考虑的规划对象①。

根据现代协同论的观点，一个系统从无序化走向有序化，关键在于系统内部各子系统（要素）之间的非线性的相互作用（即协同作用）所产生的时间结构、空间结构的有序化，形成有一定功能作用的自组织结构，从而使系统整体表现出一种有序的状态。将协同论的观点应用于应对自然灾害的城市防灾减灾方面，防灾的实质就是城市与自然、城市与人之间的协同关系（自然属性风险与社会属性风险），而应对自然灾害的滨海城市防灾体系的实质就是对各种要素（各类属性风险）进行整合，使之协同互利。

城市的防灾体系是应对多种城市灾害（包括自然灾害与人为灾害）和综合多种防灾策略与措施的有机系统。整合性、系统性的多灾种城市防灾原则，是在城市现有防灾资源基础上，整合各种防灾策略与措施。一方面表现在工程性防灾设施建设的系统整合，还包括城市防灾体制、组织结构、资源供给等方面的协同配合，从不同的方面共同协调才能达到防灾减灾的目

---

① 城市防灾对策因灾害起因不同而不同，对于自然灾害和技术灾害，防范的直接对象是具有相对稳定性的物，属防灾范畴；而对于人为故意性灾害，防范的直接对象是具有主观能动性的人，属于防卫范畴；若三灾并发，应急程序方法基本相同。城市综合防灾的首要特点就是考虑多灾种，不只关注自然灾害，也要关注技术灾害；不仅关注防灾问题，也要关注防卫问题。

的。自然灾害不确定的特性决定了不存在普遍适应的防灾减灾机制与模式，御灾策略体系的构建，必须根据不同的地域环境特征调整和改进防灾减灾体制中的各要素，并建立相应的控制管理系统。同时，应对自然灾害的防御机制还必须同城市其他灾害的应对机制进行信息交流，如洪水、火灾、干旱等灾害，形成一种整体性的整合与协调。

因此，城市综合防灾应在梳理各种灾害灾种的基础上，厘清自然灾害与人为灾害、原生灾害与次生灾害之间的作用机理，有针对性地进行灾害减防的相关规划，并制定相应的综合对策；在其基础上，针对灾害发生后的各项救灾、重建恢复等工作进行统一管理、统筹规划[83]。

由于滨海城市填海城区灾害具有的多种负面属性，亟待一套完整的理论体系、操作方法以及管理机制去整合与协调，以达到防灾工作的有效性和运作效率的最大化。"综合化"的防灾理念是滨海城市填海城区防灾规划的必然选择。

2.2.2　当代防灾减灾规划技术方法

2.2.2.1　防控无序扩张与结构失稳导致典型灾害的数字化设计方法

防控无序扩张与结构失稳导致典型灾害的数字化设计方法一般包括应用遥感、遥测防控无序扩张和GSM、GIS灾害监控、灾害预警系统的规划设计技术方法；基于V-BUDEM软件，应用动态和微观模拟（Microsimulation Model）技术，进行城镇空间结构演变和增长模拟，探索基于生态结构优化理论，应对空间结构破坏和社会结构剧变引发公共安全问题的规划设计方法；基于气象学、地质学、水文学等理论，防控快速城镇功能拓展区地质、水文灾害与环境破坏等典型衍生灾害，优化自然循环系统，创新生态防灾设计技术方法。同时，针对复杂地形与地质条件，研究典型气候、水文及环境参量，整合和提升地域性生态防灾设计技术和工程措施，探索应对复杂地形与地质条件下技术手段，集成与创新环境污染治理和生态修复等灾害防治的工程技术方法。

（1）遥感监控灾害、防控无序扩张

遥感技术指的是通过航空或卫星等收集环境的电磁波信息对远离的环境目标进行监测识别环境质量状况的技术，通过对不同研究对象和不同区域的分析，从中得到所需要内容，并且对影响数据进行分析从而得到所需信息的研究手段。遥感技术汇集了现代光学、电子通讯、计算机、航天航空等领域进步的研究成果，是当代科技的重要技术手段，并逐渐参与到国民经济各个领域。如海洋、农业、土地管理、气象气候、地质、林业、城乡规划和生态环境等领域，为这些领域提供技术支撑。多光谱和空间分辨率的迅速提升是现代遥感技术的重要发展趋势。总体上看来，现代遥感的五大发展趋势为多角度、多光谱、多平台、多传感器和多时相的遥感数据的及时分析和快速处理，现代遥感进入了一个迅速、多手段、准确和动态地提供对地面观测的新的发展阶段[84]。

在城市区域进行遥感研究是遥感技术应用的起源。1858年，特纳克（GE Tournacor）将相机固定在气球上对巴黎进行拍摄，这是应用研究城市遥感的开端，也是应用遥感技术领域的开端。环境污染问题随着城市的迅速发展日趋明显，如果进行人员实地考察的研究方式消耗的财力和人力过大，而且结论会存在误差；而遥感技术能够迅速获得城市的发展现状及特征，作为一种重要手段在城市监测、管理、调查与规划方面拥有重要的位置。遥感技术拥有精确获取大尺度范围所需的空间布置特征，由于拥有这一优势遥感技术在现阶段受到社会各界、政府部门及学者的广泛关注。它能够对城市汇总的热污染、大气污染、水污染、固体废弃物污染及地面污染进行有效监测，还能够监测城市灾害预警、交通状况和土地利用变更等方面。

遥感分析需要对影像清晰、反差适中、时相好、各项指标均能符合要求、容易辨别地类地物的遥感空间影像数据进行预处理和进一步解译才能用于后续研究。常用的 Landsat TM 影像在地面接收站即进行过较粗的辐射校正和几何校正，除高精度的定量应用外，TM 影像一般只需要进行几何校正即可，校正后，进行图像增强处理、波段合成及图像拼接、裁剪处理，发掘遥感影像的潜在信息，突出和显示目标物的所需专题特征信息。根据不同土地利用类型的光谱反映特征建立翻译标志，采用目视解译法识别影像的特征属性，并结合野外调查资料对影像进行监督分类，得到遥感分类图，比较各时相的遥感分类图，完成检测区的详细制图。利用解析后的影像，进行灾害监测、土地利用等相关分析。

（2）GSM 通信传播灾害预警

全球移动通信系统（Global System for Mobile Communications，GSM），是由欧洲电信标准组织 ETSI 制订的一个数字移动通信标准，是当前应用最为广泛的移动电话标准，这让移动电话运营商之间签署"漫游协定"后用户的国际漫游变得很平常。GSM 的信令和语音信道都是数字式的，因此 GSM 被看作是第二代（2G）移动电话系统，这说明数字通讯从很早就已经构建到系统中。

GSM 通信因其低成本、低功耗、高效率等优势，在灾害预警系统中，承担预警信息实时发布的功能。GSM 系统提供给用户的短消息（shot message）业务是一种数字通信业务，基于无线通信控制信道进行相关传输，经本地的短消息服务中心完成存储和收发功能。各个监测节点和监测主机可通过 GSM 通信模块以短消息方式发送各种 AT 控制命令来进行数据通信[85]。

（3）V-BUDEM 城市动态和微观模拟

2008 年龙瀛等人[86]开发了北京城市空间发展模型（Beijing urban spatial development model，BUDEM)，该模型基于 CA 和 logistic 回归（logistic regression）方法，对北京市历史城市空间扩展进行分析，并对未来的城市空间扩展进行情景分析。在此模型的基础上，微观尺度的 BUDEM 模型，属于精细化城市模拟的综合实践，其首先致力于利用多种方法获得全样本的微观数据，包括居民、家庭、企业、居民活动、地块、房地产等。基于所建立的全样本微观数据，进行现状的城市评价，如交通影响、环境影响、能耗影响和碳排放等多方面。

BUDEM 是基于栅格元胞自动机的城市空间发展模型，在此基础上，进一步将其扩展至基于矢量 CA 的模型 Vector-BUDEM。该模型中分析的元胞单元为城市地块，邻域以缓冲区来判断，即元胞周围的地块完全位于该元胞的特定缓冲区内时，则将这些地块作为该元胞的邻居。模型仍然考虑制度性约束、邻域约束和空间约束三大约束条件，并采用 logistic 方法实现北京市城市增长的动态模拟。另外还可以考虑将地块自动划分（parcel subdivision）和 V-BUDEM 结合，实现城市增长和地块划分相结合的动态模型，最后结合规划师主体实现用地布局的规划。

2.2.2.2 消除高强开发与高密集聚产生安全隐患的性能化设计方法

消除高强开发与高密集聚产生安全隐患的性能化设计方法一般包括应用 GIS、空间句法和智慧模拟等数字技术，研究不同的道路整合度、连通性以及路网密度与安全疏散效率的关系；

基于 Netlogo（人员安全疏散仿真模型）、Cellular Automate（（A）元胞自动机）、TIMTEX 等数学模型，应用 EVACNET4（流量仿真模型）、EXODUS、MASCM（多个体的灾害管理仿真模型）等疏散软件，建构典型场所高密度人群时空分布数字模型，解析避险行为与空间布局的耦合关系，研究避难场所的合理区位和安全容量等规划指标，创新高密度环境下防灾疏散的设计方法；同时，借助数字与智慧技术，构筑一个应对高密产业集聚区的灾源监测预警、灾情风险评估、应急疏散救援、规划设计防灾等一整套参数化技术系统，研究灾害预警、减少次生灾的技术措施，以及应对高密产业集聚衍生灾害的性能化设计方法。

（1）GIS 洪涝灾害情景模拟

洪涝灾害形成是一个很复杂的过程，受多种因素的影响，其中洪水特性和受灾区的地形地貌是影响洪水淹没的主要因素。对于某个特定区域而言，洪水淹没大致有两种形式：第一种相当于整个地区大面积均匀降水的情形，所有低洼处都可能积水成灾；第二种相当于突发河流洪水向邻域泛滥，例如，洪水决堤，或局部暴涨洪水向四周扩散。对应的洪水的淹没分析可以概化为两种：方法一是在给定洪水位条件下，分析最终的淹没范围和不同地区的水深分布情况，这种情况比较适合于大范围降水引起的淹没情况。方法二是在给定洪水量的条件下，分析最终会造成多大的淹没范围和怎样的水深分布，这种情况比较适合于溃堤式淹没[87]。

对于极端天气下的洪涝灾害，可以概化为在一定区域范围内，一定的时间段的均匀降水过程，并依据不同情景设定相应的洪水位值作为淹没水位进行分析。这里的设定的洪水水位，可以是现状的洪水水位，也可以是通过水文模型计算、预测的结果。

洪涝灾害的机理是由于存在水位差，就会产生淹没过程，洪水淹没最终的结果应该是水位达到平衡状态，这个时候的淹没区就应该是最终的淹没区。基于水动力学模型的洪水演进模型可以将这一动态洪水淹没过程模拟出来，得到不同时间洪水的淹没范围、淹没深度、淹没历时和流速，这对于分析洪水的淹没过程是非常有用的[88]。但对最终的淹没结果与洪水淹没的概化分析模型没有多大的区别，另外由于洪水演进模型建模过程复杂，特别是对于江河两侧大范围的农村地区模型的边界难于确定。所以上述两种概化的处理方法也是经常使用的有效手段。

将洪涝灾害概化为 DEM 被最终洪水位斜平面切割的方法实用、便捷，又能较快地与研究区城市空间布局数据进行叠合分析，直观反映城市受灾空间，对城市空间布局规划有较大的实际意义。应当说明的是按给定洪水水位的"水平面"确定淹没范围，是一个求取淹没区的近似方法，更精确的淹没区计算还需考虑淹没过程的水动力学模拟和水面形状变化问题。

基于网格模型的洪水淹没模拟和灾情损失评估思想已经有人提出，并且在各个领域得到广泛的应用，如有限元计算的离散单元模型。目前所能见到的较先进的洪水模拟演进模型，如基于水动力学的洪水演进模型，是一种格网化的模型[89]。基于空间展布式社会经济数据库的洪涝灾害损失评估模型也是基于格网模型的思想[90]。由于网格本身对模型概化的优越性，同时考虑到可以更加科学有效的与淹没区的社会经济现状数据进行叠加分析，快速准确地进行洪灾损失评估，所以采用基于 GIS 空间网格的洪水淹没概化模型是解决最终淹没范围和水深分布问题比较好的选择。

（2）Netlogo、building 等疏散仿真模拟

人员安全疏散仿真模型的研究始于 20 世纪 50 年代，到现在已经有 60 多年的研究历史。

早期的宏观模型主要考虑群体的宏观特征，往往忽略了微观的个体特征，而目前的微观模型充分考虑到微观个体的特征，并通过对微观特征的归纳分类进一步反映宏观整体特征。因为过去计算机软硬件水平的不足，计算机仿真能力受到很大的限制，造成早期的宏观模型只能考虑人群的宏观特征，对于模型的各种重要参数简化处理，导致了对个体特征差异、个体间相互作用、个体与环境的相互影响与作用的研究不足。而随着现代计算机仿真能力的不断提高，宏观模型因为其自身的缺陷大大影响了仿真质量与效果，已经逐渐地退出了疏散仿真研究的舞台。

目前微观仿真模型与宏观模型的主要不同在于，微观仿真模型重点研究个体的差异性（如年龄、性别、身体状况、学识经验等），研究人群疏散中微观个体之间的相互作用、个体与环境的相互影响与作用（如障碍物的大小、数量、烟雾气体的弥漫过程等），将这些个体的微观特征设置为仿真模型的各种参数，最后通过这些个体的微观特征来进一步反映群体的行为特征。因此，与宏观模型相比，微观模型具有更高的仿真度和真实性，达到更为直观的仿真效果，如事故现场的环境、疏散通道的设计、人的心理、行为状态等都能较为真实地反映在微观模型之中。

一般来说，把微观模型分为连续型模型与离散型模型两种。在连续型仿真模型中，个体的位置与个体的移动在空间中是连续变化；而在离散型仿真模型中，个体所处的空间被划分为离散的、相等的网格，用个体所处的网格来表示每个个体的位置，每个个体按照一定的规则在各网格之间移动。连续型模型的主要代表有引力模型、气体动力学模型和社会力模型等；而离散型模型中比较有代表性的模型为元胞自动机模型、格子气模型、领域模型以及两步骤模型等。相比较而言，离散型模型的规则更简单，更利于计算机仿真实现，计算的速度更快，仿真的效率更高，但是离散型模型对个体之间的相互作用考虑较少，对于个体行为的仿真比较粗糙，对于准确描述人群疏散特征有困难；而连续型模型因为着重考虑个体之间的相互作用，对于个体的行为描述比较准确，因此仿真效果更好。但是，由于连续型模型反映的是个体在空间的连续变化，对于计算的要求更高，不利于计算机的模拟仿真，实现起来更困难。

其中，Building EXDOUS 是较为普遍使用的基于元胞自动机原理所设计的疏散仿真模拟软件。近年来，Building EXODUS 的应用从最初的对建筑内部环境（如超市、医院、剧院、火车站、机场、高层建筑、学校等）进行逃离能力评估和人员活动调查，逐渐扩展到建筑外部空间的户外行为模拟，在实际的人流聚集的各种状况的设计和分析中发挥着重要的作用。通过Building EXODUS，不仅能够实现对物理现象规律的描述，还可对人的心理、文化差异，以及包含个人行为等在内的社会性特点进行实时分析。通过 Building EXODUS 进行疏散模拟，首先需要构建几何模型。几何模型是用户根据实际情况构建一个模拟结构，从形式上来看是节点网格的集合，节点通过圆弧系统连接。各节点按照一个人占用的空间领域进行表现。在几何模式确定之后，进入人群模式，在该模式下通过人群属性的设定或接受默认设置，来定义参与疏散的人员的结构和行动特征。完成人员结构设计后，需要确定疏散情景。这个过程考虑了在疏散中可能出现的各种情况，包括出口开放特征、环境变化特征等。最后进行模拟及分析，主要通过所有参与疏散的人员的疏散时间和每个时间段内已经得到安全疏散的人数两个数据来评价其安全疏散性能高低。

2.2.2.3 缓减复杂空间与超常规建设诱发灾害的可持续设计方法

集成城市微气候仿真技术，应用（ENVI-MET）、PHOENICS、AIRPAK等流体动力学技术（CFD）软件和虚拟现实模拟技术（VRGIS、MultiGen）等，建立城市形态-安全-环境的数字技术平台，探索在复杂街区、异形建筑群条件下避难空间组织与安全保障技术方法；研究通过优化城镇形态、功能组织以及材质和色彩设计，减缓高温、热岛效应等气象灾害的作用的技术手段；探索复杂地形、地质和典型气候区域的特性，集成与创新避免粗劣建造诱发灾害的可持续设计方法。

同时，利用水文SWMM模型和MIKE软件，进行山地与滨海城镇等复杂环境条件下暴雨洪涝模拟，研究城市内涝的形成机理，解决地下空间、下穿式地道等灾害易发地的安全技术问题；探索利用"生态海绵"和低冲击开发方式改善城市下垫面的方式，以及利用绿色基础设施，防治城市内涝、缓减极端气候的灾害影响的规划措施与技术方法。

（1）风环境模拟技术

现场实测、风洞实验和计算机数值模拟是预测建筑群风环境的三种主要方法，其中由于现场实测方法应用面窄、风洞实验代价昂贵且周期长，未能实现广泛应用，因此目前越来越占据主要地位并得到广泛应用的是计算机数值模拟法。

利用计算机对建筑物周边运动规律遵循动力学方程的风场进行数值求解，进而模拟出建筑物周边真实风环境的过程被称为计算机数值模拟，也就是通常所指，简称为CFD（Computational Fluid Dynamics）的计算流体力学，计算流体力学是用电子计算机和离散化的数值方法对流体力学问题进行数值模拟和分析的一个分支[91]。绝大多数的CFD软件均由前处理、求解器、后处理三个主要模块组成，这三个模块的主要作用分别如图2-1。利用CFD方法模拟建筑物风环境的一般步骤如下：对选定空间中的气流建立湍流模型、设定符合实验目的的边界条件和参数、进行数值模拟计算、将模拟结果设置成直观模式。据此可以得到对于目标建筑物周边以及内部的温度场、速度场和浓度场的模拟结果。模拟结果对于帮助人们了解气流运动规律、优化工程设计十分有参考意义[92]。

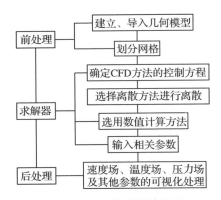

图2-1 CFD软件模块作用

计算机数值模拟可以不受客观条件的限制，相比风洞实验而言，复杂的周边环境和建筑布局也不再构成难题，对各种不同空间布局的城市街区、建筑群等进行风环境模拟，并获得详尽数据。在计算机数值模拟风环境的过程中，可以通过调整边界条件的设定方便地模拟出接近真实的自然风环境。以北京地区为例，若对某城市街区进行风环境模拟，最主要的考虑是冬季防风的需要，因此只需在边界条件中设定风向为北风或者西北风，设定风速为需要测定的风速即可，通过不同风向与风速的设定，可以方便地模拟不同自然风条件下的风环境，以便分析比较。本书进行风环境模拟所用的 CFD 软件中应用最为广泛的 Phoenics 软件。Phoenics 由国际流体与传热学计算的重要开创者、英国皇家工程院院士斯伯丁（D. B. Spalding）等人开发的进行流体力学和数值传热学的计算的软件（图 2-2），其原理通过求解控制流体流动的微分方程得到流场在连续区域的离散分布，以模拟流体流动的状态[91]。

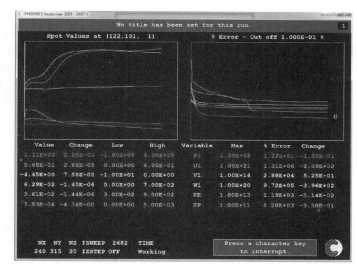

图 2-2 PHOENICS 软件 VR-EDITOR 界面

来源：软件运行截图

建筑风环境的形成主要受道路、开敞空间、建筑布局、单体形式、植被的影响，其中任一因素的变化都会导致风速风向的不同。利用 Phoenics 软件进行风环境模拟时，首先要收集当地气象特征、风向频率、风速参数（风向、风速）等基本信息，然后进行相关模拟条件的确定，包括模型的建立、计算区域的确定、网格划分、边界条件的设定等，便可进行相应对象的模拟。

Flunt-Airpak 是以 Flunt 为计算核心的商用风环境分析软件，是专门针对建筑室内通风与建筑外部绕流模拟等建筑分析软件，是国内建筑技术领域通风模拟研究中使用频率相对较高的分析软件。它能够准确模拟所研究区域内的空气流动、传热和污染、舒适度等物理现象，被广泛地应用于住宅通风、净化间设计、污染控制、工业通风等分析中。Airpak 具有自动化的非结构化、结构化网格生成能力，支持四面体、六面体以及混合网格，因而可以在模型上生成高质量的网格。基于"object"的建模方式能够满足不同设计的需求，拥有房间、风扇、通风口、热负荷源、墙壁等多种模型，此外还提供多种测压孔模型和用于计算大气边界层的模型。Airpak 在兼容性方面表现优秀，提供了与 CAD 软件的接口，可以通过 IGES 和 DXF 格式导入 CAD 软件的几何。

（2）ENVI-MET 等热环境模拟技术

城市热环境模拟包括区域尺度热环境与局部热环境，本节主要关注微气候热环境研究。微气候学时研究空间上直接与地球表层接触的大气边界层的微域气候差异。微气候热环境模拟遁理论分析模型包括景观绿化热湿传递模型和能量平衡模型，例如，ENVI-MET 模型便是由 11 种土壤传湿模型与其他模拟模型相耦合，组成的非静水力学模型[93]。可用于进行热环境模拟的计算机数值模拟软件大致可分为三类：建筑全能耗分析软件、建筑节能规范一致性评估软件、专用类环境分析软件。其中、专用类环境分析软件以微气候模拟模型 ENVI-MET 以及计算流体力学 CFD 的应用居多。

城市微气候仿真软件 ENVI-MET 是由德国波鸿大学研究人员开发的一款多功能系统软件，旨在研究建筑外表面、植被和空气之间的热应力关系，可以用来模拟住区室外风环境、城市热岛效应、室内自然通风等，尤其适合模拟中小尺度的微环境。ENVI-MET 建立在城市气象学、热力学与流体力学等相关理论研究的基础上，由四个模块构成，分别是建模模块、编程模块、计算模块与结果显示模块。需要输入地理位置、相对湿度、空气温度、天空吃长波辐射、太阳辐射、土壤温度、土壤湿度、地面建筑、植被覆盖等气象数据[94]。该模型由三维主模型、一维边界模型与嵌套网络组成，模型架构如下图所示（图 2-3）。

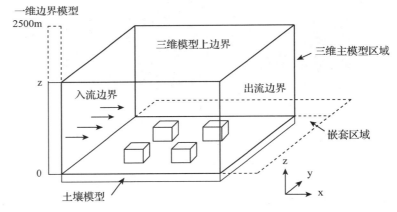

图 2-3 ENVI-MET 模型构架
来源：ENVI-MET 官网

模拟输出的参数包括：空气温度、相对湿度、风速、风向、风压、含水量、微粒污染物分布、叶面温度、蒸发蒸腾量、平均辐射温度（MRT）等。ENVI-MET 将植物简化为一维矩形，根据植物的种类确定相应的，叶面积指数与根系面积指数。树叶与周围空气之间的相互作用表示为直接换热热流、表面水的蒸发强度和植物本省蒸腾作用强度三个指数，经过简化操作，不仅可以模拟小型植被也能过模拟参天大树。现阶段，ENVI-MET 主要应用于模拟绿化屋顶和墙体、道路材料等不同类型的城市下垫面对微环境的影响，以及评估景观设计方案。

（3）MIKE、SWMM 等水动力学模型技术

由美国研发的 SWMM 及丹麦研发的 MIKE 等水动力模拟软件已逐步走向成熟。MIKE 由丹

麦 DHI 研究开发，作为一款较为成熟的商业软件，近年逐步被水利、水环境、市政工程等领域所认可和推广。MIKE 系列软件功能较为齐全，涉及城市给排水管网、污水处理技术、环境风险评估、工业污染控制、河流及洪水管理、水文、土壤侵蚀、水资源管理、水质模拟、港口与近海波浪模拟、河口海岸泥沙动力学、生态与环境等方面。而且 MIKE 软件的操作可与 GIS 地理信息系统软件平台相结合，因此其成果的可视化程度也较高。MIKE 软件的功能实现主要依靠多模型多模块的耦合来实现，包括 MIKE URBAN 城市一维管网模型、MIKE11 水文水利工程模型、MIKE21 城市地面二维模型、MIKE FLOOD 动态耦合模型系统及用于查看结果的 MIKE View。MIKE URBAN 模型主要用于构建城市一维地下管网系统，模拟地面径流入管网后的运行、溢流等情况。MIKE11 是主要适用于河口、河流、灌溉渠道以及其他水体的模拟一维水动力、水质和泥沙运输的专业工程软件。其各模块组成如图 2-4，MIKE11 在水利部门中运用较为广泛。MIKE FLOOD 将一维模型 MIKE URBAN 或 MIKE11 和二维模型 MIKE21 整合，是一个动态耦合的模型系统，模型可以同时模拟排水管网、明渠，排水河道、各种水工构筑物以及二维坡面流，可用于流域洪水、城市洪水等的模拟研究，目前也广泛运用于城市暴雨内涝灾害的风险评估，但重点主要是关注与市政管网的排水能力和地表溢流与淹没。MIKE View 是用于演示和提取包括 MIKE11 在内的一些 DHI 软件计算结果。

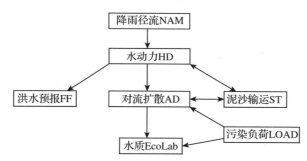

图 2-4　MIKE11 主要模块功能及相互关系图

来源：DHI 培训文件

MIKE 水动力模型用于城市管网及城市地表径流的模拟与耦合，目前多被运用于城市市政工程规划中，如城市排水工程规划或排水防涝规划中对于城市暴雨内涝灾害的风险评估或管网排水能力评估。但是基于水动力模型的城市暴雨内涝灾害模拟不仅可作为城市市政工程设施评估的依据，同时利用水动力模型进行的城市暴雨内涝灾害仿真模拟也可为作为城市规划或城市防灾的前提与重要依据，也可成为城市内涝灾害防控应急体系的重要组成。利用 MIKE FLOOD 对城市暴雨内涝灾害风险的评估可从城市规划专业视角入手，通过对城市空间结构、用地布局、下垫面构成、建筑布局、排水管网等要素的综合分析，可有效评估当前城市规划中防涝设计薄弱点，并详细划分城市暴雨内涝风险区，同时还可通过模拟进一步验证城市雨涝系统能力，对城市源头控制系统、排水系统、防涝系统进行综合的评价，进而从城市规划设计各层面提高城市综合防涝水平。此外，经过对模拟结果与实际暴雨内涝灾情的校核，城市暴雨内涝风险评估结果还可为城市应急指挥、应急决策、应急组织、应急行动、应急物资与人力分配、应急响应重点区域的确定等提供较为科学的依据，大大地提高应急系统效率，提升应急响应速度，改善应急管理质量。

SWMM（storm water management model）于 1971 年由美国环保局领头开发，是一个动态的降水-径流模拟模型。涵盖五个计算模块：径流模块、输送模块、扩展输送模块、调蓄模块、受纳水体模块。结合 SWMM 降雨径流模型来预测城市降雨径流量，预测结果与传统应用在雨水工程规划中的预测方法得出的结果相比更为精确。SWMM 模型中，依据地形将汇水区划分若干子流域，将各子流域的雨水外流产量进行叠加，依据各区域不同地表性质，将汇水区分为三部分：透水区域 S1；可洼蓄能力的不透水区 S2；不可洼蓄能力的不透水区 S3。最终子汇水区的水流入雨水管网。

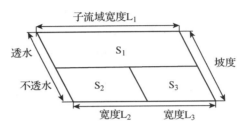

图 2-5 SWMM 降雨径流计算
来源：SWMM 应用汇手册

SWMM 技术包含 LID 模块开发模块（Low Impact Development），LID 技术是国际先进、国内领先的雨水技术与体系，综合运用工程性和非工程性措施，尽量使开发后与开发前的水文过程保持一致，因此 SWMM 强大的功能可以模拟添加 LID 措施前后的径流关系，相比较其他技术，能更高效地给予雨涝问题准确的应对方法。由于 SWMM 模型对数据要求较低以及计算高效，在城市洪涝模拟和规划中得到了广泛的应用，为了提高子汇水区划分的客观性，减小 SWMM 建模的复杂性，一些学者将地理信息系统（GIS）与 SWMM 进行了耦合开发。但是这类模型由于对计算单元进行了概化处理，不能够提供模型非节点处洪涝的动态过程，如地表积水深度的变化过程以及流速等，而这些信息对于内涝后的交通疏导等城市管理非常重要。

2.2.2.4 小结

当代防灾减灾规划技术方法经过多年的发展已经逐渐成熟，衍生出种类繁多、技术复杂、功能混合的一系列技术方法，表现出数字化、精细化与多学科交叉融合的特点（图 2-6）。随着计算机技术的突飞猛进，多种类模拟软件的诞生为城市防灾减灾领域带来了技术革新。灾害情景模拟能够提前预测灾害规模、位置甚至灾害强度，为城市规划决策提供支撑，真正做到防患于未然。其次，防灾减灾技术与计算机技术、地理信息系统及水文学、地质学、物理学等多学科的交叉融合已是大势所趋，水动力模型、流体力学模型、数学模型越来越多地被应用于灾害情景模拟与疏散仿真模拟中，保证了模拟结果的精度和模拟效果的信度。此外，当代防灾减灾规划技术逐渐呈现精细化特征，以风环境模拟为例，在基于 CFD 的基础上衍生出适应不同情景、各有所长的风环境模拟软件，Airpak 擅长局部空间的空气流动计算，Fluent 作为通用 CFD 软件能够提供不同环境下的空气流动模拟。

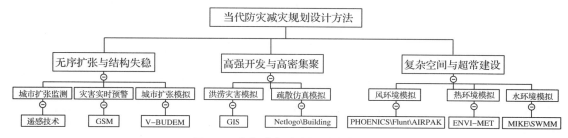

图 2-6　当代防灾减灾规划技术汇总

　　尽管当代防灾减灾规划技术已经取得了斐然的成绩，但是仍然存在改进的空间，例如，不断修正模型参数以提高模拟精度，简化复杂模型以便提高模拟速度等。

参考文献

[1]王平，史培军.中国农业自然灾害综合区划方案[J].自然灾害学报，2000，9(4)：16-23.

[2]史培军，郭卫平等.减灾与可持续发展模式——从第二次世界减灾大会看中国减灾战略的调整[J].自然灾害学报，2005，14(3)：1-7.

[3]王静爱，史培军等.中国沿海自然灾害及减灾对策[J].北京师范大学学报(自然科学版)，1995，31(3)：403-409.

[4]SHI Pei-jun，DU Juan，et al. Urban Risk Assessment Research of Major Natural Disaster in China[J]. 地理科学进展，2006，21(2)：170-177.

[5]金磊.城市减灾与北京建设世界城市安全规划策略再研究[J].中国名城，2013(2)：31-36.

[6]金磊.中国城市灾害风险与综合安全建设[J].中国名城，2010(12)：4-12.

[7]金磊，陈晶茹.建设具有抗灾能力的城市[J].生命与灾害，2010(10)：10-13.

[8]金磊.论城市综合防灾规划体系与生命线系统的保障性设计与管理[J].优选与管理科学，1990(2)：49-54.

[9]金磊.极端气象事件与城市安全设计[J].北京城市学院学报，2013(5)：1-5.

[10]金磊.城市灾害学原理概论[J].新建筑，1998(2)：63-65.

[11]金磊.城市综合防减灾规划体系的理论及方法研究探索[J].四川建筑科学研究，1991(4)：16-21.

[12]王江波，戴慎志，等.试论城市综合防灾规划的困境与出路[J].城市规划，2012，38(11)：39-44.

[13]王江波，戴慎志，等.城市综合防灾规划编制体系探讨[J].规划师，2013，29(1)：45-49.

[14]陈鸿，戴慎志.城市综合防灾规划编制体系与管理体制的新探索[J].现代城市研究，2013(7)：116-120.

[15]吴庆洲.中国古城防洪的历史经验与借鉴(续)[J].城市规划，2002，26(5)：76-84.

[16]吴庆洲.唐长安在城市防洪上的失误[J].自然科学史研究，1990，9(3)：290-296.

[17]吴庆洲.古代经验对城市防涝的启示[J].灾害学，2012，27(3)：111-115.

[18]高庆华，张业成，刘惠敏，等.中国区域减灾基础能力初步研究[M].北京：气象出版社，2006.

[19]Zhang Fenghua, Xie Lili, Fan Lichu. Studies on evaluationof cities ' ability reducing earthquake disasters[J]. Acta Seismologica Sinica, 2004, 17(3)：349-361.

[20]王薇，廖仕超，徐志胜. 城市综合防灾应急能力可拓评价模型构建及应用. 安全与环境学报[J]. 2009，(6)：32-35.

[21]Wang W, Tian J, Wang Z T, et al. Evaluation method ofurban comprehensive disaster-carrying capability based onfractal theory [J]. Applied Mechanics and Materials, 2011, 90-93：3155-3160.

[22]王威，田杰，马东辉，等. 基于云模型的城市防震减灾能力综合评估方法[J]. 北京工业大学学报，2010，36(6)：764-770.

[23]何明、高霞，关于城市安全规划的研究[J]. 水利科技与经济，2010(07)：778-779.

[24]仇保兴. 应对机遇与挑战—中国城镇化战略研究主要问题与对策[M]. 北京：中国建筑工业出版社 , 2009. 02. 01.

[25]仇保兴. 和谐与创新——快速城镇化进程中的问题、危机与对策[M]. 北京：中国建筑工业出版社 , 2006.

[26]刘亚臣，常春光，孔凡文. 城市化与中国城市安全[M]. 沈阳：东北大学出版社，2010.

[27]许有鹏. 流域城市化与洪涝风险[M]. 南京：东南大学出版社，2012.

[28]彭珂珊. 中国城市化与地质灾害之分析[J]. 国土经济，1999(S1)：35-37.

[29]姜德文. 城市内涝防治的生态保护对策[J]. 风景园林，2013(5)：21-23.

[30]梁旭辉. 关于城市型水灾害及其综合减灾的学习体会[J]. 中国防汛抗旱，2010(6)：63-67.

[31]刘学应. 水灾害与城市化相关问题的研究[J]. 科技资讯，2009(34)：105-106.

[32]单菁菁. 我国城市化进程中的脆弱性分析[J]. 工程研究-跨学科视野中的工程，2011(3)：240-248.

[33]于宏源. 城市应对气候变化的综合视角[J]. 电力与能源，2013(1)：8-12.

[34]孙亮. 灰霾天气成因危害及控制治理[J]. 环境科学与管理，2012(10)：71-75.

[35]Chen S S, Chen L F, et al. Remote sensing and GIS-based integrated analysis of coastal changes and their environmental impactsin Lingding Bay, Pearl River Estuary, South China[J]. Ocean & Coastal Management, 2005(48)：65-83.

[36]俞孔坚，等. 北京市生态安全格局及城市增长预景[J]. 生态学报，2009(3)：1189-1204.

[37]吴良镛. 人居环境科学导论[M]. 北京：中国建筑工业出版社，2001.

[38]赵万民. 山地人居环境科学研究引论[J]. 西部人居环境学刊，2013(3)：10-19.

[39]赵万民. 我国西南山地城市规划适应性理论研究的一些思考[J]. 南方建筑，2008(4)：34-37.

[40]崔鹏，韦方强，等. 汶川地震次生山地灾害及其减灾对策[J]. 中国科学院院刊，2008，23(4)：317-323.

[41]韩用顺，崔鹏，等. 泥石流灾害风险评价方法及其应用研究[J]. 中国安全科学学报，2008，18(12)：140-147.

[42]王建国，王兴平. 绿色城市设计与低碳城市规划——新型城市化下的趋势[J]. 城市规划，2011，35(2)：20-21.

[43]王建国. 基于城市设计的大尺度城市空间形态研究[J]. 中国科学(E辑：技术科学)，2009，39(5)：830-839.

[44]刘滨谊，王南. 应对气候变化的中国西部干旱地区新型人居环境建设研究[J]. 中国园林，2010

（8）：8-12.

[45]郭璁，刘滨谊，等. 基于空间使用的户外环境评价与启示——两种大学校园户外环境的使用评价比较[J]. 四川建筑科学研究，2012，38（5）：189-193.

[46]刘滨谊，张德顺，等. 城市绿色基础设施的研究与实践[J]. 中国园林，2013（3）：6-10.

[47]孙一民，吉慧. 平灾结合，应时而变——体育场馆的防灾避难设计对策[J]. 土木工程学报，2012，45（S2）：113-116.

[48]孙一民，吉慧. 大空间体育建筑防火疏散设计研究——以广州亚运会游泳跳水馆为例[J]. 新建筑，2013（2）：104-107.

[49]尹杨，董靓. 绿色建筑评价在中国的实践及评价标准中的地域性指标研究[J]. 建筑节能，2009（12）：37-39.

[50]陈睿智，董靓. 国外微气候舒适度研究简述及启示[J]. 中国园林，2009（11）：81-83.

[51]马恒升，等. 低影响开发（LID）雨洪管理费用效益分析[J]. 价值工程，2013（12）：287-289.

[52]徐志胜，冯凯，等. VR-GIS 技术在小城镇洪水淹没模拟分析中的应用[J]. 防灾减灾工程学报，2004，24（3）：247-251.

[53]吕元. 城市防灾空间系统规划策略研究[D]. 北京：北京工业大学，2004：75，35，11，17，20，26.

[54]林桂兰，左玉辉. 厦门湾城市化过程的人口资源环境与发展调控[J]. 地理学报，2007，62（2）：137-146.

[55]颜峻，左哲. 自然灾害风险评估指标体系及方法研究[J]. 中国安全科学学报，2010，20（11）：61-65.

[56]滕五晓，等. 日本灾害对策体制[M]. 北京：中国建筑工业出版社，2003：68-69.

[57]鲁迪，魏雅丽. 论遥感技术在国土资源调查中的应用[J]. 国土资源导刊，2005，（2）：37-38.

[58]金磊. 日本政府防灾行政管理及都市综合减灾规划[J]. 海淀走读大学学报，2005（1）：26-28.

[59]张永民. "智慧中国"关键技术的研究（下）[J]. 中国信息界，2012（2）：10-14.

[60]许文惠，张成福. 危机状态下的政府管理[M]. 北京：中国人民大学出版社，1998.

[61]中国现代研究所危机管理与对策研究中心. 国际危机管理概论[M]. 北京：时事出版社，2003.

[62]薛澜等. 危机管理：转型期中国面临的挑战[M]. 北京：清华大学出版社，2003.

[63]李经中. 政府危机管理[M]. 北京：中国城市出版社，2003.

[64]阎梁，翟昆. 社会危机事件处理的理论与实践[M]. 北京：中共中央党校出版社，2003.

[65]中国行政管理学课题组. 中国转型期群体性突发事件对策研究[M]. 北京：学苑出版社，2003.

[66]赵昌文. 应急管理与灾后重建：5.12 汶川特大地震若干问题研究[M]. 北京：科学出版社，2011.

[67]http：//www. naphm. ntu. edu. tw/web/achi/naachi_ l. hhn

[68]http：//www. up. ncku. edu. tw/

[69]http：//www. updm. mcu. edu. tw/

[70]蔡柏全. 都市灾害防救管理体系及避难圈城适宜规模之探究——以嘉义市为例[D]. 台南：成功大学，2002：2-3.

[71]陈建忠. 都市地区避难救灾路径有效性评估之研究[R]. "内政部建筑研究所"专题研究计划成果报告[R]. 台北，1999.

[72]何力，何建敏．城市危机管理智能决策支持系统研究[D]．东南大学，2008．

[73]盛来运．中国统计年鉴(2011)[M]．北京：中国统计出版社，2012．

[74]刘亚臣．常春光，孔凡文．城市化与中国城镇安全[M]．沈阳：东北大学出社，2010．

[75]窦新生．加强城市地质灾害防治工作的建议[J]．发展，2010(9)：30-31．

[76]高亚峰，高亚伟．中国城市地质灾害的类型及防治[J]．城市地质，2008(2)：8-12．

[77]翁窈瑶，邢丽云，赵见．谈城市化发展与内涝灾害[J]．山西建筑，2013(17)：14-15．

[78]魏淑艳，张乘祎．当前我国城市政府综合减灾能力研究[J]．前沿，2013(3)：121-123．

[79]顾朝林，张晓明，王小丹．气候变化·城市化·长江三角洲[J]．长江流域资源与环境，2011(1)：1-8．

[80]傅维军，娄长江，许有鹏．东南沿海中小流域城市化发展与水资源可持续利用研究——以宁波市为例[J]．浙江水利科技，2011(1)：6-9．

[81]金磊，中国城市致灾新风险及综合对策研究[J]．中国减灾，2013(9)：43-45．

[82]做好城乡防灾减灾工作建设可持续发展的宜居家园[J]．中国减灾，2013(9)：21-23．

[83]中国城市规划学会，全国市长培训中心．城市规划读本[M]．北京：中国建筑工业出版社，2002：508．

[84]蒋明卓．基于遥感的沈阳中心区热环境综合分析及规划应用研究[D]．天津：天津大学，2016．

[85]王洪辉，李鄢，庹先国，孟令宇，Yang Jiaxin．地质灾害物联网监测系统研制及贵州实践[J]．中国测试，2017，43(9)：94-99．

[86]龙瀛，茅明睿，毛其智，沈振江，张永平．大数据时代的精细化城市模拟：方法、数据和案例[J]．人文地理，2014，29(3)：7-13．

[87]丁志雄，李纪人，李琳．基于GIS格网模型的洪水淹没分析方法[J]．水利学报，2004(6)：56-60+67．

[88]祝红英，顾华奇，桂新，朱朝烜．基于ArcGIS的洪水淹没分析模拟及可视化[J]．测绘通报，2009(5)：66-68．

[89]程晓陶，杨磊，陈喜军．分蓄洪区洪水演进数值模型[J]．自然灾害学报，1996(1)：34-40．

[90]李纪人，丁志雄，黄诗峰，胡亚林．基于空间展布式社经数据库的洪涝灾害损失评估模型研究[J]．中国水利水电科学研究院学报，2003(2)：27-33．

[91]王宇婧．北京城市人行高度风环境CFD模拟的适用条件研究[D]．北京：清华大学，2012．

[92]余庄，张辉．城市规划CFD模拟设计的数字化研究[J]．城市规划，2007(6)：52-55．

[93]孙常峰．基于ENVI-MET的绿地对夏季热环境影响研究[D]．南京：南京大学，2014．

[94]张峻．西安含光路街谷夏季小气候ENVI-MET模拟方法研究[D]．西安：西安建筑科技大学，2017．

第 3 章 滨海城市易发灾害及灾害特征

3.1 滨海城市特征

特殊的地理位置为滨海城市带来了特殊的资源禀赋，影响着城市经济社会发展的各个方面。滨海城市在地理位置、产业结构、人口构成和城市性质等方面都具有独有的特征。

3.1.1 灾害多发的地理位置

我国东部沿海地区大部分属于丘陵地貌，位于地质构造活跃的地带，易发生地震或地质沉降等灾害，也易受极端气候条件影响而引发泥石流、山体滑坡、塌方等地质类灾害；在涌浪与地质运动的共同影响下，沿海岸带很容易发生变化，如果恰逢风暴潮、台风、海平面上升现象，海堤则很容易被损毁或是侵蚀，导致海水倒灌；由于沿海城市地势高程较低，在洪水、暴雨和海水入侵等水文灾害下，容易造成低洼地带排水不畅，加重排水设施、管道的运行负荷，严重时导致城市洪涝灾害。

在我国东部沿海的省、市、自治区中，福建、浙江、广东、海南 4 省的滨海城市，因为其独特的地理位置，是遭受风暴潮影响最大的区域也是台风常常登陆的地区，所以是海洋型灾害及气象型灾害频发地区之一。与此同时，以上 4 个省份都是我国滨海城市中比较富庶的地区，海洋型和气象型灾害频发时将带来巨大的经济损失。

虽然上海市也是风暴潮高发区，但是由于上海市的预防工作成绩显著，有效地减少了上海城区沿黄浦江两岸遭受风暴潮等海洋型灾害的损失，使上海成为以上省市区域中遭遇风暴潮等灾害概率最小的城市。

辽宁、天津、河北、山东、江苏、广西 6 个省（市/自治区）近年的灾害统计表明，由于加强了灾害防御，灾害损失风险程度一般。

从地理位置上看，以上省（市/自治区）所在区域（除广西外）几乎覆盖了我国由渤海湾和辽东湾组成的渤海地区、由胶州湾与莱州湾连接的山东近海区域以及隶属于东海范围的江苏海域在内的从辽东半岛到长江入海口包括渤海及黄海在内的广袤的北部海域。

以上省省（市/自治区）各自的滨海城市地理位置的地势复杂，其中有些滨海城市依山而就，有些滨海城市冲积而成，有些滨海城市是介于山地和平原之间的丘陵地带。山地型滨海城市是山地下沉或依靠山地形成的滨海城市，它们集中于辽东和胶东半岛以及闽粤等地。以广东为例，潮州就是广东东部的滨海城市，全市北高南低，集中分布在饶平和潮安北部的山地、丘陵就占其总面积的 65%。又如，根据历史记载，天津市滨海新区塘沽就是自南宋建炎二年（1128 年）黄河改归南流入淮时，作为原北流入海口的塘沽完全断流前，就已经冲积而成。因此，滨海城市的地形地势比较复杂，对于滨海城市的灾害防御和疏散避难，需要区别对待加以研究。

3.1.2 高脆弱性的产业类型

滨海城市的特征产业主要为沿海工业和沿海旅游产业。

目前我国沿海城市的工业园区已初具规模，并且有逐渐扩大的趋势。重化工企业占地面积大，库存量大，涉及大宗货物输运与排放加工废物等问题，在极端气候条件下，这些沿海工业园区中的高危性建构筑物很容易发生如爆炸、泄露废气、废液、毒气污染等系列灾害。这不仅会增加灾害类型，造成更严重损失与更大伤害，还会产生灾害"放大效应"，即与极端气候事件产生连锁反应，加大受灾范围与强度，使灾害升级(图3-1)。

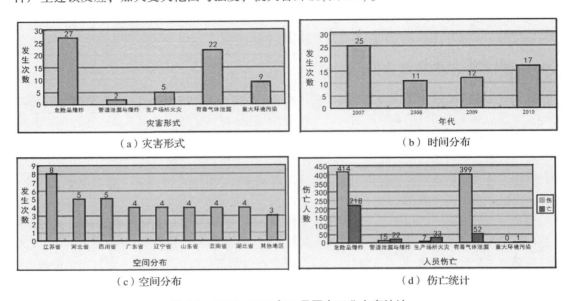

（a）灾害形式　　　　　　　　　　　　　（b）时间分布

（c）空间分布　　　　　　　　　　　　　（d）伤亡统计

图 3-1　2007—2010 年 8 月国内工业灾害统计
来源：根据谢映霞、朱思诚《城市规划与城市工业防灾》整理

另一方面，滨海的海陆位置使其拥有可利用的海岸线、沙滩、海洋浴场和渔业等资源，旅游业也是其重要支柱。但其赖以发展的旅游资源具有明显的季节性，不能为旅游业的发展提供恒久的动力。因此，以海洋资源发展度假休闲游的滨海城市，其经济系统存在严重的脆弱性。陈嫒、王国新[1]等人在对我国 29 个代表性沿海旅游城市经济系统的脆弱性研究中，提出烟台、日照、青岛和连云港属于中等脆弱城市，其中日照和青岛表现出高敏感性和高应对能力的特点，而烟台和连云港的脆弱性与前者相比较低；虽然旅游业堪称大连经济发展的支柱，但其旅游产品内涵不足，导致其沦为较高脆弱性城市；作为滨海城市，秦皇岛市的经济脆弱性最高，秦皇岛基于旅游立市的战略，促进以旅游为核心的休闲度假产业蓬勃发展，但是旅游淡旺季差异明显，且无其他相应产业补充发展动能，直接导致秦皇岛的经济发展缺乏持久推力，整个经济系统敏感性高、灾变应对能力低(表3-1)。

表 3-1　部分滨海城市经济系统脆弱性评价结果

	大连	营口	葫芦岛	秦皇岛	烟台	日照	青岛	连云港
Rm 敏感	0.580	0.367	0.390	0.505	0.336	0.398	0.392	0.353
Rm 应对	0.671	0.608	0.612	0.514	0.644	0.601	0.655	0.606
Rm 脆弱	0.450	0.398	0.405	0.523	0.383	0.434	0.399	0.412

来源：根据以下改绘：陈嫒，王国新. 基于 SPA 的中国沿海旅游城市经济系统脆弱性评价[J]. 地理与地理信息科学，2013(5)：94-97+106.

3.1.3　集聚与变化的人口密度

滨海城市的城市化水平较高，经济发展速度普遍较快。从全球角度来看，人口向沿海地带的流动迁移是地域发展的趋势。据有关数据统计，当今世界范围内大约有 60% 的人口居住在沿海地区，从沿海岸线到内陆垂直范围 50km 内，大概居住有世界 2/3 的人口，同时分布有超过 60% 的大城市[2]。根据预测，在 21 世纪期间全球在沿海地带或滨海城市居住的人口将达到总人口的 75%。

滨海城市不仅人口平均密度高于其他城市，还具有区域性高人口密度的特征，其中包括高密度分布的流动人口、产业人口与居住人口。不同类型的高密度人口的成因不同，造成的影响也有差异。例如，高密度集中的流动人口就分为两种类型，一类是旅游性质的高密度流动人口，因沿海城市旅游业较发达而产生，一般以景区、海岸线和市中心为聚集区域；另一类则是以进城务工的农民工为主。高密度的产业人口，主要因为产业转移不彻底，至今仍有大量劳动密集型产业集中在沿海城市，需要大量工人。而高密度居住人口会直接导致城市里高层居住建筑增加，继而又会增加单位居住用地的人口密度。

同时，在严重依赖旅游业的滨海城市中，由于旅游资源可利用性的季节变化，城市人口密度的季节差异显著。例如，北方滨海城市最具特色和最富有吸引力的旅游资源是夏季舒适宜人的气候和美丽的海景，而南方滨海城市最具特色和吸引力的则是在秋冬季节。这种滨海度假旅游的季节性直接导致旅游旺季时，外来度假人口大量涌入，城市人口突然膨胀。其在促进旅游业发展、带来经济活力和社会活力的同时，也对城市各项基础设施和公共服务设施施加了巨大压力（图 3-2~图 3-5）。

图 3-2　旅游淡季的青岛海滩　　　　　　图 3-3　旅游旺季的青岛海滩

来源：青岛政府网

图 3-4　2016 年 3 月北戴河海滨游客数量

图 3-5　2016 年 8 月北戴河海滨游客数量

3.2　滨海城市海洋灾害及特征

3.2.1　暴雨

3.2.1.1　暴雨初级灾害

暴雨通常是指降水强度很大的雨，通常是在一定范围内短时间的强烈天气变化而带来的灾害。根据我国气象部门的相关规定，24 小时内降水量大于等于 50mm 的降雨称之为"暴雨"。以降水强度为标准又划分成 3 个等级：24 小时内降水量在 50~99.9mm 范围内的降雨称之为"暴雨"；100~244.9mm 范围内的降雨称为"大暴雨"；大于等于 250mm 的降雨称之为"特大暴雨"。暴雨的强度与地域有很大关系，世界上有记录的最大暴雨发生在南太平洋上的留尼汪岛屿上，其 24 小时内降雨量高达 1870mm；我国记载的最大暴雨发生在台湾省新寮山区，24 小时内降水量为 1672mm。我国大陆地区国土辽阔，各地的常年降水强度差别很大，而据此制定降水等级标准也有所不同。例如，华南一带的暴雨等级标准为 24 小时内降水量大于等于 80mm，而新疆地区的标准则为 24 小时内大于等于 30mm。

暴雨灾害发生时间较短但是强度较大，直接影响往往造成严重水土流失，农作物受损、破坏城市工程设施，增大市政排水设施及防洪设施的运转压力，导致工程失事等灾害，特别是城市中地势低洼、地形闭塞、地质松软的地段，及时疏水排水能力较差，雨水不能及时宣泄，更易造成或引发城市灾害。近年来，滨海大城市，如大连、青岛、天津、上海、广州等地年平均极端降水强度增加的趋势相对明显[3]。

3.2.1.2　暴雨次级灾害

滨海城市中暴雨易引发的次级灾害主要是暴雨洪涝灾害。洪涝灾害通常是指由于大范围、长时间的强降水而引发的江河水系泛滥，或者大片土地被淹没的灾害。暴雨洪涝是指由暴雨所引发的水文灾害，包括暴雨洪水灾害和暴雨雨涝灾害。从国际紧急灾害数据库（EM-DAT）①的数据表明，中国是世界上洪涝灾害最严重的国家之一，仅次于印度。在国内每年所造成的农作物的受灾面积大约占全国气象灾害总受灾面积的27%左右，全国平均洪涝受灾耕地约0.07x10 ~0.1x10hm（1.0亿~1.5亿亩）左右，个别严重洪涝年份受灾面积更大[4]。从历史资料来看，我国历史上的洪涝灾害，几乎都是由暴雨引起的。近20多年以来，国内由极端降水事件引起的洪涝灾害有不断上升的趋势，损失也呈增大趋势（表3-1）。

我国城市暴雨致涝主要有以下几种类型，第一是沿海地区城市因台风或风暴潮等而引起的暴雨致涝；第二则是内陆城市因地处暴雨带，易形成季节性区域暴雨而导致内涝常有发生；第三是因城市内部及其周边山脉湖泊等微地形与城市微气候而引发的局地暴雨致涝。新中国成立以后，国家一直致力于建设江河堤坝等工程型防洪措施，暴雨洪水灾害的防护能力得到很大提升；但是同时，随着城市化程度的推进，城市气候环境、下垫面发生改变，城市雨涝（内涝）灾害频繁发生。滨海地区是我国城市化程度较高，人口、物质高度密集的地区，极端降水事件发生频率也比其他地区高，城市内涝的危害性更加凸显。

3.2.2　台风

3.2.2.1　台风概况

台风经过时常伴随着大风与强降水等强对流天气。风向在北半球地区呈逆时针方向旋转（在南半球则为顺时针方向）。台风中心为低气压中心，以气流的垂直升降运动为主，风浪较为平静；台风眼（通常在台风中心平均直径约为40公里的圆面积内）附近为漩涡风雨区，伴随大风大雨的出现。在气象图上，台风的等压线和等温线近似为一组同心圆。由上可见，台风主要有四大并发灾害：风、浪、风暴潮、台风雨。

2006年6月15日起我国将正式施行与国际接轨的热带气旋等级新标准，增加了"强台风"和"超强台风"2个等级。新等级标准为：底层中心附近最大风力达到6~7级，被称为"热带低压"，8~9级，被称为"热带风暴"，10~11级的，被称为"强热带风暴"，12~13级，被称为"台风"，14~15级，被称为"强台风"，16级或16级以上的称作"超强台风"，从而更加准确地描述了影响我国的热带气旋的活动特点和规律。

3.2.2.2　台风灾害概况

（1）风害

台风具有强大的气压梯度和旋转力，周边产生巨大的空气对流，引起极大的风速。且台风源于海上，风经过海面，引起海水蒸发，进一步降低中心气压，即台风登陆前的路径上，台风会不断增强的简要原因。台风所过之处，房屋倒塌，通讯线路损坏，供电供水中断，破坏力极强。

---

① 1998年，世界卫生组织与比利时灾后流行病研究中心（CRED）共同创建的紧急灾害数据库，主要目的是为国际和国家级人道主义行动提供服务，为备灾做出合理化决策，为灾害脆弱性评估和救灾资源的优先配置提供客观基础。核心数据包含了从1900年以来全球16000多例大灾害事件的发生和影响方面的数据，并且平均每年增加700条新的灾害记录。

（2）海上风浪

台风在海上引发巨大风浪，风是原始驱动力，浪与潮为次生驱动力，又可以反作用于风场，构成复合灾害。严重阻碍海上交通，是台风灾害的首要影响；经济高速发展的今天，因台风造成的海空，甚至是陆上交通的不畅对东部环岛城市休闲旅游经济有巨大影响。

台风浪是台风作用海面的另一种效应，伴随风暴潮发生。当风波由向岸移动的台风产生时，波的传播受到台风场的作用变得异常复杂，波的传播方向和波高的强弱不仅受风速和风向的制约，还受到天文潮和风暴潮的综合潮波传播的影响，特别是堤前滩地的综合潮位的影响[5]。

（3）风暴潮

风暴潮指台风发生时，尤其是登陆前期，由于强烈的大气扰动，而引起的海面异常升高现象。风暴潮有两种类型，一种是由台风引起的台风风暴潮，另一种是由温带气旋引起的温带风暴潮。风暴潮灾害主要是由大风和高潮水位共同作用引起的，是局部地区的强烈增水现象[6]。

风暴潮是台风的主要并发灾害，原则上由海水直接作用造成的灾害统称为风暴潮灾害，严重的台风风暴潮灾害通常是由风暴潮与天文大潮相遇、同时叠加向岸大浪造成的（表3-2）[7]。

表 3-2 风暴潮极易酿成的后果

风暴潮阶段	酿成后果
风暴潮的主振阶段	风暴潮与天文大潮相遇、同时叠加向岸大浪，会使风暴潮登陆地区在沿海，尤其是港湾出，产生大范围内增水值超过当地警戒水位的现象，防患不利时，向陆地涌入，形成严重灾害，并易引发城市灾害。
风暴潮的余振阶段	最危险的情形出现在风暴潮高峰恰与天文潮高潮相遇时，此时完全有可能形成的实际水位（即余振曲线对应地叠加上潮汐预报曲线）超过当地的警戒水位，从而形成新一轮灾害（类似地震中德余震）。由于事发突然，当地防灾状态较为疲惫，反而易于造成更大灾难。
当风暴携带风暴潮的运行速度接近当地的重力长波的波速时	会发生共振现象，共振所产生的后果是导致异常的高水位，同时波阵面极其陡峭，极易成灾。

2005 年是我国沿海地区的风暴潮重灾年，值得一提，该年风暴潮发生的次数远高于多年平均值 4 次/年的历史记录，造成的经济损失也是历年最大。仅 2005 年的 7 月 18 日—10 月 2 日之间，我国滨海地区共发生了 11 次台风型风暴潮，其中有 9 次造成了严重灾害，和上年相比增加了 5 次。而且 2005 年风暴潮灾害发生的特点是：不仅次数多而且时间集中同时影响的范围很广，导致了严重的经济损失，其中台风型风暴潮灾害主要集中发生在浙江省有 4 次、海南省有 3 次和福建省有 3 次。另外全年还发生了 9 次温带风暴潮，波及我国主要滨海省市有：大连、上海、天津、厦门、海南以及山东、浙江、广西等多个省市遭受不同程度的灾害和人员伤亡。

（4）台风雨

台风具有充足的水汽和强烈的爬坡上升能力，在研究区域内，遭遇山地、丘陵亦或是高层或大体量建筑时，易形成暴雨。影响和登陆的台风一般都能造成暴雨和大范围的降水。

3. 2. 2. 3　台风对建筑的直接影响

　　沿海地区的台风荷载往往是设计工程结构的主要荷载。台风造成的风灾事故较多，影响范围也较大。灾害性台风可能会导致建筑结构主体的破坏，长时间持续的风致振动（空气流动的速度不稳定导致振动或物体两边的风速不一样导致振动）可能使部分结构（如节点、支座）产生疲劳与损伤，危及建筑整体结构安全。随着社会的发展，工程结构日趋多样化、大型化，建筑体型的非常规化以及新材料新技术的应用，建筑物对风的敏感程度越来越强。同时极端天气的可预测性越来越小，城市建筑的防风难度也愈来愈大。同时，国内现行的建筑结构规范，结构抗风设计参数既不完善也不全面，且缺乏地域性。

　　现代城市中大量出现的钢筋混凝土建筑，因其结构材料特征，因风倒塌的几率逐渐降低。在台风中损毁的房屋最多的是木结构、砖木结构等简易房屋，常见的问题是屋顶被风掀起，所以屋顶以支撑结构之间的粘合度也是建筑防风中的重点问题。砖混结构的房屋是刚度大、抗水平力强的结构体系，但有的砖混结构的房屋照常倒塌，其原因是在设计上有问题，如底层层高过高，每间房屋仅有两道横墙，大部分没有设置纵墙、采用木楼板等，使砖混的房子整体性减弱，造成失衡倒塌。

3. 2. 3　高温

3. 2. 3. 1　高温初级灾害

　　近年来，高温灾害在全球气候变暖的背景下而呈现出发生频数逐年扩大的趋势，特别是20世纪90年代以来，全球范围内的极端高温事件更是呈现出三方面特征：高温日数屡创新高、发生强度越来越大以及波及范围越来越广。

　　我国东南沿海地区是高温日数多发区。夏季，我国东南部地区在副热带高压气候的影响下，陆地区域盛行下沉气流，特征为干燥少雨多晴天，并且高温日数明显偏多。我国滨海地区的夏季高温主要表现为两种类型特征：

　　（1）闷热型高温

　　滨海地区夏季水汽丰富，空气中湿度相对较大，给人的感觉是闷热，就像是在蒸笼之中一般，称为闷热型高温，也叫做"桑拿天"，发生于多数沿海地区城市。

　　（2）干热型高温

　　气温极高、太阳辐射强而且空气湿度小的高温天气，称为干热型高温。多数发生在北方地区，滨海岸线较短，城市向内陆延伸较多的城市会形成此种模式，如天津市。

　　高温热浪灾害会给城市工农业生产和城市居民的生活带来严重影响，尤其是对人体健康、城市交通、用水用电以及农作物生产等方面影响更为突出。2003年夏季的高温热浪气候席卷了西欧大部分地区，造成了受影响地区当年人口死亡率明显增高，当时我国的南方地区也出现了极端持续高温干旱，造成了巨大的经济损失。高温热浪的危害主要表现在4个方面（表3-3）。

表 3-3 高温热浪事件危害分析

序号	特征
1	使人身体出现不适感，闷热难耐，工作效率降低，影响人们的行为模式，各种疾病发病率增加，死亡率增高。
2	易引发火灾与各种事故灾害。高温条件下，工业生产、居民生活的部分温度敏感性较高的设施与部件处于高压运转状态，易出现故障，甚至引发"自燃""自爆"等事故灾害。
3	高温热浪会使城市用水、用电需求激增，易引发水电事故。统计表明，夏季气温越高，高温热浪持续的时间越长，城市供水和用电量就越大，如高温热浪持续 3 天以上时，供水用电量会徒增。
4	危害农作物生产，导致粮食歉收，农作物减产。

3.2.3.2 次级灾害

高温热浪所引发的次级灾害主要表现为火灾灾害。火灾是指火苗缺乏应有的控制而引发乃至扩大并造成损失和伤害的过度燃烧[8]。火灾分为自然火灾与人为火灾两种，由高温热浪引发的火灾属于自然火灾，即在高温条件下，物体自燃燃烧。火灾是发生频率高、涉及面广、影响较大的突发性灾害，当前，我国整体上火灾形势较为严峻，根据相关数据统计，火灾的次数和损失在各类灾害中居高不下，并且特大火灾和重大火灾时有发生，对城市造成严重破坏与威胁。

3.2.4 海洋灾害

虽然暴雨、台风、高温热浪等极端气候事件的作用方式、作用范围以及对城市的影响各不相同，但是从极端气候事件整体的成因和致灾机理层面来看，各类型的极端气候事件表现出多方面的共同特征。

3.2.4.1 成因多样性与综合性

当今气候变化问题已经成为一个全球性的问题，国际社会对其投入越来越多的关注与研究。而极端气候现象是全球气候变化现象危害的最直接的表现形式。当前国际上学者们还在针对全球气候变化的方向、速度以及原因等问题展开讨论与研究，并且尚有很大争议，但是不可否认的一个事实是，全球气候变暖导致极端气候事件发生频率的上升。滨海城市常见的极端气候事件有很多种，比较有代表性的有暴雨、台风、高温热浪等，以及其他一些偶发性的极端事件，如干旱等。每一种极端事件的诱发因素、条件往往不同，但是从总的根源来看，极端气候事件有一个综合性的促成因素，即全球变暖（即全球气候变化问题）的大背景下加速发生的。

气候变化是在自然系统自发作用与人类外在干预的双重作用下的结果，从气候变化的过程来看，人类对化石资源的依赖与大量消耗无疑加快了全球气候变暖的进程，在对化石能源的消耗过程当中，排放出的 CO_2 在大气中聚集，虽然部分被自然界所吸收与转化，但是大部分在大气环境中累积，形成所谓的"温室效应"，导致全球气候变暖，也间接加速了极端气候事件的频繁发生。所以，各种极端气候事件的成因具有综合性（图 3-6）。

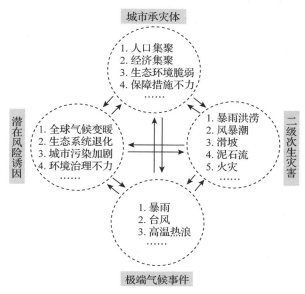

城市承灾体

1. 人口集聚
2. 经济集聚
3. 生态环境脆弱
4. 保障措施不力
……

潜在风险诱因

1. 全球气候变暖
2. 生态系统退化
3. 城市污染加剧
4. 环境治理不力
……

二级次生灾害

1. 暴雨洪涝
2. 风暴潮
3. 滑坡
4. 泥石流
5. 火灾
……

1. 暴雨
2. 台风
3. 高温热浪
……

极端气候事件

图 3-6　极端气候事件成因复杂性分析

来源：国家统计局

3.2.4.2　灾害复杂链性和高危性

极端气候事件发生后，往往演变成链式反应的复合灾害，并且对城市中的承灾体具有高度危害性。在全球气候变化的大背景下，由潜在风险因素诱发的极端气候事件不但直接对城市造成破坏与损失，而且引发二级次生城市灾害，同时还对其他潜在的风险诱因产生影响，加速某些风险诱因的发展进程；二级次生灾害伴随着极端气候事件的发生，加重了城市的防灾御灾的压力，并且造成严重的人员伤亡与经济损失，造成城市居民生活贫困、环境受损等危机；城市承灾体经受极端气候事件及其次生灾害的破坏，短期内防灾能力减弱，并且加剧了潜在风险诱因。极端气候事件所引发的城市灾害相互影响，甚至产生复合作用，破坏性被提升。

3.2.4.3　发生不确定性与萌发性

极端气候事件的发生具有不确定性与萌发性的特征，而这两个特征又相互关联，彼此影响。极端气候事件发生的不确定性是指特定区域内的特定极端气候事件的发生并没有规律可循。从理论上来讲，通过成熟的大气环境监测与预警系统，我们可以提前预测某一特定极端气候事件的发生，但是以现阶段人类的科学技术研究水平与知识理论体系而言，尚不能精准的预测极端气候事件的形成、发生与演变。当前对极端气候事件的监测与预警，都是基于环境分析与情景模拟的情况下，对极端气候事件发生的可能性作出判断，从而预测气候的变化态势。

极端气候事件发生的不确定性的另一个因素是灾害形成因素的多样性与复杂性，各种要素相互影响，如大气元素、陆地元素、海洋元素以及人类的各种活动，并且相互发生耦合效应，彼此互为因果。人类的活动加剧了陆地环境的改变，破坏了大气环境原有的平衡，而陆地环境的改变影响了水汽循环的过程，从而影响大气环流的循环，各种环境（大气、陆地、海洋）的改变导致了全球气候变化的发生，加速了极端气候事件的发生。所以，从事件形成的原因来看，极端气候的发生具有不确定性。

极端气候事件的不确定性的另一个因素就是事件发生的萌发性，萌发性是相对突发性而言的。各种风险和危机可分为突发性和萌发性两类[9]（图 3-7）。萌发性危机（emergent crisis）是指事件的发生具有步骤性发展过程的特点。事件前期的特征、征兆不明显、信息不明确，人们往往难以察觉；随着时间的推移和事件过程的进一步发酵恶化，加上人们的忽视或者错误的分析、研判、决策行为，致使事件发生过程中的各种征兆和信息不断增多，事件的影响范围与强度不断升级和扩大，最终从小事件发展成为危机事件。相对于突发性事件的难以预测与瞬时爆发的特征，极端气候灾害的发生往往具有过程性，事发之初不易被察觉，并且难于对事件的过程和结果进行预测，但是从预防的角度，萌发性的风险危机更易于人们进行防御和抵抗。

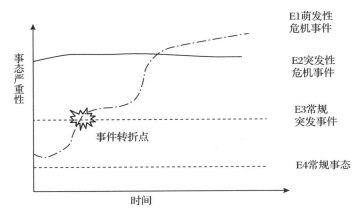

图 3-7　突发性危机事件与萌发性危机事件示意图

3.3　滨海城市人为灾害及灾害影响

由于滨海城市所处的特殊地理位置，所以滨海城市成为了人才资源、财富资源以及技术管理等方面的集结中心。然而，由于我国滨海城市多处在陆海交替、气候多变地带，受到海洋和陆地的双重影响，自然灾害发生频率很高，多发生台风、洪水、海啸以及海洋地质等灾害，同时，港口运输与物流业的发达，滨海地带聚集大量的化工和其他高危产品，形成了巨大的危险源。

3.3.1　灾害的叠加和连锁反应

港口运输与物流业的发达，滨海地带聚集大量的化工和其他高危产品，形成了重大危险源。灾害一旦发生往往形成灾害链，引发一系列次生灾害，造成灾害叠加和连锁的现象。如2015 年天津港的瑞海公司危险品仓库发生了"8·12"重大火灾爆炸，是一起特别重大的安全生产责任事故，由火灾引起爆炸导致危险化学品泄漏，造成交通瘫痪、房屋受损以及人员伤亡，同时，化工和其他高危产品对附近的生态产生一定的影响，形成了环环相扣的城市灾害链。

3.3.2　高度集聚造成疏散困难

随着我国城市化的进程和经济建设的快速发展，以往的空地或农田内一座座的高楼大厦鳞次栉比如雨后春笋拔地而起，塑造了高密度的新滨海城市景观。由于受到土地资源具有属性的限制，土地供需矛盾，尤其是高密度地区用地供需矛盾日益尖锐。城市人口高密度的集中住房需求的增长，导致住房密度过大。由于地价高昂和土地供应的短缺，造成同一地区内的新建居民社区、商业区、文化区等功能不同的建筑物紧密相连，带来了城市内集中高密度新区的形成，造成了在同一活动在时间和同一空间内的人群邹然高度集聚，因此当灾害出现时会造成不可估算的损失。

我国的滨海城市大规模的高密度住宅与综合办公楼多为 90 年代末建设，而我国的城市防灾设施以及应急疏散方法，还是计划经济体制下建立起来的，往往对传统防灾救灾研究具有较强的能力，对新的环境中灾害研究相对薄弱，滨海城市高密度城市具有的灾种多样性、复杂性，以及目前针对城市高密度地区的安全疏散仍存在许多盲点和空白。

参考文献

[1]陈媛，王国新.基于SPA的中国沿海旅游城市经济系统脆弱性评价[J].地理与地理信息科学，2013(5)：94-97+106.

[2]张耀军，任正委.基于GIS方法的沿海城市人口变动及空间分布格局研究[J].地域研究与开发，2012(4)：152-156.

[3]Zhai Panmao, Chao Qingchen, Zou Xukai. Progress in China's climate study in the 20th century[J]. Geographical Science, 2014(Supplement)：3-11.

[4]李崇银，黄荣辉，丑纪范，等.我国重大高影响天气气候灾害及对策研究[M].北京：气象出版社，2009：34.

[5]黄世昌.浙江沿海超强台风引发的潮浪及其对海堤作用[M].大连：大连理工大学，2008.

[6]左书华，李蓓.近20年中国海洋灾害特征、危害及防治对策[J].气象与减灾研究，2008，31(4)：28~33.

[7]乐肯堂.我国风暴潮灾害风险评估方法的基本问题，海洋预报，1998，15(3)：38~44.

[8]火灾释义.维基百科，http://zh.wikipedia.org/wiki/%E7%81%AB%E7%81%BD.

[9]Leonard H B, Howitt A M. Against desperate peril：High performance in emergency preparation and response[C]//Gibbons D E[A]. Communicable crises：prevention, management and resolution in an era of Globalization. Oxford：Elservier, 2007：19-24.

第 4 章　滨海城市防灾空间格局

滨海城市防灾空间格局是以生态安全理念为指导，旨在建立集约高效、和谐有序的城市空间形态。城市空间结构布局的优化一方面对改善城市微环境有积极影响，减弱渐进性自然灾害①对城市的威胁，减慢灾害发生进程，改善孕灾环境，使城市环境向积极方向转化，实现良性循环；另一方面，从城市整体层面构建易于防灾的空间结构，为防灾空间的设置提供条件。

4.1　滨海城市空间格局的构成

从生态学的角度构建健康稳定的城市空间格局，是立足于城市孕灾环境进行设计的根本，其主要关注城市中对生态灾害有重大影响的空间格局。福曼（R. Forman）在"景观生态学"中提出了不可替代格局的概念，作为景观整体构成模式用以维护景观生态安全的基础和底线。认为在一般意义上，大自然植被斑块，沿主要水斑块内关键物种流的连接度、建成区内维持异质性的小自然斑块和较宽的植被廊道是整体景观格局空间模式的最优组成，而不可替代格局则包括其中的大型自然植被斑块、足够宽度的廊道以及建成区里有一些小的自然斑块和廊道，其中大型自然植被斑块用以涵养水源，保护低级水系网络和稀有动物以承受较强的自然干扰，并具有较多的连接廊道；具有足够宽度的廊道用以连接上述大型自然斑块，以保护水系和满足物种运动的空间需要；小型自然斑块和廊道是大斑块和廊道的补充，作为影响景观生态功能的重要节点，有利于提高景观的异质性。不可替代格局是构建城市生态安全空间格局的基本方法之一[1]，也是城市生态危机是否爆发的关键点。

福曼和戈德龙（M. Godron）认为景观结构单元分为三种形式，包括基质、斑块和廊道，三种形式具体体现为[2]：

（1）基质：由建筑群组成的街区是城市发展的空间载体，也是城市景观的基质。

（2）斑块：包括城市公园，绿地，水面，小片林地等空间形式，是由具有重要影响并且受到一定程度人为影响的生态空间区域组成。

（3）廊道：可分为以交通干线为主的人工廊道和以河流及植被为主的自然廊道，廊道的分布很大程度上取决于城市景观空间结构和城市人口空间分布模式。

4.2　生态基质

滨海城市空间结构布局的发展不仅应该积极融入城市以及城市外围腹地的整体空间格局，同时应注重微观街区层面的生态安全和防灾系统规划，构建常态防灾体系下的区域——城市——城市片区——街区的空间结构。防灾空间格局的划分有助于建立清晰的城市防灾规划脉络，促进城市环境健康有序的发展。

（1）应以城市及其外围一定的腹地作为研究对象，建立城市生态廊道与乡村生态环境的直接空间联系。

（2）综合研究滨海城市的资源、环境和经济社会要素特征，并与城市规划各系统建立紧密

---

① 渐进式灾害即通过较长的灾害孕育过程逐渐表现出来的灾害形式。

的联系，在规划的整体过程中贯彻生态安全原则。依据滨海城市主要功能区的生态条件和环境特点，深入发掘其环境潜力，分别从常态防灾体系下用地布局、交通模式、开放空间体系、基础设施布局、建筑空间环境方面提出防灾策略，形成能够应对复杂灾害情况的城市主要功能区防灾系统，与其他片区的常态防灾系统相互关联，并与区域空间格局进行空间连接。

以土地性质控制为起点，考虑土地、水、植被资源的生态安全以及其在城市防灾规划中的重要作用，建立各系统与防灾规划的关联度，优先进行土地适用性评价，并确定土地使用的兼容程度[3]。以此为基础，重点进行生态因子的保护，选择适宜的用地作为开发建设用地，在有效地满足城市建设需要的基础上，形成"城市生态安全格局——常态防灾规划内容——具体规划策略"的清晰脉络，为下一步的行动规划提供清晰的指针[4]。

（3）以街区作为基础生态防灾单元，并通过分级控制限定清晰的研究对象和要素。街区主要可以划分为建筑实体空间和建筑外部环境。可将建筑周围从外向内划分为街道、路边停车带、人行道、建筑庭院、建筑外界面和建筑内部6个梯级安全圈[5]，使安全层级层层递进；并建立由建筑内部、建筑外界面、建筑庭院、人行道和路边停车带共同构成的安全区域范围（图4-1）。

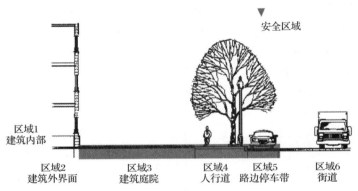

图 4-1　梯级安全圈层级

来源：National Capital Planning Commission. The National Capital Urban Design and Security Plan[R]，2002.

4.3　生态斑块

生态斑块空间格局的核心在于斑块大小、斑块数目、斑块形状和斑块位置。大型斑块能够有效维持和保护物种的多样性，承担更多的物种，从宏观上保障生态安全空间格局的有效性；而小型斑块虽然对物种多样性保护不利，但由于其占地小，数量多，分布广泛，能有效提高景观的异质性，并在生态流上起到跳板的作用，在生态安全空间格局中是对大型斑块的有效补充。

在我国政策管理和法律规定中，有关生态斑块保护与利用的内容涉及环境保护部门和建设部门。环境保护部门中确定的生态功能区划主要是从宏观层面对包含城市在内的区域大环境进行土地利用分类，以保护区域范围内的主要自然生态用地；而建设部门确定的空间管制区划则主要针对城市区域，以保护市域范围内的大型生态斑块。鉴于建设部门确定的空间管制区内的生态保护策略已在上面论述，下面就环境保护部门中确定的生态功能区划进行探讨。

城市生态功能区划是指"根据城市生态环境要素、生态环境敏感性与生态服务功能空间分异规律，将城市划分成不同生态功能区的过程"[6]，这一过程产生的地理空间分区则被称为生态功能分区。合理的生态功能划分有助于维持城市生态系统系统的稳定性，保持城市生态系统良性循环，降低城市的易损性。

城市生态功能区划单位共分为 3 个等级：自然生态区（一级区划单位），生态亚区（二级区划单位）以及生态功能区（三级区划单位）。自然生态区是在《中国生态区划方案》的宏观控制下，以不同的气候、地形，地貌等自然地理环境条件作为划分依据。生态亚区是以自然生态区的划分为依据，主要考虑自然生态区内生态系统的差异，结合土地利用类型和典型生态系统及其服务功能进行划分。生态功能区是在生态亚区内的进一步划分，主要是根据其在空间分配中的相似与差异程度、生态服务功能的重要程度以及生态环境的敏感程度，再结合城市具体的生态问题进行划分。不同的生态亚区和生态功能区具有不同的地域特征和生态功能特征。例如，在《重庆市生态功能区的划分》中，重庆市通过对各级分区指标的选取和评价，被设定为 4 个自然生态区、7 个生态亚区和 13 个生态功能区[7]。

根据生态功能区在整个区域生态网络中功能作用的不同，所采用的保护利用方式也不相同，可分为保护、恢复和适当利用 3 种模式[8]，相应的区域划分为：生态保护区、生态恢复区以及生态经济区，各类区域具体特征见表 4-1。

表 4-1　城市生态功能区空间利用模式与特征

区域划分	利用模式	区域特征	建设目标	具体措施
生态保护区	严格保护	生态功能在区域中不可替代或者生态环境异常敏感	自然恢复为主，人工恢复为辅，逐渐恢复受损的生态系统，巩固和提高区域的主要生态功能	加大生态环境监管；加强封山封滩育林育草；划定和建设维护水源涵养林、水土保持林和防护林。
生态恢复区	通过各种生态治理措施恢复生态功能	生态功能十分重要且生态破坏严重	工程措施结合生物措施，促进自然生态系统功能的恢复	通过退耕退牧、还林还草、还湖还沼、治理沙化、退化土地、恢复林草植被等方法遏制生态环境继续恶化的趋势，必要时可根据主导生态功能保护的需要，实行生态移民。
生态经济区	适度开发利用	开发适宜性较高、可以进行适度产业和资源开发	充分利用生态功能保护区的资源优势，合理选择发展方向	调整区域产业结构，在有资源环境承载力允许条件下鼓励益于区域主导生态功能发挥的产业发展，限制不符合主导生态功能保护需要的产业发展，鼓励使用清洁能源。

4.4　生态廊道

4.4.1　生态廊道的空间尺度

在滨海城市空间中，依据所表现出来的不同形态和生态功能，生态廊道可被划分为生态河流廊道、生态植被廊道和生态道路廊道3种类型，其功能与空间尺度具体为：

（1）生态道路廊道

生态道路廊道是以城市道路系统为基础，由城市道路、道路绿化带和分车带组成的城市线性空间，主要功能仍是以交通运输为主，生态功能十分有限，主要解决道路及其两侧一定空间范围内的噪音和吸附汽车尾气和粉尘，在局部范围内缓解由于交通产生环境危害。由于生态道路廊道的首要功能是保障交通运输的安全性，其生态功能局限在缓解周围环境的污染，因此对生态道路廊道中道路绿化带和分车带空间尺度的确定主要基于有效降低汽车尾气污染和噪音污染。

（2）生态植被廊道

生态植被廊道是指具有一定宽度的线性绿化空间，是生态空间系统中为最常见的具有整体生态意义的廊道形式，在城市空间中可表现为城市中具有一定规模的带状休闲绿地空间，或环绕城市避免城市无限扩张的环城绿带以及具有防灾功能作用的绿化带如防风林、卫生防护林、灾害防护廊道等。生态植被廊道是保障城市生态安全的重要组成，其空间尺度主要依据生态保护和维持物种多样性的需求来确定。考虑到需要保护的物种不同以及保护的时间不同，生态植被廊道的空间尺度变化极大。1980年代学者认为带状廊道的宽度应是2~3倍乔木的高度再加入内部动植物生存所需要空间的宽度，至少应不小于280m；到90年代则有人认为其与动物物种的数量和动物迁徙的周期有关，供个别动物每周或每月的迁徙廊道宽为9.0~91.5m，供整个物种每年的迁徙廊道需要91.5~915m宽，而供所有物种几十年或数世纪的迁徙则需要915m以上宽的廊道[9]。在城市中，物种多样性的降低和环境的恶化使生态植被廊道的功能更加重要，但由于受到城市空间发展的限制，生态植被廊道的宽度应在具体目标的条件下，结合城市空间使用要求和减灾避难要求综合确定。

（3）生态河流廊道

与植被不同，河流是高度动态的生态系统，并受到河岸两侧环境的影响，因此生态河流廊道包括河流本身以及河流沿岸的土地和植被。生态河流廊道是生态植被廊道的重要补充，其生态功能包括控制水流和矿质养分流、缓解城市洪水的压力、降低河岸侵蚀矿质养分流失，并可作为生物栖息地以及起到通道和过滤屏障的作用。

河流廊道的空间尺度依据不同生态功能和生态功能效应需求而定。针对水资源和环境功能完整性的保护，多位学者从水土保持、防止污染等多个方面对保护河流生态系统廊道适宜性宽度进行了研究。总结其研究结果，当河岸两侧的植被宽度大于30m时，可以有效降低河道附近的温度、增加河流生物食物供应并有效过滤污染物；当河岸两侧的植被宽度大于80~100m时，则能够有效控制沉积物及土壤元素的流失[10]。

针对生物保护功能，河流的不同及保护生物种类的不同都会导致河流廊道最小宽度要求的不同，如不同的河流为满足 90% 河滨植物生存要求，其廊道最小宽度在 10~30m 之间变化；又如，为使 90% 的鸟类生存，河流廊道的最小宽度在 75~175m 范围内[11]39-40。由于河流廊道对宽度要求变化范围很大，因此在有关规定中都会划出宽泛的范围，例如，在美国，各级政府和组织将河岸廊道的宽度规定在 20~200m 之间。

4.4.2　生态廊道的空间格局

（1）绿色生态廊道网络

滨海城市生态廊道的空间格局是滨海城市生态安全空间格局上的重要体现，不仅有利于生物的生存发展和环境的生态保护，还强化了城市防灾机能。生态廊道形成的绿色网络由线状的网状骨骼和分布在其间的面状据点组成。

河流、道路等在广范围内形成绿色网络骨骼。环境轴是网络骨骼中具有重要环境意义的主要城市线性空间，通常表现为道路和河流。因此，滨海城市绿色生态廊道网络是一个以环境轴为基础的城市空间系统，而环境轴则是这一系统中最重要的线性要素，它将其他绿色线性空间和绿色空间据点联系在一起，形成城市生态环境的整体空间系统。

山地、丘陵等自然环境区域以及城市内的公园则形成据点。据点是城市大面积沥青和钢筋水泥中稀有的大面积绿色空间，与骨骼共同形成绿色网络。

（2）实例：日本东京环境轴与绿色网络构建

东京都中，陆地部分是由区部和多摩地区组成。其生态廊道设计中，首先将两部分作为一个整体，形成广义的绿色网络，将城市与其周围的自然环境形成连接，以保持东京都的整体生态平衡。其中环境轴和绿色据点不仅在尺度上较大，同时也是城市绿色网络的具体空间表现。其次再将两者作为独立的区域分别进行考虑，形成区域内的绿色网络，并与上一个层次的绿色网络形成有机连接，以强化其整体生态环境的作用，同时促进区域内局部生态环境和气候环境的优化。

东京都广义的绿色网络共分为两个层次：一是东京，二是东京最重要两个区域，即区部和多摩区。其中东京整体空间范围内的绿色中心轴和绿色据点见表 4-2。

表 4-2　东京都整体空间范围内绿色网络

绿色据点	区部	代代木公园，上野公园，水元公园，明治神宫内外花园，新宿御苑等
	多摩区	野山北·六道山公园、小金井公园
环境轴	区部	放射 36 号线，青山大街、表参道、荒川，江户川等
	多摩区	甲州街道，调布保谷线，多摩、国分寺悬崖线等

地区性绿色网络较多，有代表性的参见表 4-3。

表 4-3 地区性绿色网络举例

绿色据点	区部	当地的公园，农场的居民，以及游憩森林
	多摩区	区域公园，绿色校园，杂木林，住宅前后绿化，神社寺庙内的绿化
绿轴	区部	地域内绿化好的道路，小河流(如石神井川)
	多摩区	地区的绿色丰富的公路(地区叫做樱花路、大学街另外) 中小河川，中规模崖线

4.4.3 生态廊道的空间设计

在景观生态学理论中，生态廊道是由具有不同基质环绕所构成的狭长地带，是城市生态安全格局空间网络中的线性构成元素，所有的城市空间都被生态廊道分割或连接。

4.4.3.1 基于生态安全的生态廊道空间设计

(1)区域空间设计

廊道空间结构的主要因素包括廊道的曲度、宽度、节点和连通度。曲度即廊道的笔直程度，影响着沿廊道移动的速度；宽度影响其空间范围内物种生存的几率；节点位于廊道交叉处，作为生态缓冲区对于生物迁徙有所限制；连接度指廊道连接的方式或者在空间上连续的程度，用于描述廊道空间分布的连续性。廊道内有无断开、是否连续是衡量廊道生态功能中最重要的指标，因此连接度也就成为廊道空间结构的重点。

以台南市核心区为例，在对区域生态廊道进行连接度评估时发现，公园廊道的连接数仅有8条，而根据分析，最大可能的连接数可以达到57条。因此可以看出，虽然生态廊道在空间表现上连接了台南市大约一半左右的公园绿地，但城市生态网络的连接程度却很低，需进一步加强生态网络的建设。具体策略为在针对核心区生态廊道的设计中，增加生态廊道的数量，并注重廊道之间以及和公园节点之间的连接，形成较为完善的生态网络，提高城市生态安全程度[12]。

又如，日本东京中央区将城市中心融入周边地区的整体绿色生态网络之中，使之同时满足区域的生态环境保护、防灾和景观的多方面需求[13]。中央区区域范围内的水和绿化形成的生态空间网络主要是由大规模绿化据点，通过街道两旁的线性绿化以及河流、运河及其沿河公园连接而成。大规模绿色据点共计7个，均匀分布在隅田川沿岸，其中，浜町公园区、佃·石川岛公园区、拂晓公园区、滨离宫皇家园林区、晴海码头公园区已建成，而晴海亲水公园(暂定)和朝潮运河区为未来发展地区。绿色网络的线性元素主要是由纵横交错的道路绿化与河流组成。其中以水为主形成的轴线有隅田川轴，神田川轴和日本桥轴，将7个大规模的绿色据点串连在一起。而十余条不同方向的绿道不仅将区域内的绿色据点连接起来，形成以区域为整体的生态网络，同时也将区域外部周边的大型绿色据点连接起来，使得区域生态网络成为城市整体生态网络的有机组成部分。例如，滨离宫—浜町轴将区域内的浜町公园，拂晓公园以及滨离宫皇家园林区连接在一起；又如都心—晴海轴则将区域外部西北部的日比谷公园和皇居外苑，与区域内的拂晓公园连接起来，并穿越朝潮运河直达海边。

（2）细部设计

生态廊道中的环境轴作为滨海城市绿色空间网络的基本构成骨架，空间形态主要表现为道路，河流等线性空间。在以往的设计中，道路、河流仅作为城市基础设施，依据自身基本功能加以设计，其作为线性绿色网络的空间特征被忽略。而环境轴的设计则忽略他们之间的具体使用功能的差别，着重强调其生态功能，把其作为城市环境的有机组成部分，促进城市不同基础设施之间的区域环境合作，协调城市空间设计，生态设计和城市设施功能设计之间的关系。例如，在日本东京代官山地区，绿色空间与水共同组成的环境轴将区域一分为二，并与之垂直的目黑川和贯穿区域的绿道相连通。大范围的公共绿地分布在其左右，而小范围的私人绿地遍布整个区域范围，使整个区域生态环境良好，空间呈现出强烈的吸引力。

在环境轴的具体设计中，首先应承认其并非孤立存在的要素。为了增强其生态网络作用，需要丰富其周边的城市绿化环境，形成以环境轴为主体，并在广度和深度上都具有良好生态功能的城市局部绿色网络。例如，在环境轴周边设置点状的城市公共绿地和广场，使与环境轴连通的街道保持良好的两侧绿化，两侧的建筑物也尽可能采用壁面绿化和屋顶绿化等（图 4-2）。

另外，环境轴自身的构成方式及其内部的环境设施对其生态功能的发挥也起着至关重要的作用。以城市道路为例，可将宽阔的道路用中央隔离带加以分割，中央隔离带则设计成绿化良好的绿道步行空间。隔离带的设置可缓解大面积混凝土路面对城市环境带来的热环境影响，而其两侧的车道数量则可根据交通量的要求进行设置（图 4-2）。

图 4-2　环境轴细部设计

4.4.3.2　基于城市通风的生态廊道空间设计

（1）基于通风的生态廊道整体格局

滨海城市的生态廊道借助其线性开敞的空间特征能够起到城市通风走廊的作用，不仅能将污染空气带出城市，缓解城市环境污染，还能引入外部新鲜的空气，降低城市温度，缓解热岛效应。

例如，德国斯图加特市由于地处小盆地导致市内通风不良，空气污染严重，严重影响居民的身体健康。为有效解决这一问题，城市进行了一系列的改建规划。首先根据山口风向确定迎风入城的通道方向，再将原有18米宽的道路拓宽为48米，以便使风道畅通，并禁止在上风向的山坡特别是山口位置建设房屋，一系列的措施形成了城市与外部自然环境连通的通风廊道，对市区气候环境的改善起到了积极的作用[14]。

又如，日本东京都充分利用沿海和数条河流流经城市的有利条件，以及建设线性和面状的大面积绿化，利用海陆风，水陆风，公园风等原理，在城市空间的设计中，充分利用和引导，有效地改善了东京都的城市热环境和空气质量。首先，从城市整体空间出发，在东京湾临水区域，利用原来的堆填区培养大海森林，以随着时间的推移，形成规模化的橡子林林区，达到环境的再生目的。同时在中央防波堤内侧东侧部分，设计形成通往城市中心的海滨风林道。风林道连接着市中心的大规模的公园（明治神宫内苑代代木公园，明治神宫外苑，皇居北之丸公园，新宿御苑）和绿化良好的顺风向道路，将凉爽的海风引入城市中心（图4-3）。其次，在城市中某一较大的区域中，充分利用河川和绿地等水和绿色的整体空间网络，形成局部的风道，改善城市区域的热环境（图4-4）。例如，东京都目黑区，利用目黑川和吞川的低洼地势以及周围的公园、目黑台高地和其上的大面积绿化形成三个近似平行的带状环境轴，为这一区域空间网络上创造了气温低洼点，形成了小范围的风循环。同时将三部分之间用道路连接起来，形成贯通的风道，在较大范围内形成良好的通风环境。再次，区域风道的形成生态空间网络中水和绿道的走向以及大型绿化据点的布置都充分考虑到城市通风的要求，形成区域风道。例如，日本东京中央区，依托隅田川，日本桥川等河道以及晴海通街，八重洲街及环状二号线等与海面联通的较宽道路有效地引入海风，形成较大规模的风道，有效的减轻城市中心的热岛效应，缓解大气污染。另外，对于城市局部区域而言，良好的道路绿化，公共开敞空间与绿化的设置，小范围的水体都会形成小范围的风道，改善局部区域的小气候，给人们生活提供舒适的环境。例如，在中央区中，大规模风道围合的区域中，由道路组成的小范围风道广泛分布，并于大范围风道相连接，形成风道网络。

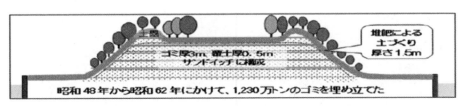

图4-3　东京海滨风林道

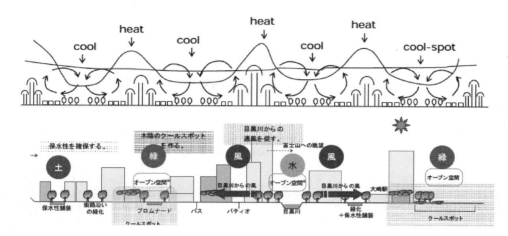

图 4-4　水和绿色的网络冷点

再如，我国火炉城市武汉为缓解江城闷热潮湿的夏季气候，调整了城市道路使之顺应夏季主导风向。汉阳宜多开辟南北向主干道；武昌的东南片宜开辟东南向主通道、东北侧适宜开辟东北向主通道；汉口则保持现有平行长江、汉江的"长街"和垂直两江的"短巷"，引风入城。而城市风道的"风源"基本圈定了大东湖、武湖、府河、后官湖、青菱湖、汤逊湖等 6 大生态水系的十几个湖泊[11]50-65。道路纵横交错形成通风网络，有效改善了武汉夏季气候。

（2）基于通风的生态廊道细部设计

①水陆风的空间设计与利用。对水陆风的有效利用能够有效改善局地小气候。以日本东京为例，其城市中河流众多，河道两侧的建筑布局、建筑高度和建筑密度对于水陆风的通风效果起着至关重要的作用。在其目黑川及其两侧建筑的设计中，为了有效地捕捉到夏季从海面沿河吹过的海风，以及躲避冬季吹过的冷风，目黑川两侧的建筑没有垂直于河道布置，而是呈"逆八字形"布置，以便夏季时有效引入水陆风，而冬季时则最大限度地避免沿河冷风的侵袭。同时，相邻建筑之间应保持一定距离，并使开敞空间相互连接，有利于风能够深入建筑群中，有效改善河道两侧一定区域范围内的气候环境。

②公园风的设计与利用。虽然公园风比水陆风微弱，但公园绿地的分布广泛，其利用十分方便。例如，日本东京都地区在皇宫和东京车站中间的大丸有地区，设计了从东京站通往皇居的四条贯通道路，道路沿线重点绿化，并对道路进行了保湿性铺设工程，同时还对道路两侧的新建筑都采用墙壁绿化和屋顶绿化。皇宫与周边区域的温度差所产生的风通过这四条道路达到车站，有效改善了这一地区的城市环境。再如在位于市中心的新宿御苑中，大面积的绿化降低了局地的温度，为其周围 80~90 米范围内的区域有效改善了热环境（图 4-5）。

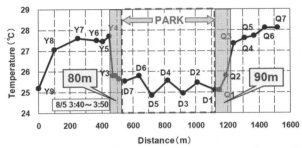

图4-5　东京新宿御苑的局地环境改善

参考文献

[1]俞孔坚，李迪华．城乡与区域规划的景观生态模式[J]．国外城市规划，1997(3)，27-31.

[2]苏伟忠，杨英宝．基于景观生态学的城市空间结构研究[M]．北京：科学出版社，2007，81.

[3]伊恩·论诺克斯·麦克哈格．设计结合自然[M]．芮经纬，译．天津：天津大学出版社，2006.

[4]陈天，臧鑫宇，王峤．生态安全理念下的山地城市新区规划研究——以武夷山北城新区城市设计实践为例[J]．建筑学报，2012(S2)：34-38.

[5]Designing for Security in the Nation's Capital：A Report by the Interagency Task Force of the National Capital Planning Commission [R]．US：National Capital Planning Commission，2001.

[6]http：//sts．mep．gov．cn/stbh/stglq/200209/t20020912_78985．htm.

[7]罗怀良，朱波，刘德绍，等．重庆市生态功能区的划分[J]．生态学报，2006，26(9)，3144-3151.

[8]环境保护部．国家重点生态功能区保护和建设规划-编制技术导则[S]，2010.

[9]周年兴，俞孔坚，方振芳．绿道及其研究进展[J]．生态学报，2006，26(9)，3108-3116.

[10]朱强，俞孔坚，李迪华．景观规划中的生态廊道宽度[J]．生态学报，2005，25(9)，2410.

[11]蔡婵静．城市绿色廊道的结构与功能及景观生态规划方法研究[D]．武汉：华中农业大学，2005.

[12]高雅力，都会区生态廊道规划之研究——以台南市为例[D]．台南：成功大学，2004.

[13]日本东京中央区绿の基本计画[G]．2009.

[14]柏春．城市气候设计——城市空间形态气候合理性实现的途径[M]．北京：中国建筑工业出版社，2009.

第 5 章　沿海化工园区工业防灾规划

5.1 沿海化工园区工业防灾规划机理策略探索

5.1.1 沿海化工园区灾害链式反应机理

5.1.1.1 灾害主要类型

沿海化工园区灾害大体包括两大类：一类是自然灾害，另一类是人为灾害，两者为互馈关系。地震、水灾、风灾等灾害大多是由自然原因引起的，而突发性的自然灾害常常引起火灾、交通事故、工厂停产等一系列人为的次生灾害与衍生灾害。人为灾害又包括两类，一是人为事故性灾害，又称技术灾害，是由于人们认识和掌握技术的不完备或管理失误而造成的巨大破坏性影响，如重大交通伤亡事故、重大生产性灾害事件、生命线系统事故、危险化学品泄漏、爆炸、火灾等，在现代社会有日益增多的态势；二是人为故意性灾害，又称社会秩序型灾害，如战争、恐怖袭击、社会骚乱与暴动等，主要由人类的故意行为引起。

沿海化工园区位于海岸带这一特殊的地理环境，受陆地灾害源和海洋灾害源多种致灾因子作用，自然灾害不仅类型多，而且致灾因子强度大，按直接致灾因子分类，该区域主要自然灾害类型有洪水、雨涝、风暴潮、海冰、赤潮、地震、地面沉降、海平面上升、海水入侵、水土流失等[1]。其中，地震、风暴潮、地面沉降等致灾因子最为突出。同时，沿海化工园区内高危产业企业众多，工业致灾因子强大①。

因此，基于沿海化工园区的产业结构和危险源的特点，在分析历史工业灾害案例的基础上，可以预见该区域存在的重大工业灾害风险主要包括泄漏灾害、爆炸灾害和工业火灾三种。另外，近年来人防向民防的转变，恐怖袭击和 SARS、禽流感等突发公共卫生事件扩展了沿海化工园区灾害②的范畴，城市安全防卫和防灾趋于整合[2]（图 5-1）。

（1）自然灾害

自然灾害是指以自然变异为主而产生的并表现为自然态的灾害③，类型如下：

海啸灾害，海底地震、海底（或海岛）火山爆发以及海底塌陷、滑坡等大地活动诱发海啸。海啸的海浪具有强大的破坏力。研究表明，发生破坏性海啸的基本条件是海底地震震源深度一

---

① 自 2007 年至 2010 年 8 月，国内大陆发生的工业灾害有 65 起，其中，2010 年发生的大连新港输油管爆炸漏油事件、南京"7.28"管道爆炸事件、吉林化工厂原料桶流入松花江事件最为引人关注。

② 按灾害的发生和发展特点可将其分为突发型灾害和缓慢型灾害。突发型灾害的发生有两种情况：一种是经过长期积累而爆发，也就是量变引起质变而导致灾害的发生，如地震、洪水雨涝等；一种是没有这种逐渐积累的过程而突然发生的灾害，如风暴潮灾、各种工业灾害等。缓慢型灾害是指灾害的发生来势比较缓慢，经过长期积累而形成，并对人类社会经济的发展在较长时期内产生影响的灾害，如地面沉降、海平面上升等。按灾害的形成演变特性可将灾害分为原生灾害、次生灾害和衍生灾害。不受其他灾害的直接或间接触发作用而爆发的灾害称为原生灾害，如地震、洪水雨涝、地面沉降等；受其他灾害的直接或间接触发或由其他灾害诱发的灾害称为次生灾害，如风暴潮灾、泄漏灾害等；由原生或次生灾害进一步发展演变而成的灾害则称为衍生灾害，如爆炸灾害、工业火灾等。

③ 自然灾害也就是指由于自然异常变化造成的人员伤亡、财产损失、社会失稳、资源破坏等现象或一系列事件。它的形成必须具备两个条件：一是要有自然异变作为诱因，二是要有受到损害的人、财产、资源作为承受灾害的客体。自然灾害是人与自然矛盾的一种表现形式，具有自然和社会两重属性。

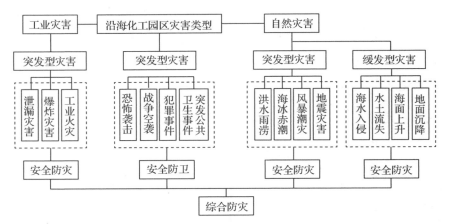

图 5-1　沿海化工园区主要灾害类型示意

般小于 40km，震级大于 6.5 级，海底有较大面积的垂直运动，海底地震的海域海水深度一般
大于 1000m。沿海地区受海啸袭击的宽度与海啸强度、海岸地形地势、防浪堤坝高度与抗海啸
强度、海啸水墙运动受阻程度与增能梯度等有关。我国周边海域特别是台湾省等地震多发区，
一旦发生海底地震并引发海啸，台湾、广东、福建、海南和浙江等沿海地区可能受到袭击①；
2011 年日本 9 级地震海啸则袭击了沿海纵深几公里的地带(图 5-2)。

图 5-2　日本 2011 年近海地震引发海啸现场

来源：网络资源

地震掀起的海洋波浪高度一般不超过 1m，但波长较大可达数公里，而且其传播 1000km 甚
至 10000km 后，能量损失很小。但传到滨海区域后，能形成高达几米甚至数十米的"水墙"，
冲上陆地。"水墙"蕴藏着巨大能量，被袭击的地域将遭受惨重的损失。19 世纪以来，严重的
海啸灾害造成了不同程度的损失，如表 5-4 所示。以日本为例，地震灾害诱发多次海啸，有些

---

①　据不完全统计，公元前 47 年至公元 2004 年，我国沿海共发生 29 次地震海啸，其中 1/3 左右形成海啸灾害。
我国存在三大地震海啸风险区，即渤海海域、台湾周边海域和南海海域。

破坏性海啸的浪高超过 10m。1923 年关东地震 12m，1983 年日本海中部地震 10m，1993 年北海道近海地震 10m 多，2011 年东日本地震 10m。

2004 年底，印度洋地震伴生海啸造成 13 个国家 20 余万人丧生。其中印度尼西亚的苏门答腊岛近震源的海滨，震后几分钟就受到海啸的袭击。印度尼西亚遭受多次地震伴海啸的袭击，损失极为惨重。1960 年 5 月，智利中南部的海底发生 9.5 级强烈地震（世界地震史上震级最高的地震），导致数万人死亡，200 万人无家可归。大震之后，突发海啸，海岸处浪高一般为 8~9m，最高达 25m。太平洋沿岸，以蒙特港为中心，南北 800km，几乎被海啸洗劫一空，沿岸的码头全部瘫痪①。不到 24h，海啸到达太平洋彼岸的日本列岛。海岸波浪高 6~8m，最高达 8.1m。造成了日本百余人死亡，冲毁房屋近 4000 栋。2011 年东日本地震伴生海啸不同地点的海啸波浪高度如表 5-1 所示。

表 5-1　东日本地震伴生海啸在不同地点的波浪高度

地点	海啸浪高测量仪测量（m 以上）	依据海啸在陆地的痕迹推测（m）	地点	海啸浪高测量仪测量（m 以上）	依据海啸在陆地的痕迹推测（m）
青森县八户	2.7	6.2	岩手县久慈港	未测量	8.6
岩手县宫古	8.5	7.3	岩手县釜石	4.1	9.3
大船渡	8.0	11.8	仙台港	未测量	7.2
石卷市鲇川	7.6	7.7	福岛县相马	7.3	8.9

来源：《城镇防灾避难场所规划设计》

风暴潮灾害，是指由强烈的大气扰动如强风或气压骤变等强烈的天气系统对海面作用导致水位急剧升降的现象，使沿岸一定范围出现显著的增水或减水，又被称为风暴增水或气象海啸②。

巨浪灾害是由 6 级以上风产生的、有效波高在 4m 以上的波浪。热带风暴、台风、温带气旋、寒潮偏北大风等是我国沿海海域产生巨浪的主要天气系统。

海水灾害主要是指海水浸染灾害，也称海水入侵灾害。海水浸染灾害，主要是指由于海水发生侵蚀和污染所引发的一系列灾害。海水浸染灾害对农业、工业生产、人畜饮水影响很大。一方面，它破坏供水水源，使人民生活受到影响，一些地区耕地无淡水灌溉，造成粮食、蔬菜、水果减产或绝收；海水入侵还会导致土地盐碱化。另一方面，一些地区水资源被破坏后，

---

① 除智利外，还波及太平洋东西两岸，如美国夏威夷群岛、日本、俄罗斯、中国、菲律宾等许多国家地区。海啸波以每小时 700km 的速度，横扫西太平洋岛屿。仅 14h，就到达了美国的夏威夷群岛，海岸波浪高达 9~10m。

② 风暴潮灾害的严重程度，一方面与风暴增水的大小和当地天文大潮高潮位有关，另一方面还取决于受灾地区的地理条件、海岸形状和海底地形、社会及经济情况。一般来说，地理位置正处于海上大风的正面袭击范围内，海岸形状呈喇叭口、海底地形较平缓、人口密度较大、经济发达的地区，所受的风暴潮灾相对来讲要严重些。我国台风风暴潮严重区多为沿海海湾湾顶和河口三角洲地区，包括渤海湾到莱州湾沿岸，江苏小洋口到浙江北部的海门、温州、台州等地区，福建宁德至闽江口，广东汕头到雷州半岛东岸及海南省北部沿海。风暴潮对我国沿海的影响是灾难性的，它除造成大量的人口死亡、疫病流行外，还会造成生态环境的破坏和大量的经济损失。

工业生产使用高矿化咸水，产品质量下降，设备腐蚀；有的工厂企业被迫搬迁或远离输水，增加了成本；滨海地区海水入侵还影响海港建设、油田开采以及日益发展的旅游事业①。

地面沉降，又称为地面下沉或地陷，是指在自然条件和人为作用下所形成的地表高程不断降低的环境地质现象。导致地面沉降的自然动力因素主要包括地壳升降运动、地震、火山运动以及沉积物自然固结压实等；人为动力活动主要包括开采地下水、油气以及煤、盐岩等矿产资源，修建地下工程，进行灌溉，对局部施加静荷载和动荷载等②。地面沉降的不利影响包括：①不均匀沉降造成地表建筑物开裂、地下管网破坏；标高损失使得水坝、桥梁等大型工程受损。②长期大面积地面沉降造成积水洼地增多，暴雨后易引发内涝；地面标高下降和海平面上升造成河道淤积，行洪能力下降。③过量开采地下水，使得地下水的自然循环系统受到破坏，咸水的侵入速度加快，地下水质与地质环境恶化。④地面沉降与海平面上升的双重作用导致工程设施的地表标高损失，抵御强风暴潮的能力下降，沿海风暴潮加剧。⑤沉积物减少和地面沉降严重化造成海拔标高损失，国土资源流失[3]。其中，天津海岸带地区是国内外地面沉降最为严重的区域之一，包括塘沽、汉沽和大港3个沉降中心③。

图 5-3　浙江杭州某区域地面沉降灾害现场实景

来源：网络资源

---

① 天津海岸带地处海河流域下游，东临渤海湾，是我国台风、低气压和温带气旋频繁登陆的地区之一。频繁的气象活动叠加上天文大潮，使得天津风暴增水频发，极易遭受风暴潮袭击。据不完全统计，1500～1949 年，天津滨海地区共发生风暴潮 60 次，平均每 7.5 年发生一次；1949～1979 年平均每年发生一次风暴潮，1980～2003 年平均每 0.6 年发生一次风暴潮。潮水位持续增高，风暴潮发生频率和强度不断增大，潮灾危害极为严重。1992 年第 16 号强热带风暴潮灾，海河闸最高潮位为 6.14m（测站大沽冻结基面），相当于百年一遇，直接经济损失 3.99 亿元。2003 年 10 月天津海岸带发生温带风暴潮，海河闸潮位站最大增水 1.60m，潮位最高升至 5.33m，超过当地警戒水位 0.43m，直接经济损失约 1.13 亿元。2005 年"海棠"风暴潮袭击天津海岸带，受灾人口 32 万余人，农作物受灾面积 6.67 万公顷，房屋损毁 2000 余间，直接经济损失 2.20 亿元。随着滨海地区的快速发展，风暴潮潜在损失呈上升趋势。

② 中科院的 2004 年科学发展报告指出：自 20 世纪 80 年代，我国地面沉降已有沿海城市向内地城市大面积扩展，由浅部向深部发展。地面沉降这种地质灾害，已成为影响大中城市安全健康发展的制约因素。

③ 天津海岸带位于华北平原的东北部，地处九河下梢的渤海湾西岸，又处于相对缺水的北方地区。在如此地质背景和地理环境影响下，天津成为我国地面沉降的重灾区。早在 1959 年便发现了天津的地面沉降，多年以来，过量开采地下水资源导致了宝坻断裂和蓟运河断裂以南出现不同程度的地面沉降现象，覆盖约 8000 多 km² 的广大地区，形成市区、塘沽区、汉沽区、大港区、海河下游工业区等几个沉降中心。

地面沉降的危害还包括对风暴潮灾的明显放大效应，它变相增强了风暴潮灾的发生频率和灾害强度[4]。主要原因是，过量开采地下水资源造成地面沉降加剧和海平面相对上升，导致工程设施地表标高损失，抵御强风暴潮的能力下降等①（图 5-3）。

地震灾害，成灾机制包括：场地破坏效应（建筑物、道路、管线破坏）、斜坡破坏效应（有崩塌、滑坡、泥石流）和地基变形破坏效应（有地面沉降、地基水平滑移、沙土液化）。强震还能与建筑物产生共振，使建筑物严重破坏[5]。

大量地震灾害表明，不仅主震能够造成人员伤亡，建筑物倒塌、严重破坏和大量财产损失，有些次生灾害造成的损失甚至远超过主震。例如，2004 年印度尼西亚印度洋地震引发的海啸造成十几个国家 20 余万人死亡，大约是主震震亡人数的 10 倍。2011 年 3 月 11 日东日本 9 级地震伴生海啸，死亡者约 90% 是海啸所致。

地震的次生灾害主要有火灾、海啸、余震、水灾、毒气泄漏、核泄漏以及瘟疫等。火灾是严重的地震次生灾害。日本关东地震、阪神地震都发生了重大次生灾害，造成严重的人员伤亡和经济损失。关东地震时，火灾伴随地震灾害发生，东京市内 15 个辖区起火，共有起火点（含当时的郡）178 处，消防队扑灭了 83 处，其中 95 处酿成火灾。火灾形成巨大的火流向周围延烧，另外从火灾现场飞散出大量烟尘和火星，飞散的火星又引发市区 100 多处火灾，从地震当天中午直烧至震后第三天 18 时。关东地震死亡的 14 万余人中约半数死于次生火灾，仅一个被服厂就烧死 4 万余人。1995 年日本阪神地震后 15 分钟发生火灾 85 处，3 天内共发生 256 处，震后 11 天累计 294 处。地震灾区烧毁房屋 7120 栋，部分烧毁 347 栋，烧毁面积 659160m²。1975 年海城地震，地震死亡 328 人，震后防震棚发生火灾 3000 余起，烧死 341 人，次生火灾死亡的人数比地震灾害死亡的还多。

（2）人为灾害

近些年来，全球发生的工业灾害中，化学危险品引起的爆炸灾害占一半以上，给人的生命和财产带来巨大损失。1947 年美国发生硝酸铵爆炸灾害，结果造成 576 人死亡，3000 多人受伤；1984 年印度博帕尔市的美国联合碳化公司农药厂毒气泄漏，造成两千五百人死亡，20 多万人中毒②，5 万人失明，十万人终生致残的严重后果③。《1983 年以来国内典型化工事故案例选编》一书统计的 520 个案例中，化工灾害中爆炸、中毒、火灾占了灾害总数的 80% 左右。

---

① 天津海岸带属于下降型海岸，地面沉降灾害的严重化造成了不可逆的地面标高损失，进而使得海水入侵和风暴潮灾的危险大大增加，天津海岸带遭受风暴潮灾的损失日益增大便是佐证。新中国成立以来，天津海岸带塘沽区段受风暴潮灾 9 次，最近两次分别为 8509 号和 9216 号风暴潮，最高潮位分别为 5.50m 和 6.14m，潮位高度和直接经济损失都大大超过了前 7 次。不考虑地面沉降导致的地表标高损失这一因素，两次风暴潮灾最高潮位为大沽高程 4.41m 和 4.79m，危险明显降低。

② 中毒是指有毒物质进入人体而导致人体某些生理功能或者器官、组织受到损坏的现象。人接触有毒物质可以发生急性的或者慢性的中毒，急性中毒表现为刺激、窒息、麻醉与系统损害四个方面，工业园区经常因为有毒物质泄漏而发生中毒事故，有毒物质对于人体的危害程度取决于毒物的浓度、毒物的性质、人员和毒物接触的时间等因素。

③ 随着经济的高速发展和城市的快速扩张，我国已进入工业灾害的高发期。自 2007 年至 2010 年 8 月，国内大陆发生的工业灾害有 65 起，灾害主要形式为：危险品爆炸、管道泄漏与爆炸、生产场所火灾、有毒气体泄漏和重大环境污染五类。其中，2010 年发生的大连新港输油管爆炸漏油事件、南京"7.28"管道爆炸事件、吉林化工厂原料桶流入松花江事件最为引人关注。

2003 年 12 月，重庆发生井喷事故，10 万人避难疏散。2004 年 4 月重庆天原化工总厂氯气泄漏，15 万人避难疏散。2008 年 8 月 27 日，广西壮族自治区宜州市一家化工厂爆炸，1 万多名居民避难疏散。2015 年 8 月 12 日，位于天津市滨海新区天津港的瑞海公司危险品仓库发生火灾爆炸事故，事故中爆炸总能量约为 450 吨 TNT 当量，造成 165 人遇难，8 人失踪，798 人受伤，304 幢建筑物、12428 辆商品汽车、7533 个集装箱受损，直接经济损失 68.66 亿元[6]。

爆炸灾害的特点：①突发性，爆炸往往在瞬间发生，难以预料；②复杂性，爆炸事故发生的原因、灾害范围及后果各异，相差悬殊；③严重性，爆炸事故的破坏性大，往往是摧毁性的，造成惨重损失[7]。

工业火灾特点：①燃烧速度快，火势发展猛烈；②容易形成立体燃烧；③容易形成大面积燃烧；④爆炸危险性大；⑤具有复燃、复爆性；⑥火灾爆炸中毒事故多；⑦火灾爆炸损失严重；⑧初期火灾不易及时发现处理；⑨火灾扑救困难[8]。

（3）复合灾害

①基本概念简述。受灾对象为城市时，灾害往往表现出多灾种关联并持续发生的特点，各灾种间呈现出一定的因果关系。灾发时间靠前、灾损度较大的灾害称为城市主灾；灾发时间靠后并由主灾引发的一系列灾害称为城市次生灾害。城市主灾的规模一般较大，常为地震、洪水、火灾、战争等。城市次生灾害在初期一般规模较小，但灾种多、灾发频率高、致灾机理复杂，中后期发展速度较快。

因为严重地震灾害常伴生余震、海啸、火灾、泥石流和滑坡等次生灾害，从而构成多个灾种的复合灾害。主震是形成复合灾害的祸首，次生灾害是复合灾害的成因，而且有些次生灾害造成的损失有可能远远超过主震。9 级东日本地震不仅震级高、破坏力强，而且主震引发了海啸，发生多次 5 级以上余震，化工企业发生多处爆炸和火灾，福岛核电站发生核泄漏，又伴有降温、降雪，可谓"雪上加霜"，其中海啸造成的人员伤亡和建筑破坏超过了主震。这表明，对于重大地震灾害，规划设计避难场所系统时，应立足于复合灾害，应急措施能够"融霜化雪"，把复合灾害的损失减少到最小。

②灾害复合关系。与几种工业灾害类型关系最为密切的自然灾害可归结为水灾、地震、雷击、暴风四大类①。自然灾害对工业建筑设施的主要破坏作用方式为冲击、水渍、水平垂直震动、竖轴扭曲作用以及电作用；具体包括对城市生命线系统（电力、水利、通讯和能源等）、建筑物、设备的毁灭性打击以及雷击产生的高压作用和大电流。当这些破坏作用力超出承载体的承载能力极限时，便会造成屏障失效，破坏作用转化为新的能量释放出来，当外在条件具备时便会引发工业灾害。

5.1.1.2 灾害一般特征

（1）高频度与群发突发性

沿海化工园区巨系统结构复杂、致灾因子多的特点，导致园区灾害呈现出高频度与群发突发性特点。如交通事故、火灾、煤气中毒等技术灾害的发生频度较高，而且灾发次数与园区规

---

① 农林病虫灾害与火灾、爆炸、毒物泄漏灾害关系微小，此处忽略；另人为自然灾害在研究范围之外，暂不考察。

模基本呈正相关关系；地震、洪水等大规模自然灾害，则呈现出群发性特点，波及范围广、次生灾害多、危害时间长，往往形成灾害群，灾害多方面关联而持续地给城市造成损害。国内外，化学工业灾害愈加频繁，由于对化学危险品使用不当引发的火灾和爆炸等化学工业灾害逐年增加，伤亡人数和经济损失也越来越大（图5-4）。

　　而化学工业灾害不受地形、气象和季节影响。无论企业大小、气象条件如何，也无论春夏秋冬，化学工业灾害随时随地都可能发生。化学工业灾害的发生往往出乎人们的预料，常常在意想不到的时间、地点发生。由于其突然发生、扩散迅速，无自身防护能力的群众对有害气体的防范十分困难。因此，研究化学工业灾害的突发性，对挽救受害人员的生命、减少损失是非常重要的。

图5-4　工业爆炸灾害冲击波与蒸汽云破坏现场
来源：网络资源

（2）强区域性与高扩张性

　　沿海化工园区灾害的区域性特点主要表现在两个方面：一方面，园区灾害是整个城市及区域性灾害的组成部分，尤其是较大的自然灾害，常有多个城市受同一灾害影响，灾害的治理防御不仅是沿海化工园区和其所在城市的任务，单个城市也无法有效地防抗区域性灾害。另一方面，沿海化工园区灾害的影响往往超出城市范围，扩展到城市周边地区和其他城市，这种影响不仅是物质的，还包括精神的。灾后的灾民安置与恢复重建工作，也是一个区域性的问题。

　　由于沿海化工园区各类功能设施网的整体性强，当一种功能失效时，常波及其他系统的功能的失效，如建筑物的倒塌造成管线破坏、交通受阻。居民对城市功能的依赖性很强，一旦功能失效，极易引起社会秩序的混乱。沿海化工园区是社会发展的动力源，那些在国民经济建设中发挥重要作用的园区，如上海化学工业区、天津南港工业区等，一旦发生了灾难性的破坏，其破坏的影响不仅涉及所在城市，甚至可以影响到国家的经济运行和社会稳定。

（3）高灾损与致灾复杂性

　　沿海化工园区人口和经济的密集性和空间的集约性决定了其受灾时灾损度巨大的特性。虽然，现代园区自我保护机能有所增强，但许多灾害学家和经济学家都认为其承受地震、洪水、台风、火灾等大规模灾害打击的能力并不强，一次中型灾害有可能使一个园区的发展受挫多年。而且，沿海化工园区的防护重点集中在人员安全疏散上，对财物特别是固定资产的防护措施较少。因而，尽管灾发后人员伤亡数字呈现总体上的下降趋势，但园区同等灾情下的经济损失快速上升势头仍很明显。由于灾害除了危害人类生命、健康、破坏房屋、道路等工程设施，造成严重的直接经济损失外，还破坏了人类赖以生存的资源与环境。资源的再生能力和环境的自净能力是有限的，一旦遭到破坏，往往需要几年、几十年，或几百年才能恢复，甚至有的永远无法恢复。资源环境的恶化不但直接危害当代人的生存与发展，而且贻害子孙后代，恶化他们的生存发展条件，给人类带来的影响是极其深远的。

化学工业灾害的后果极其严重，不仅将造成巨大的经济损失和严重的人员伤亡，而且会影响社会的稳定。爆炸、火灾等工业灾害可直接导致极其惨重的人员伤亡，严重摧毁建筑设备。毒物泄漏灾害影响范围广，伤害形式特殊且后果严重，救援工作困难；环境遭到严重污染，且消除极困难，能在较长时间内损害人体健康和危害环境。同时，灾害现场的中毒、烧伤、窒息伤员如得不到及时有效的现场救护，也将导致死亡。

致灾复杂性首先体现在危险源种类繁多，其中引起人员中毒的危险源多集中在某几种化学物质上：氯气、氨气、氮氧化物、一氧化碳、硫化氢、硫酸二甲酯、光气等，主要由刺激性气体和窒息性气体组成，占全部中毒灾害的75%以上。而其中氯气、一氧化碳、氨气三类化合物所致的中毒灾害占55%左右。这些物质在化工、石油化工、石油等产业中应用和接触十分广泛和密切。另外，有些化学物质腐蚀性很强，常使设备、管线损坏，发生跑、冒、滴、漏，外溢的气体极易通过呼吸道进入人体而导致人体中毒。其次，灾害后果也不尽相同，其损害具有多样性。除可造成死亡外，也可引起人体各器官系统暂时或永久的功能性或器质性损害；可以是急性中毒也可以是慢性中毒；不但影响本人也可影响后代；可以致畸也可以致癌(图5-5)。

图5-5　有毒易燃物泄漏灾害与救援现场

来源：网络资源

5.1.1.3　灾害链式反应

一种灾害爆发后诱发出一系列其他灾害的现象叫灾害链。沿海化工园区灾害发展速度快，若不及时控制，许多小灾会发展成大灾；对大灾若不能采取有效防御措施，会引发更加严重的次生灾害。沿海化工园区各系统相互依赖，灾发后往往牵一发而动全身，会波及整个园区，发生灾害连锁反应。1923年日本关东大地震，造成损失最大的是地震引起的次生火灾。1995年日本神户地震，电力系统短路火花引爆了由于城市煤气管网破裂而泄漏的煤气，引发巨大火灾。1986年厄瓜多尔地震引起滑坡灾害，河道被阻形成一道天然水坝，水坝不堪重负突然崩垮导致洪水泛滥。

（1）灾害链

链式关系特征，可以将灾害的形成与发展视为一个链式过程，是一个内因与外因综合作用的灾害链式过程。灾害链是将宇宙间自然或人为等因素导致的各类灾害，抽象为具有载体共性反应特征，以描绘单一或多灾种的形成、渗透、干涉、转化、分解、合成、耦合等相关的物化信息过程，直至灾害发生给人类社会造成损失和破坏等各种链锁关系的总称。将灾害链源头的诸多自然灾害因子及其致灾过程称为灾害链启动环，把由于自然灾害的破坏而导致的工业泄漏灾害称为灾害链激发环，把由泄漏灾害引发的爆炸灾害和工业火灾称为灾害链发展环，把由于灾害产生后带来的直接或间接损失过程称为损害环，阻止或预防灾害启动因素的形成和灾害形成后的工程治理视为断链过程[9]。

根据灾害链的定义可将其内涵分解如下：①灾害链是将各种灾害抽象为物质、能量及信息流的载体反应；②灾害链可反应单一或多灾种的形成过程及其渗透、干涉、转化、分解、合成、耦合等物化关系；③通过对灾害链形成的机理分析、理论模型构建以及参数的定性、定量描述，可得到对灾害破坏性能的度量；④灾害链可反应各种灾害对人类社会造成的破坏关系和破坏作用；⑤通过对灾害链式关系的规律剖析，为断链减灾提供了可行途径。

在一种或几种城市主灾的强烈影响下，大批次生、伴生、衍生或连锁灾害被引发同时或相继发生。例如，台风在海上引起强风、巨浪，登陆后导致风暴潮、洪水、雨涝、泥石流、山体滑坡等次生灾害，风暴潮又会引起盐水入侵、土地盐渍化等一系列衍生灾害（图5-6）。

图 5-6　日本阪神大地震引发城市火灾次生灾害链
来源：网络资源

（2）灾害链的构成

工业灾害作为原生灾害可从以下两个案例中得到体现，2010 年 7 月 16 日，大连新港中石油原油储备库陆地输油管线爆炸起火，造成附近储罐阀门、输油泵房和电力系统损坏，大量原油泄漏污染附近海域；2010 年 7 月 28 日上午，南京塑料四厂地下丙烯管道被施工队伍挖穿，液态丙烯泄漏引发大火，造成 13 人死亡。同时，工业灾害也是由自然灾害诱发的次生、衍生灾害，例如，2010 年 7 月 28 日，永吉县开发区的新亚强公司和吉林众鑫集团厂区围墙被洪水冲倒，7000 千余个化工桶被冲向西北进入温德河，后被卷入松花江。

由此可见，工业灾害与其诱灾因子构成一种典型的灾害链，包括因果链和同源链等类型及多级灾害链，危害巨大且持续时间长。一灾多果，连锁反应，加重了灾害的破坏性。沿海化工园区的灾害链式反应特征总结如图 5-7 所示。对于大多数原生灾害，人类只可能力求预知而不可能抑制或控制，但次生灾害和衍生灾害则大多是可以大幅度减轻甚至是可以避免的[3]。

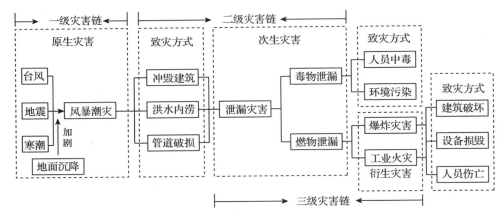

图 5-7　沿海化工园区灾害链式反应特征示意图

(3) 灾害链危害

沿海化工园区主要灾害链包括：自然灾害直接致灾的一级灾害链，工业灾源泄漏灾害导致人员中毒和环境污染的二级灾害链，以及由泄漏灾害引发爆炸和工业火灾的三级灾害链，其主要危害见表 5-2。

表 5-2　沿海化工园区各级灾害链主要危害

灾害类型	灾害链级		主要危害
工业灾害	二级泄漏灾害链	暴露人员中毒、灼伤	急性中毒：高浓度毒物段时间接触，刺激(呼吸系统、皮肤和眼睛)，麻痹(不能及时防护)，窒息，器官损伤等，如一氧化碳中毒
			慢性中毒：低浓度、长时间接触，如石棉、铅中毒
		污染水体、土壤、大气	破坏臭氧层，引起温室效应、酸雨、光化学烟雾，导致土壤酸碱化、板结以及水中致癌物质严重影响人体健康等
			引发爆炸、火灾等次生灾害，是大部分突发性工业灾害的源头
	三级燃爆灾害链	炸 / 冲击波	人员伤亡，设备管道严重破坏，建筑物震荡松散直至倒塌
		炸 / 爆炸碎片	容器碎片飞射距离较远(100~500m)，伤害人畜、破坏建筑
		炸 / 爆炸气浪	会将人(站立时尤甚)卷的很远，直至遇到障碍物
		灾 / 热辐射	人员灼烧伤亡，周围物体燃烧、变形，建筑物遭破坏
		灾 / 热对流	炽热烟气加剧火灾蔓延、人员伤亡和财产损失，污染环境，影响光照
		灾 / 飞火	借热对流的动力掀出数十、数百、上千米，形成新起火点

（续）

灾害类型	灾害链级	主要危害	
自然灾害	一级风暴潮灾害链	狂风	颠覆船舶，摧毁工程设施，中断通讯电路，阻断交通，房屋倒塌
		巨浪	侵蚀海岸，破坏构建筑物，土地大量流失，泥沙淤积港湾，航道受损
		风暴增水	淹没农田湿地，破坏海岸植被，加速生态系统恶化；搬运原有排污，城市和工程垃圾，导致污染范围扩大；淹没码头仓库道路，诱发工业灾害
		海水入侵	地下水质变咸，土壤盐渍化，荒地面积增加，村镇、工厂整体搬迁

①泄漏灾害链的危害。其中，易燃、易爆、有毒化学品在生产、储存、使用、运输过程中容易发生泄漏灾害，由于这些物品本身可能具有较强的毒害性和腐蚀性，极易造成暴露人员的中毒、灼伤。如果处置方法不当，还会使灾情扩大，并造成火灾、爆炸等次生灾害，而且火灾、爆炸、中毒事故的后果大小与泄漏危险品的扩散模式密切相关。也就是说大部分突发性工业灾害都是源于易燃或有毒物质的泄漏。有毒物质对人体的危害作用取决于人体与毒物的接触时间、毒物的浓度和毒物的性质等因素。按照接触时间的长短和毒物的浓度，危害作用可分类如下：

a. 暴露人员中毒、灼伤。通常发生在毒物的接触时间短而浓度高的情况下，如一氧化碳中毒。其毒害作用包括：刺激，可以累及呼吸系统、皮肤和眼睛；麻痹，有些物质可以影响人的神经反应系统，使人反应迟钝，不能及时隐蔽或采取相应的防护措施；窒息，绝大多数气体能取代大气中的氧而导致人的窒息；此外，一氧化碳可以取代血红蛋白中的氧，从而阻止氧到达细胞组织中而引起窒息；器官损伤，某些物质对身体的器官有损害作用，其损害可能是暂时性的，也可能是永久的。长时间接触低浓度的毒物可引起慢性中毒，如石棉中毒和铅中毒。

b. 对环境的危害。对大气的危害，主要有破坏臭氧层、导致温室效应、引起酸雨和形成光化学烟雾等几方面不良后果；对土壤的危害，我国每年向陆地排放有毒有害物质2242万吨，由于大量化学废物进入土壤，导致土壤酸化、碱化和土壤板结；对水体的危害，随着工业的发展和人类生活丰富和提高，排入水体中的污染物质不断增加。其中化学性污染物是当代最重要的一大类污染物，其种类多、数量大、毒性强，有一些是致癌物质，严重地影响着人体健康①。

②燃爆灾害链的危害

a. 爆炸灾害。发生爆炸时，爆炸能量在向外释放时以冲击波、碎片和容器残余变形能量3种形式表现出来，其中空气冲击波占绝大部分，是爆炸的主要危害因素。爆炸产生的冲击波超压会引起人员伤亡，设备管道严重破坏，建筑物震荡松散甚至被摧毁[10]162。冲击波对人产生的

---

① 工业废水是水体最重要的污染源，它具有量大、面广、成分复杂、毒性大、不易净化、难处理等特点。

直接危害主要是对人的敏感器官(如耳、肺)的影响①。由于爆炸使得建筑物倒塌，也会使建筑物内的人员受到伤害。爆炸气浪还会把人卷得很远，直至遇到障碍物，因此站立的人更容易受到伤害。另外，如果是容器发生爆炸，爆炸时容器碎片会被抛射到离爆炸中心较远的距离处(一般可达100~500m)，这就会对人畜和其他建筑造成破坏。这种危害的程度主要取决于碎片的数量、形状、初速度和质量等(表5-3)。

表5-3　冲击波超压的破坏作用

Δp/MPa	伤害作用	Δp/MPa	伤害作用
0.001~0.003	门、窗玻璃部分破碎	0.10~0.20	防震钢筋混凝土破坏，小房屋倒塌
0.006~0.015	受压面的门窗玻璃大部分破碎		
0.015~0.02	窗框损坏	0.20~0.30	大型钢架结构破坏
0.02~0.04	墙裂缝	0.02~0.03	人体轻微伤害
0.04~0.06	墙大裂缝，屋瓦掉下	0.03~0.05	听觉器官损伤或骨折
0.06~0.07	木建筑厂房柱折断，房架松动	0.05~0.10	内脏严重损伤或死亡
0.07~0.10	砖墙倒塌	>0.10	大部分人员死亡

　　b. 工业火灾②。在确定火灾灾害后果的影响时，通常以热辐射通量水平作为划分危害区域的标准③。在模拟火灾危害后果时，可以根据不同热通量或热强度来划分不同的区域，如死亡区、重伤区和轻伤区等。热辐射是工业火灾的主要危害特性之一，强烈的热辐射可能烧伤、烧死人员④，使周围的物体燃烧或变形，建筑物遭受破坏。热辐射对建筑物的影响与破坏取决于作用时间的长短，或火灾产生的热通量是否达到破坏建筑物所需的临界热通量[10]139。另外，所有的工业火灾都会产生大量的烟气，对火灾蔓延、人员伤亡和财产损失有着重要的影响。燃烧放出的大量烟雾和二氧化碳、一氧化碳、碳氢化合物等有害气体不仅污染环境，而且影响地面光照质量和数量(表5-4)。

_____

　　①　如在超压为16500~84000Pa时，户外90%的人耳膜都会破裂。当冲击波大面积作用于建筑物时，波阵面超压在20000~30000Pa内，就足以使大部分砖木结构建筑物受到严重破坏；超压在100000Pa以上时，除坚固的钢筋混凝土建筑外，其余部分将全部破坏。

　　②　燃烧爆炸时产生的高温、爆炸后建筑物内遗留大量的热或残余火苗会把从破坏的设备内部不断喷出的可燃气体、易燃或可燃液体的蒸汽点燃，也可能把其他易燃物点燃引起火灾。容器、管道爆炸抛出的易燃物存在引起大面积火灾的风险，油罐、液化气瓶爆破后最易发生这种情况。运行的燃烧设备或高温设备破坏时，灼热碎片飞出可能点燃附近的储存燃料或可燃物而引发火灾。另外，高温辐射还会导致附近人员受到严重灼烫伤害甚至死亡。

　　③　热辐射的伤害可以使用热通量准则或热强度准则来确定。热通量准则是单位表面积接收的热辐射通量(kJ/m²)，即以热通量作为衡量目标是否被破坏的参数。当目标接收到的热通量大于或等于引起目标破坏所需的临界热通量时，目标被破坏；否则，目标不被破坏。热通量准则适用于稳态火灾的情况，关键是确定热通量的临界值。热强度准则使用的是单位表面积接收的热辐射功率(kW/m²)，即以目标接收到的热强度作为目标是否被破坏的参数。当目标接收到的热强度大于或等于目标破坏的临界热强度时，目标被破坏；否则，目标不被破坏。热强度准则适用于瞬态火灾情况。

　　④　热辐射对人体的影响与热辐射强度、持续时间及人的年龄、性别、皮肤暴露程度、身体健康状况有关。

表 5-4　火灾作用下的影响阈值与伤害准则

瞬间火灾		持续火灾		
热强度/ (kJ/m^2)	伤害效应	热通量/ (kW/m^2)	物体	伤害效应
592	死亡	37.5	操作设备全部损坏	1%死亡/10s
392	重伤	25	无火焰长时间辐射时木材燃烧的最小能量	重伤/10s；100%死亡/1min
375	三度烧伤	12.5	为有火焰、木材燃烧、塑料融化的最小能量	一度烧伤/10s；1%死亡/1min
250	二度烧伤	6.5		死亡
172	轻伤	4.3		重伤
125	一度烧伤	4.0		>=20s 感觉疼痛
65	皮肤灼痛	1.9		轻伤
1030	引燃木材	1.6		长时间辐射无不舒服

来源：参考《事故风险分析理论与方法》部分内容

③风暴潮灾害链的危害。例如，天津海岸带一年 12 个月中均有遭受风暴潮灾的可能，持续的强向岸风是影响风暴潮的决定性气象因素[11]，天津海岸带风暴潮主要受台风和寒潮大风两种气象因素的影响[12]。天津地区是严重的地面沉降区，大面积的地面下沉和地面标高损失使防潮工程如海挡、防潮闸的防潮能力大幅度降低；地面沉降已成为重大潮灾的重要诱因，容易造成风暴潮灾全面升级的严重后果（图 5-8）。风暴潮灾对天津临港产业区的危害主要表现如下[13]：

图 5-8　风暴潮灾害链对岸边建筑设施的冲击现场
来源：网络资源

a. 工程设施遭强风破坏。强风是风暴潮灾的主要致灾因子，会颠覆航行的船舶，毁坏港口和海上钻井平台的一系列工程设施；将树木连根拔起，卷走水产养殖设施；导致交通和电力、通讯线路中断，以及房屋倒塌。

b. 风暴增水淹没农田破坏沿海工业。风暴潮引发的大面积增水会淹没沿岸农田湿地，导致农田次生盐碱化，作物减产甚至绝产；破坏海岸植被，导致海滩生境恶化，加速海岸带生态系统退化。风暴增水还会造成码头瘫痪，仓库进水，道路冲毁，海上油气田停产甚至诱发工业灾害。

c. 海岸侵蚀和海水入侵。风暴潮会加速海底冲刷和海岸侵蚀，导致沿岸土地大量流失、构筑物破坏、浴场退化，增大了海岸的防护压力；侵蚀下来的泥沙受搬运作用淤积于港湾而使航道受损。海水入侵导致地下水质变咸，土壤盐渍化，灌溉机井报废；旱田面积增加，水田面积减少；农田保浇面积减少，荒地面积增加。更为甚者导致工厂、村镇整体搬迁，形成不毛之地。

d. 原有污染范围扩大。沿海地带存在工程残土、城市垃圾等近海排污倾倒入海或海边堆放，疏浚航道挖出的淤泥就近抛置的现象。风暴潮的搬运作用使污染物、垃圾、污泥等再分配从而扩大了污染范围。如此对沿岸的旅游业、渔业养殖业、自然生境都造成了严重破坏，另外工程残土和淤泥淤积还导致航道受损。

5.1.2 沿海化工园区灾源断链减灾策略

5.1.2.1 含义机制与结构

（1）基本含义

防灾减灾应该从灾害链的源头因素出发，阻止或预防源头灾害启动因子的形成，或在一种灾害发生后及时治理，以达到避免次生灾害发生的效果，把灾损度和不利影响降到最低程度，这就是灾源断链减灾①。凡能阻止或预防源头灾害启动因子形成，或通过单种灾害发生后的治理而减少次生灾害的发生，都可以认为是灾源断链减灾过程[9]。图5-9体现了灾源断链减灾的周期性和综合措施。

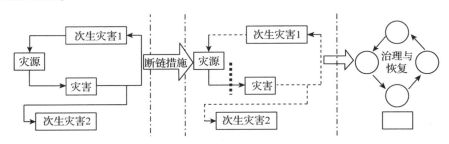

图5-9 灾源断链减灾模式示意图

（2）系统结构

沿海化工园区灾害链的各个环节灾害类型、特征、危害程度都各有不同，综合防灾须区别

---

① 灾源断链减灾，指的是在灾害链的孕育阶段，即形成初期，致灾因子的破坏作用力还很微弱甚至尚未形成破坏力，物质、能量和信息等链式载体也处于初始聚集或耦合阶段，针对以上的较长灾变过程，在灾害链孕育期从源头上采取断链减灾措施最为有效，投入不是很大，却可事半功倍、效果显著。通过灾害链发展规律和灾害技术指标参数来识别灾害链孕育期的特征，并采取针对性的有效防灾技术手段来达到减灾的目的，是遏制灾害发育的最佳途径。

对待，分类把控。启动环的大多数原生灾害，人类只可能力求预知并通过工程设施减灾、抗灾，以尽量避免其下面环节被激活，而不可能抑制或控制；激发环的次生灾害则是人类力所能及的、可以减小发生概率甚至避免的，应通过相应的规划手段和管理措施达到防灾、控灾目的；发展环的衍生灾害突发性强、前期强度大，应以避灾为主，可同时通过建筑技术和消防设施进行控灾。这里将沿海化工园区灾源断链减灾策略系统结构归纳如下，如图 5-10 所示。

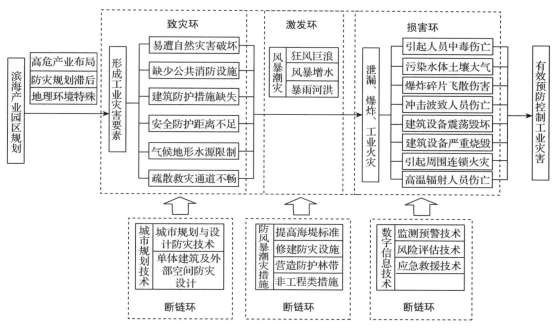

图 5-10　沿海化工园区灾源断链减灾策略系统结构示意

5.1.2.2　致灾环断链减灾

（1）工业致灾因子

对国内外 317 起火灾、爆炸等工业灾害进行调查，分析了主要和次要原因，将工业致灾因子归纳为以下 9 个类型（表 5-5）。

瑞士再保险公司统计了化学工业和石油工业的 102 起事故案例，分析了上述九类危险因素所起的作用，表 5-6 为统计结果。

表 5-5　工业灾害致灾因子统计

类别	危险因素	危险因素的比例/%	
		化学工业	石油工业
1	工厂选址问题	3.5	7.0
2	工厂布局问题	2.0	12.0
3	结构问题	3.0	14.0
4	对加工物质的危险性认识不足	20.2	2.0
5	化工工艺问题	10.6	3.0

（续）

类别	危险因素	危险因素的比例/%	
		化学工业	石油工业
6	物料输送问题	4.4	4.0
7	误操作问题	17.2	10.0
8	设备缺陷问题	31.1	46.0
9	防灾计划不充分	8.0	2.0

来源：彭斯震. 化学工业区应急响应系统指南[M]. 北京：化学工业出版社，2006：52-54.

表5-6 国内外工业灾害致灾因子类型统计

（一）工厂选址	（1）易遭受地震、洪水、暴风雨等自然灾害
	（2）水源不充足
	（3）缺少公共消防设施的支援
	（4）有高湿度、温度变化等显著气候问题
	（5）受临近危险性大的工业装置影响
	（6）临近公路、铁路、机场等运输设施
	（7）在紧急状态下难以把人和车辆疏散至安全地
（二）工厂布局	（1）工艺设备和储存设备过于密集
	（2）有显著危险和无危险的工艺装置间安全距离不够
	（3）昂贵设备过于集中
	（4）对不能替换的装置没有有效的防护
	（5）锅炉、加热器等火源与可燃物工艺装置之间距离太小
	（6）有地形障碍
（三）结构	（1）支撑物、门、墙等不是防火结构
	（2）电气设备无防护措施
	（3）防爆通风换气能力不足
	（4）控制和管理的指示装置无防护措施
	（5）装置基础薄弱
（四）对加工物质的危险性认识不足	（1）在装置中原料混合，在催化剂作用下自然分解
	（2）不明确处理的气体、粉尘等在其工艺条件下的爆炸范围
	（3）没有充分掌握因误操作、控制不良而使工艺过程处于不正常状态时的物料和产品的详细情况
（五）化工工艺	（1）没有足够的有关化学反应的动力学数据
	（2）对有危险的副反应认识不足
	（3）没有根据热力学研究确定爆炸能量
	（4）对工艺异常情况检测不够

（续）

（六）物料传输	（1）各种单元操作时对物料流动不能进行良好控制
	（2）产品的标示不完全
	（3）风送装置内的粉尘爆炸
	（4）废气、废水和废渣的处理
	（5）装置内的装卸设施
（七）误操作	（1）忽略关于运转和维修的操作教育
	（2）没有充分发挥管理人员的监督作用
	（3）开车、停车计划不适当
	（4）缺乏紧急停车的操作训练
	（5）没有建立操作人员和安全人员之间的协作体制
（八）设备缺陷	（1）因选材不当而引起装置腐蚀、损坏
	（2）设备不完善，如缺少可靠的控制仪表等
	（3）材料的疲劳
	（4）对金属材料没有进行充分的无损探伤检查或没有经过专家验收
	（5）受临近危险性大的工业装置影响
	（6）临近公路、铁路、机场等运输设施
	（7）在紧急状态下难以把人和车辆疏散至安全地
（九）防灾计划不充分	（1）没有得到管理部门的大力支持
	（2）责任分工不明确
	（3）装置运行异常或故障仅由安全部门负责，只是单线起作用
	（4）没有预防事故的计划，或即使有也很差
	（5）遇有紧急情况未采取得力措施
	（6）没有实行由管理部门和生产部门共同进行的定期安全检查
	（7）没有对生产负责人和技术人员进行安全生产的继续教育和必要的防灾培训

来源：参考《化学工业区应急响应系统指南》部分内容，笔者自绘

（2）断链减灾技术

城市规划与设计技术，涉及沿海化工园区总体规划与布局、工业灾源区域控制性规划与防灾设计、单体建筑防灾设计等内容（表 5-7）。沿海化工园区规划与设计的主要任务是根据沿海化工园区的定位、发展条件，从历史、现状和发展趋势出发，明确园区规划发展的方向和目标、园区各功能区布局，从而提高园区人和自然的和谐共生，促进园区社会经济和总体建设的安全、快速、稳定、协调和可持续发展。从沿海化工园区项目规划建设程序的角度出发来阐述沿海化工园区规划设计的主要内容，主要包括沿海化工园区整体风险分析、化工企业选址及平面布局、确定企业安全生产入园许可、构建园区风险管理模式及方法、建立园区应急救援体系。

表 5-7 城市规划与建筑设计断链减灾技术一览表

防灾技术	技术细类	内容简述
生态型产业布局与防灾型总体规划	工业灾源调查	通过对天津南港工业区工业灾源的调查，以区域性定量风险评价得出的风险分布结果为依据，优化工业灾源的布局；并在天津南港工业区总体规划的基础上，根据最大可接受风险数值划分安全功能区。参考各功能区性质、静态或动态人口密度、结构、暴露的可能性、撤离的难易程度等情况，优化天津南港工业区及安全功能分区各级避难场所的选址和布局。
	区域风险评估	
	安全功能分区	
	避难场所布局	
重点区域土地利用安全规划	确定地块脆弱等级	通过对工业灾源进行基于后果的定量风险评价，计算不同危害程度对应的距离，确定区域内各个地块的脆弱等级，并根据不同的土地利用性质及开发强度做出评价，基于此对控制性详细规划进行修订。从安全措施、有效宽度、疏散效率等方面强化规划区域道路系统的防灾功能；从安全性、可达性、应急性等方面优化规划区域避难场所的防灾设计，并充分考虑平灾结合与绿色防灾。
	评价土地性质强度	
	强化道路防灾功能	
	避难场所防灾设计	
建筑外部空间防灾设计	计算安全防护距离	根据爆炸灾害与工业火灾的多种传播途径所对应的数学模型，结合相应国家标准规范，综合计算建筑安全防火间距，在其间合理布置防灾隔离带；根据规划区域工业建筑及设施的规模确定建筑室外的消防用水量，优化室外消防管网和消火栓布置以确保消防给水的可靠性；评价消防通信设施现状、灭火设施装备水平、周边应急增援力量，结合规划区域建筑布局制定消防预案。
	合理布置防护隔离	
	优化消防设备布局	
	制定区域消防预案	
工业建筑性能化防火设计	建筑构件耐火设计	基于建筑材料耐火性能计算与耐火实验的建筑构件及工业建筑耐火设计；基于厂房防爆结构形式选择、维护结构泄压构造设计与防爆墙构造设计应用的工业建筑防爆设计；联合厂房、集成电路前工序生产厂房和超大面积厂房的防火分区设计；建筑内部通风与防排烟设计。
	工业建筑防爆设计	
	厂房防护分区设计	
	通风与防排烟设计	

5.1.2.3 诱发环断链减灾

（1）风暴潮灾危害

风暴潮灾的致灾因子包括狂风、巨浪、风暴增水、海水入侵等，其对沿海化工园区的危害形式众多，如狂风摧毁港口设施、园区建筑、通讯电路和道路交通，巨浪破坏防潮堤坝，增水淹没码头仓库等，都具有诱发工业灾害的风险。风暴潮灾对我国海岸带地区的影响是灾难性的，例如，造成人员大量死亡、疫病流行，以及生境破坏和经济损失严重等。具体内容见上一节关于风暴潮灾害链主要危害的论述。虽然，人们不能试图消灭风暴潮这种自然灾害，但在充分认识其发生发展客观规律的基础上，采取有效的防灾措施，还是可以将其灾损度尽量降到最低。

（2）断链减灾技术

沿海化工园区一级灾害链中的原生自然灾害，人类尚无法阻止或抑制其发生，只可能力求准确预报并通过工程设施抗灾，尽量减小灾损度和避免引发次生灾害。风暴潮灾是天津海岸带的主要海洋灾害，同时也是沿海化工园区工业次生灾害的重要诱因，是沿海化工园区灾害链系统的源头，因此，风暴潮灾害链灾源断链减灾措施意义重大（表 5-8）。

表 5-8 风暴潮灾害链灾源断链减灾技术一览表

技术类别	技术中类	技术细类	基本阐释	具体内容
工程防灾技术	防灾工程设施	提高海堤标准	提高海挡防线的整体防潮水平	考虑沉降速率下将海堤高程提升至 5.5~6.0m 并合理化工程设计参数，可在未来 10~15 年内防止百年一遇的风暴潮入侵；加固海堤所需的土壤可从堤内距堤脚 10~20m 的围垦荒地挖取，挖掘形成的与海堤平行人工凹沟可当排洪沟
		避风蓄水设施	建立避风港；加固险闸和水库等设施；提高防洪水、防台风工程建设质量和科技含量	永久工程措施，考虑地面沉降的不可恢复性改建闸体；考虑闸下河道现状及闸下游的围海造地影响下在闸下游 4-5km 处新建无引河防潮闸
	营造防护林带	堤外防护林带	保护海堤免受风暴潮破坏，显著降低维护海堤的频度和工程量；海堤作为永久性工程措施，必须密切地与生物措施相结合，否则修得再好也难以持久	堤外防护林的繁茂可大大减轻风暴潮对海堤的破坏作用，红树林可以防风消浪、促淤保滩、固岸护堤、净化海水，发达根系能有效地滞留陆地来沙，减少近岸海域的含沙量
		堤内防护林带	降低风速，减少强风对陆上房屋、作物的破坏，防止流沙移动掩埋作物，保护工农业生产	利用海堤内侧 30-50m 宽的围垦带发展防护林带，防护林背风面 13-14H（H 为林带平均高度）范围内风速比旷野风速降低 50%，起到防风固沙作用
	控制地面沉降	减缓沉降速度	严格控制地下水的开采，减缓沉降速度	
		高程逐渐反弹	通过科学合理的回灌技术，使地面高程逐渐反弹	
非工程防灾技术	日常行政管理	设立领导机构	负责各风暴潮防御部门之间及时有效的沟通联系	海洋、气象、水利、港口、建设、水产养殖、交通和船舶等
		防灾应急预案	制定沿海区域规划和综合防灾规划的应急预案	灾时人员疏散、撤离计划
		防灾减灾法规	制定海洋防灾减灾法规	从法律高度增强人们的海洋防灾减灾意识，使沿海经济的规划建设和可持续发展有法可依
		灾害信息网络	建设风暴潮的信息网络，做到资源共享	
	防灾教育保险	防灾宣传教育	对民众进行防灾减灾知识教育，提高其防范意识和重视程度，增强自我保护能力	对学生进行针对性科普教育，对渔民进行防灾减灾知识教育，对民众进行灾后现场参观、专题讲座、散发科普读物等
		灾害保险机制	建立适合我国的风暴潮保险机制	参照国外高防御水平的内陆洪水管理模式，建立风暴潮保险、风险和灾害分散机制，减轻风暴潮灾害造成的损失
	防灾减灾规划	防灾标准体系	编制风暴潮防灾减灾标准体系，它是风暴潮防灾减灾工作的蓝图和纲领性文件，指导我们开展风暴潮防灾减灾工作	在防灾设施、海堤建设、风险区划、灾害处理、灾后调查、灾后评估等多个方面建立工作标准，使海洋环境观测、预报、警报活动规范业务化运行

（续）

技术类别	技术中类	技术细类	基本阐释	具体内容
非工程防灾技术	防灾减灾规划	设计极值水位	在经常遭受风暴潮袭击的地区进行大型工厂、码头、重要仓库等的港湾建设或国防施工，必须十分合理地设计极值水位	极值水位设计过低，码头等建筑物经常被水淹没，造成物资损失；极值水位设计过高，影响码头等的使用效果，增加不必要的建筑资金，造成人力物力的浪费
		绘制防潮图	在对频遭风暴潮袭击的沿海地区深入调查和详细测量的基础上绘制沿岸防潮图，确保灾时有组织有计划的防御，避免伊势湾风暴潮疏散不利事件	标记风暴潮可能侵入范围和历史极值高度，工农业生产重要地区海拔高度，较大风暴潮发生时人员及重要物资的转移地点等，美国已绘制出墨西哥湾沿岸和大西洋沿岸的防潮图
	数字监测预警	动态监测系统	建立设施更加完善的海洋环境预报台站和观测系统，为防灾减灾活动和预警工作提供详实可靠依据	强化海洋计量基础设施建设和管理，确保海洋资料的溯源性、时效性、代表性和可靠性
		信息预警体系	建立海岸带风暴潮信息系统，为风暴潮灾的较精确预报提供依据；健全风暴潮预警体系	提取风暴潮灾信息，依据理论模型，结合动态监测，进行台风、海浪、潮汐等综合分析；严格执行应急预案，充分利用各种通讯手段，多频次的播报预警消息
		技术方法完善	加强海洋观测预警报防灾减灾技术、方法和设备的研制，为开展各项防灾减灾活动提供技术资源	研究活动边界条件的流体方程式，增强对风暴潮越过屏障漫淹内陆地形进行模拟的功能；求得不同最高潮位的重现，以数值方法给出海域中水位和风暴潮的重现期分布等

5.1.2.4 损害环断链减灾

（1）工业灾害后果

沿海化工园区工业灾害的致灾因子包括泄漏、爆炸和火灾。泄漏的有毒、易燃、腐蚀性气体将造成一定地域范围内的暴露人员急慢性中毒、灼伤，并会污染附近土壤、水体和大气环境，同时极易引发爆炸、工业火灾等次生灾害。爆炸灾害主要通过冲击波超压、碎片飞射和爆炸气浪3种形式对人员、建筑和设备造成严重伤害；工业火灾的热辐射导致人员灼烧伤亡、建筑燃烧破坏，烟气扩散加剧火灾蔓延，污染环境。具体内容见表5-2（二级泄漏灾害链和三级燃爆灾害链主要危害）。

（2）断链减灾技术

监测预警技术，基于对工业灾源安全状态的实时监测并根据状态信息的变化趋势，经过反映灾源状态的数学模型和软件模拟（图5-11），直观显示出工业灾源向灾害临界状态转化的阶段，及时发出预警信息并不断改善对工业灾源的监控和管理，以实现对工业灾害的超前预防和控制。监测预警模块采用前馈与反馈结合的超前灾害控制管理模式，通过分析历史工业灾害、险肇灾害和灾害因子等，找出源头并制订防御措施。数据信息的收集、整理及分析是监测预警技术的基础，特别是要加强对影响大、危害重的有毒有害气体或易挥发液体等重大危险源的监测，强化重大工业灾害隐患的治理。

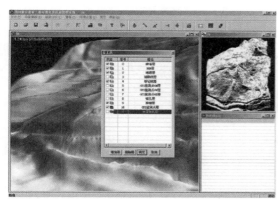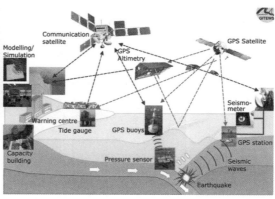

图 5-11　监测预警技术系统构成及工作界面示意
来源：网络资源

①生产项目和施工项目在时间上尽量交叉作业；②严格控制空气中有毒气体和可燃物的含量。采用防爆风机对易燃易爆物可能泄漏到的施工地点和现场死角进行强制通风，使其不积聚尽快扩散以降低空气中有毒气体和可燃物的含量。为生产施工人员配备移动监视仪，一旦发现有毒气体或易燃易爆物的含量超标，立即查明来源并及时处理。③配备有毒易燃气体报警设备和防毒面具时，不仅要考虑危险气体在企业内扩散，又还要特别注意其对相邻企业或居民区可能造成的不利影响。④生产项目和施工项目应加强联系，施工方应及时将施工进展情况通报给生产方；同时生产装置内的有毒可燃物需要放散或有泄漏时，生产方应立即通知施工方停止施工和动火作业。要保持生产装置的相对稳定。

另外，集成适合海岸带特殊环境的重大危险源监测与管理的信息化技术并加以利用，研究基于 GPS 数据传输、GIS 可视化技术的危险品泄漏快速预报系统，完善对重大危险源进行数据处理与监测管理的辅助决策系统，是未来沿海化工园区工业灾害监测预警技术的重中之重。

风险评估技术，在对沿海化工园区规划选址、地理环境、灾源分布、脆弱目标及应急资源等基础资料现场收集的基础上，进行工业灾源辨识及有害因素分析，综合考虑可能出现的灾害类型、原因、发生及发展规律等相关技术参数。通过工业灾害发生发展的数学模型，定量评估各工业灾源的潜在灾害后果，计算灾害范围，结合地震、台风、洪水、内涝等自然诱因，评估项目的相互影响及对周边环境的影响。在综合考虑区域安全状况、灾害后果评估和周边人口分布情况的基础上，结合灾害频率分析，将各工业灾源的灾害风险进行叠加，得出区域整体性的个人安全风险等值线和社会安全风险容量曲线的分布情况，并结合风险容许标准共同作为沿海化工园区综合防灾规划的依据（表 5-9）。

表 5-9　沿海化工园区风险评估断链减灾技术内容一览表

评估项目	子项	内容简述	操作方法
法律法规符合性评价	相关法律	《中华人民共和国安全生产法》《中华人民共和国消防法》《中华人民共和国职业病防治法》等	基于现场资料调研、现场考察，结合园区近、期、远期总体规划，对园区内企业各功能单元分区及平面布局的法律法规符合性作出定性评价，并编制企业选址检查表
	规范标准	《建筑设计防火规范》《工业企业总平面设计规范》《石油化工企业设计防火规范》《石油库设计规范》《危险化学品经营企业开业条件和技术要求》等	
自然条件影响分析	自然条件	基本地震烈度、洪水频率、雷暴日数、台风等级与频率、雪灾频率等	结合化工企业的相关检验检测报告和生产企业的现场考察，根据自然条件对园区内项目的影响进行风险评估
	相关标准	《建筑物防雷设计规范》《防洪标准》《建筑抗震设计规范》	
潜在灾害定量风险评价	泄漏源特征分析	对潜在泄漏源（容器破裂、安全阀失灵、管道破裂等）、源强、源项进行特征分析	综合灾害发生频率和后果，经数学处理将各工业灾源风险叠加，获得园区整体性个人安全风险；结合周边人口密度与分布情况，获得园区整体性社会安全风险；对比相应的风险允许标准，提出防灾减灾和控制风险措施
	灾害后果分析	后果类型（中毒、热辐射和超压）、影响范围和灾害链分析	
	灾害等级分析	结合周边脆弱目标调查，确定潜在灾害后果对人员、设施的影响，并进行评价分级	
	中远期规划评价	结合类比相关装置的资料情况以及园区的总体规划布局，进行预测评价	
周边对象风险评价	可接受基准	确定园区及周边各功能区的可接受风险基准	评价周边现存或规划对象是否复合可接受风险基准，若超出则搬迁现存或终止规划
	周边对象	分析周边现存或者规划对象	
管理模式及方法评价	拟建园区	建立园区风险管理体系、管理机构、各级人员安全职责、安全生产监督管理运行机制以及各类安全管理规章制度、岗位安全操作规程等	调查分析企业风险管理模式、方法与水平，评价其风险管理体系、组织机构、人员配备、主要职责、岗位操作规程等以确定满足园区安全发展需要，否则应采取有效措施建立适合实际情况的风险管理体系
	已建园区	评价企业风险管理模式与方法的适宜性、缺陷与不足，并相应建立新的与之相适应的风险管理体系	

应急救援技术，在对沿海化工园区工业灾源辨识、关键参数监测和潜在工业灾害风险评估的基础上，在应急救援信息系统平台的响应流程自动处理和决策支持下，主要内容包括：

①遵循重大工业灾害快速反应、统一指挥、分组负责的原则，对重大工业灾源企业特殊防范，建立区域联防救援机制，即受灾企业自救、相邻企业互救与园区及周边救援相结合。②建

立模块化的应急救援指挥组织架构，根据灾害性质、严重程度和应急需求来启动相应部门、机构。③制定三级应急救援预案体系，即沿海化工园区总体救援预案、专项救援预案和企业救援预案，明确工业灾害的监测预警、信息反馈、应急救援、现场恢复和调查评估等内容，形成涵盖灾前、灾发、灾中、灾后等各环节的一整套标准化的应急救援操作程序。④建立以驻工业区或临近的公安消防队伍为主、企业应急救援队为辅的工业区应急救援联防体系，重点加强其工业灾害应急救援能力及相关特种工程抢险救援能力。

基于沿海化工园区灾源断链减灾策略，应该对工业灾害实行"灾前、灾中、灾后"的阶段管理和风险控制模式，其中建立沿海化工园区应急救援体系是最关键的一个环节。

对于处在规划阶段的沿海化工园区，应根据引进企业的不同生产方式和产品类型提出适合的应急救援体系方案。同时，消防规划，建立灾害缓冲带（区）、配备应急救援人员、器材和消防队、构建应急响应机制、制定和完善应急救援预案等都应纳入沿海化工园区工业防灾规划之中。对于处在运行阶段的沿海化工园区，在对各企业工业灾源和园区及周边各功能区脆弱性目标普查的前提下，完成灾源风险分析、应急能力评估等基础性工作。评价沿海化工园区应急救援能力与体系是否满足园区现有的应急需求，如不满足，应提出适合园区现状的应急救援体系方案，其中重点是沿海化工园区的设置应急功能、成立应急组织机构、设计应急响应机制、编制标准操作程序及支持附件等。

5.2 沿海化工园区工业防灾规划系统程序分析

5.2.1 沿海化工园区工业防灾规划系统

沿海化工园区致灾因子呈现出高突发性、强危害性、广扩散性和难救援性等特点。如何编制沿海化工园区工业防灾规划，对园区物质空间进行防灾规划设计，并正确、高效、快速地输出工业灾害应急疏散救援方案，为沿海化工园区工业防灾规划提供可靠的技术支持，是当前亟需研究的问题。

立足这一需要，基于地理信息系统（GIS）、全球定位系统（GPS）和遥感（RS）技术（3S技术），提出了研制沿海化工园区工业防灾规划辅助编制系统的构想。该系统是一个计算机模型系统，以 RS 技术为快速信息获取手段、GIS 的空间扩展分析功能为核心，实现对基础设施、工业灾源及救灾力量等信息的查询统计、分类编辑、定时更新，计算救援力量的有效服务范围和救援资源的配置情况，以期达到直观反映灾害场景，预测潜在灾害损失，为应急救援预案数据库提供技术支持的目的。如此为灾害应急管理部门在灾时实施相应应急救援预案提供决策支持，例如，预测灾害影响范围，选择最佳疏散救援路线，组织疏散人员和转移财产，调度与管理救灾力量，实施医疗急救等，为沿海化工园区的工业防灾规划提供科学依据。

5.2.1.1 系统框架设计

按照系统论的思想，滨海城区工业防灾综合规划辅助编制系统是一个开放、复杂和庞大的系统，工业防灾综合规划的编制和组织、实施应遵循体系要素构成和持续改进的指导思想。滨海城区工业防灾综合规划可以由 5 个一级、10 个二级和 23 个三级的核心要素构成（表 5-10）。

表 5-10　沿海化工园区工业防灾规划系统框架与核心要素

	一级要素		二级要素		三级要素		一级要素		二级要素		三级要素
1	原则方针									5.1.1	总体规划布局
2	总体策略							5.1	规划防灾	5.1.2	地块控制引导
3	防灾类型	3.1	风暴潮灾	3.1.1	风灾					5.1.3	防灾空间规划
				3.1.2	水灾	5	防灾手段			5.2.1	现场控制指挥
		3.2	工业灾害	3.2.1	泄漏灾害			5.2	管理防灾	5.2.2	警戒治安维护
				3.2.2	爆炸灾害					5.2.3	医疗卫生服务
				3.2.3	工业火灾					5.3.1	单体防灾设计
		3.3	复合灾害					5.3	建筑防灾	5.3.2	消防设施配备
4	防灾阶段	4.1	灾前预防	4.1.1	防灾					5.3.3	外部空间防灾
				4.1.2	减灾					5.4.1	动态监测预警
		4.2	灾中应急	4.2.1	避灾			5.4	数字防灾	5.4.2	定量风险评估
				4.2.2	救灾					5.4.3	3S 数字技术
		4.3	灾后恢复	4.3.1	抗灾						
				4.3.2	修灾						

（1）原则策略

①原则方针。a. 实用性，在设计和开发系统结构、应用功能时须充分注意实用性原则，如统一的设计风格、友好的界面、简便的操作、完善的功能、便于维护和扩展的系统等。b. 先进性，要求该系统在未来较长一段时间内保持技术上的领先，以利于系统在网络、数据库管理和新技术应用方面的需要。c. 可靠性和安全性，为保证系统的安全、稳定和升级的需要，须选择国际上较有知名度的数据库产品、3S 产品（如 Google Earth）和导航产品（如国内基于北斗遥感卫星探测技术的软件）。d. 规范性和标准性，在国家标准规定的指导下，实现图形数据、属性数据一体化管理[14]。

②总体策略。单因素引发的灾害越来越少，任何一个灾害发生，都要对其周围环境（包括与其联系的灾害）产生多种多样的影响，进而为其他灾害的发生提供条件。灾害是一个内因与外因综合作用的链式过程，我们在研究灾害防御时，应该从灾害链入手，从灾害的源头影响因素出发，阻止或预防灾害启动因素的形成并且在一种灾害发生后及时治理，避免次级灾害的发生。通过环环控制、层层断链的方式把灾害的损失和影响减轻到最低程度，这就是灾源断链减灾过程[9]。灾源断链减灾策略包括致灾环断链减灾、诱发环断链减灾和损害环断链减灾。

（2）防灾类型

沿海化工园区工业防灾综合规划设计系统的防灾类型包括风暴潮灾、工业灾害以及它们的复合灾害（表 5-10）。

（3）防灾过程

灾前预防阶段，以防灾[1]和减灾为主。防灾能力包括社会因素，即防灾教育；经济因素，即防灾投入，如单位面积上园区维护费、防灾工程建设费等的投入，防灾工程和防灾经济投入；环境因素，即环境保护力度，如环境治理投资、环境基础建设投资之和与园区工业生产总值的比。

表 5-11　沿海化工园区工业防灾规划防灾类型一览表

防灾类型	防灾细类	致灾因子	致灾方式
风暴潮灾	风灾	狂风	颠覆船舶，摧毁工程设施，中断通讯电路，阻断交通，房屋倒塌
		巨浪	侵蚀海岸，破环构建筑物，土地大量流失，泥沙淤积港湾，航道受损
	水灾	风暴增水	淹没农田湿地，破坏海岸植被，加速生态系统恶化
		海水入侵	地下水质变咸，土壤盐渍化，荒地面积增加，村镇、工厂整体搬迁
工业灾害	泄漏灾害	人员中毒	与高浓度毒物短时间接触的急性中毒；与低浓度毒物长时间接触的慢性中毒
		环境污染	温室效应、酸雨、光化学烟雾，土壤酸碱化、板结，水中致癌物严重超标等
	爆炸灾害	冲击波	人员伤亡，设备管道严重破坏，建筑物震荡松散直至倒塌
		爆炸碎片	容器碎片飞射距离较远（100~500m），伤害人畜、破坏建筑
		爆炸气浪	会将人（站立时尤甚）卷得很远，直至遇到障碍物
	工业火灾	热辐射	人员遭灼烧伤亡，周围物体燃烧、变形，建筑物遭破坏
		热对流	炽热烟气加剧火灾蔓延、人员伤亡和财产损失，污染环境，影响光照
		飞火	借热对流的动力抛出数十、数百、上千米，形成新起火点
复合灾害	风灾引发泄漏灾害		强风摧毁建筑及工业设施，诱发泄漏等一系列工业灾害
	水灾导致污染扩散		风暴增水搬运原有城市排污和工程垃圾，导致污染范围扩大
	水灾诱发泄漏灾害		风暴增水淹没码头仓库道路，冲毁建筑，诱发泄漏等工业灾害
	泄漏导致燃爆灾害		泄漏灾害引发爆炸、火灾等次生灾害，是大部分突发性工业灾害的源头

减灾，简单地理解就是减少或减轻灾害的损失。减少灾害是指减少可以避免的灾害；但是对于有些灾害特别是重大自然灾害是难以完全避免的，这就要尽量减少灾害损失。衡量减灾是否成功的标准包括两个方面的内容：一是人为的灾害或可防御的灾害不再发生，即采取措施减少灾害发生的次数和频率；二是不可避免的灾害给人们带来的损失达到最低限度。减灾也可以产生经济效益，减少损失实质上也是增加财富。

灾中应急阶段，包括抗灾和救灾。抗灾，是指在自然灾害来临之时，人们为了抵御、控制、减轻、降低灾害的影响，最大限度地减轻减少损失而采取的各种行为和措施[2]。紧急抢

---

[1]　防灾，指在一定范围和一定程度上防御灾害发生和防止灾害带来更大损失与危害，防灾实际上还包括对灾害的监测、预警、防护、抗御、救援和灾后重建。

[2]　抗灾能力是指是灾害发生瞬间，承灾体在灾害破坏情况下保持原状或接近原状的能力。

险、转移疏散、积极防御等。包括社会因素，如人口密度、人口状况；经济因素，如固定基础财富密度（建成区面积与土地面积的比值）；工程抗灾能力，如建构筑物抗灾能力（常用建筑物的抗震性能代表），生命线各子系统抗灾能力和生命线系统关联度等。

救灾，是指运用经济技术手段，通过有效的组织和管理，减少灾害的经济损失和人员的伤亡，尽快恢复工农业生产以及社会生活的正常秩序的活动。救灾作为人们在紧急状态下的救援活动，主要有专业救治、消防与救护以及资金与物资的投入等形式。救灾能力主要表现在于灾害的应急处理，包括社会因素，如医疗救助能力、政府应急反应能力；经济因素，如生命线恢复能力、内外交通发达度（公路网综合能力）、排水设施情况（排水管网密度）、次生灾害（火灾、工业污染）；环境因素，如救灾临时集散中心设置。

灾后恢复阶段，即灾后重建，包括重建家园和恢复生产。重建家园指在遭受毁灭性灾害后进行的重新建设。恢复生产是灾后进行的各种生存性活动，为减轻灾害损失，保证社会秩序稳定和人民生活正常化[10]。包括社会因素，即生产建设人力资源，如产业区内从业人员年龄构成比例；经济因素，即经济多样性，如二、三产业的结构比例；环境因素，即环境质量，如以空气、饮用水和噪声为参数，以空气质量好于二级的天数作评价指标。

（4）防灾手段

①规划防灾。

总体规划布局，即生态型产业布局与防灾型总体规划。通过对沿海化工园区工业灾害源的调查，以区域性定量风险评价得出的风险分布结果为依据，优化园区工业灾害源的布局；并在园区总体规划的基础上，根据最大可接受风险数值划分安全功能区。参考各功能区性质，静态或动态人口密度、结构、暴露的可能性、撤离的难易程度等情况，优化产业园区及安全功能分区各级避难场所的选址和布局。

地块控制引导，通过对工业灾源进行基于后果的定量风险评价，计算不同危害程度对应的距离，确定区域内各个地块的脆弱等级，并根据不同的土地利用性质及开发强度作出评价，基于此对控制性详细规划进行修订。从安全措施、有效宽度、疏散效率等方面强化规划区域道路系统的防灾功能；从安全性、可达性、应急性等方面优化规划区域避难场所的防灾设计，并充分考虑平灾结合与绿色防灾。

防灾空间规划，包括疏散空间规划和避难空间规划。疏散空间规划，是指详细分析规划地段内部的道路、航道、铁路等通道空间的类型、等级、有效宽度、安全性能和空间分布特征等要素，找出其灾害隐患和防灾方面的不足，通过采取适当措施，优化网络组织和通道形式，提高其整体防灾能力。避难空间规划，是指在规划地段内，通过评估现有开放空间资源的安全性、可达性、有效面积等指标，指定各类型、各等级避难场所的空间分布，并给出各避难场所的详细规划与设计原则。

②建筑防灾。

建筑防灾设计，是指工业建筑性能化防火设计，主要内容包括：基于建筑材料耐火性能计算与耐火实验的建筑构件及工业建筑耐火设计；基于厂房防爆结构形式选择、维护结构泄压构造设计与防爆墙构造设计应用的工业建筑防爆设计；联合厂房、集成电路前工序生产厂房和超大面积厂房的防火分区设计；建筑内部通风与防排烟设计。

　　消防设施配备，根据规划区域工业建筑及设施的规模确定建筑室外的消防用水量，优化室外消防管网和消火栓布置以确保消防给水的可靠性；评价消防通信设施现状、灭火设施装备水平、周边应急增援力量，结合规划区域建筑布局制定消防预案；本地环境影响是指提高危险源建构筑物的设防标准，如地震、风暴潮和极端气象等，降低危险源的危险概率[16]。

　　外部空间防灾，根据爆炸灾害与工业火灾的多种传播途径所对应的数学模型，结合相应国家标准规范，综合计算建筑安全防火间距，在其间合理布置防灾隔离带；高危产业集中区或保留的高危产品生产及仓储企业，按照不同类别的火灾影响范围分析结论及相应的国家规范，取其较大值布置防火隔离带；按照防灾分区设置组团防灾带和街区防灾带。

　　管理防灾和数字防灾手段将在下一节的系统结构设计中进行论述。

5.2.1.2　系统结构设计

　　沿海化工园区工业防灾规划系统以 3S 数字信息技术和数据通信技术等为一体化支撑平台，构筑一个包括灾源监测预警、灾情风险评估、应急疏散救援、规划设计防灾等一整套流程的技术系统（图 5-12）。对各种潜在工业灾害进行信息储备，采用先进的风险评估模型对各种突发工业灾害进行快速风险评估，自动计算危害范围。该技术系统基于系统工程学、运筹学、人工智能学等学科，集成地理信息系统、计算机技术、专家系统、信息技术、数学模型、数据库和仿真软件等手段，综合运用定性分析和定量评价方法，能够运用应急救援和城市规划领域相关知识推理，以辅助应急管理部门进行科学合理决策。

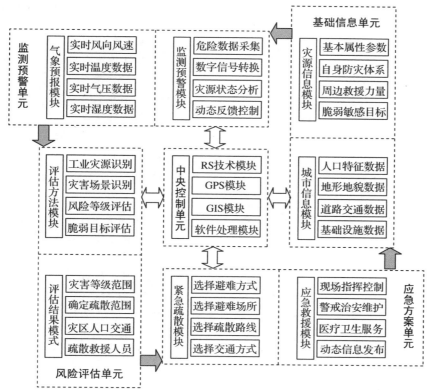

图 5-12　沿海化工园区工业防灾规划系统结构设计示意

（1）基础信息单元

①城市信息模块，存储城市地理、基础设施、经济、人口分布等信息。

a. 人口特征数据，包括体现人员数量和聚集程度的人口密度数据（静态或动态）、体现人员在灾害易损性方面差异的人口结构数据（成年人、孩子、老年人、病人和残疾人等）、体现人员在户外与室内时间比例的人员暴露可能性数据以及受灾人员疏散难易度数据等。b. 地形地貌数据，地形地貌特征对有毒气体扩散影响很大，例如，建筑密度大和高层建筑多会影响有毒气体的传播速度和方向；逆温时的大气垂直稳定度容易导致低洼处毒气云团滞留；低矮建筑群和居民密集区的有毒气体不易扩散；毒气云团扩散遇高层建筑，由于建筑两侧风速较大，毒气云团可迅速通过；通风阻止不畅的建筑群和绿地毒气浓度会比较高[17]。c. 道路交通数据，道路交通通畅可保障灾发时人员疏散和应急救援工作顺利开展，包括道路名称、道路长度、路面性质和通行能力等基本信息。道路交通数据应以电子地图的形式分层标注陆路、海路和空路的交通情况。d. 基础设施数据，包括房屋名称、用途、容纳人数、出入口位置及最大流量信息、仓库、避难所、停车场、救援机构位置、容量、救援能力等信息。

②灾源信息模块，存储工业灾源参数、内外防灾体系和周边脆弱目标等信息。a. 基本属性参数，工业灾源企业的具体位置坐标，有毒易燃易爆工业品的储存位置和形式、存储种类和数量、物理化学属性、潜在次生危害区域和区域内防灾设施配备情况等。b. 自身防灾体系，园区内各工业灾源企业的防灾体系现状，包括防灾设施和应急救援力量。c. 周边救援力量，工业灾源企业周围能在最短时间赶到灾害现场并参与救援的单位的位置坐标和联系方式，如环保局、消防队、防疫站、医疗救护队和防化部队等。d. 脆弱敏感目标，即可能受到工业灾害影响的敏感点的基本信息，包括工业灾源企业周边五公里范围内的居民区、学校、医院等，以及企业所在河流下游的水厂取水口、饮用水源和地下水源保护区等重点目标。

（2）监测预警单元

气象预报模块，为了能够及时准确地预报灾发地点及其周围地区的气象情况，将该模块与当地气象部门建立数据相互联通业务，特别是受灾地区风速风向的动态监测，此项数据可为绘制风玫瑰图提供技术支持，最终为保证工业灾害后果评估的快速有效奠定基础。气象条件对工业灾害灾损度有很大影响，尤其是风速和风向。因为风向左右着有毒气体的扩散方向；而 1~5m/s 的风速容易使有毒气体扩散，导致灾害后果严重，风速过大，有毒气体的地面浓度则相对较小；另外，较大湿度导致有毒气体不易扩散。

监测预警模块，包括危险数据采集、数字信号转换、灾源状态分析和动态反馈控制。该模块对工业灾源内各种易燃、易爆、毒性物质的特性参数进行数据采集，并将模拟信号或开关量信号通过模/数转换器转换成计算机所能识别的数字信号。然后系统模块将企业关键工艺装置或工段的实际运行状态与系统设定的安全运行状态进行对比分析，发现异常情况则发出实时警报，并自动调出相关视频信息实现与参数报警的联动。该模块还对存储工业品的温度、液位、流量、压力及泄漏气体浓度等关键参数设置多级阈值，采取参数超限报警和分级报警两种方式，然后根据具体情况进行不同级别的处理。最后计算机对可能的灾害后果进行定量分析，为应急救援提供技术支持。要达到工业灾源的计算机自动检测和自动控制的目的，还应将主计算机所计算出的结果动态反馈到灾源对象上去，由执行机构对灾源对象的各种参数进行控制，使之运行在安全范围内。

（3）风险评估单元

本书评估方法模块：工业事故风险评估方法（ARAMIS，accidental risk assessment methodology for industries）为例，作出介绍。如是在欧盟第五框架计划中为了响应 SEVESO II 指令而发展的一种方法，是基于风险的定义提出来的。ARAMIS 方法不同于一般风险定量方法之处就是将严重度和脆弱性作为风险的两个影响要素来分别讨论，具体的计算公式是：频率×强度＝严重度；强度×脆弱性＝后果；风险＝频率×强度×脆弱性＝频率×后果。该方法分为以下几个步骤：识别工业灾害类型；识别灾害场景；灾害场景风险严重度等级的评估；周围环境脆弱性的评估。

工业灾害的频率由灾害链的激发环（工业灾害的诱因）和断链环（对工业灾害的发生、发展构成阻碍、缓冲或防护作用的防御措施总称）的可靠性和有效性决定的。因此，评价风险就要识别工业灾害的潜在起因和防御措施以及二者对灾害频率的影响。防御措施的有效性和可靠性又受到管理水平的影响。如果得到适当的设计、安装、使用、维修和改善，防御措施就能有效的完成任务。

工业灾害的强度，首先利用风险矩阵选择灾害场景（如灾害模型中的假定条件），然后将所研究的场景进行风险组合。区别于传统定量风险方法只定义个人死亡风险，缺少对人或建筑的可逆和不可逆效应等灾害后果考虑的局限，ARAMIS 提出了一个风险等级指数来组合具有各种效应的风险，然后将其在地图上表示出来。

脆弱性由受体本身的特性所决定，ARAMIS 假设伤害水平与脆弱元素的个数成比例，也就是说脆弱性指数就是各种潜在受体对可以影响他们的效应的脆弱性的线性结合。另外，ARAMIS 先识别工业灾害（不考虑防御措施），然后深入地研究防御措施、灾害的起因与概率以识别灾害场景。这样就不会过高地评估风险水平，并能促进防御措施的使用与提高。

评估结果模块，基于专家决策系统而设定。工业灾害一旦发生，系统迅速录入或读取此次灾害的相关基础信息，结合实时气象数据，基于风险评估单元评估方法模块的计算，确定灾害影响范围并形成工业灾害危害程度分布图，以不同颜色表示。自动读取基础信息单元地理信息模块中灾发地区的相关信息，如人口分布情况、周围道路交通情况等，在此基础上采取决策树法、层次分析法等方法确定此次工业灾害的等级。综合以上分析数据，系统确定出需要紧急疏散人员和应急救援人员的范围，并输出此次工业灾害的完整评估报告和应急预案，为应急管理部门提供决策支持。

工业灾害的发生多涉及易燃易爆和有毒物的泄漏问题，应从建立易燃易爆和有毒物的伤害模型入手，利用毒负荷准则，以试验动物的急性中毒阈值的毒负荷来划定危险区域边界，将易燃易爆和有毒气体的扩散后果预测区域划分为四种类型：致死区、重伤区、轻伤区和吸入反应区。对于工业灾害发生后的人员避难方式的选择，根据有毒物浓度和需要的疏散时间及允许的疏散时间选择避难方式。对工业灾害的预测包括对事故发生的可能性与后果的预测，后果预测的核心问题是确定事故的潜在危险区。在确定工业灾害时人员中毒的危险区域时，一般假设如下：a. 不考虑人员的个体差异，使用群体数据；b. 不考虑对人员的慢性影响或后果；c. 不考虑事故对环境的危害，进而给人们带来的危险。显然，在安排应急疏散时，应该优先考虑致死区内人员的疏散，然后是重伤区，其次是轻伤区，最后是吸入反应区内人员的疏散。

确定工业灾害的影响区域是基于计算有毒物泄漏扩散范围进行的，这涉及工业灾害后果分析，即工业灾害发生后的危害范围和程度分布，表现为对灾害现场及周边的人员、建筑、设备和环境的影响。此过程中，工业灾害按发生与造成伤害的时间先后关系可分为两种情况：灾害发生的瞬间给人员造成伤害，无法自行采取避难措施；灾害发生一段相对长的时间后才给人体带来危害，这种情况下人员可以采取避难措施。

疏散距离分紧急隔离距离和下风向疏散距离。紧急隔离距离是确定紧急隔离带圆形区域半径的依据，该区域只容许灾害处理人员入内。下风向疏散距离范围内的居民处于有害接触的危险之中，必须采取撤离、密闭住所窗户等保护措施，并保持通讯畅通以听从指挥。由于夜间气象条件所限，有毒气体的混合作用减弱，导致毒气不易扩散，所以下风向疏散距离相较白天为远。

（4）应急方案单元

应急方案单元包括紧急疏散模块和应急救援模块，作为系统的终端模块，依据其他部分提供的信息输出几种疏散救援方案，以利于应急管理部门优化选择。此外，该模块启动后还会根据系统对疏散救援过程和灾害现场实施的全程监控，发布动态指令，协调疏散救援部门与资源，最终完成应急任务。

表 5-12　有毒气体泄漏灾害下的人员疏散范围确定

毒气类型　　　危害范围		临界浓度（* 10-5）				疏散区域
		致死区	重伤区	轻伤区	吸入反应区	重伤区和致死区之间
一般毒性气体	氯气	600	50	30	6	上风侧按吸入反应区毒负荷浓度5倍；下风侧按此值10倍
	氨气	5900	3540	700	150	
高毒性气体	光气	25	5	4	3	上风侧按吸入反应区毒负荷浓度；下风侧按此值2倍
	氰化氢	135	50	30	10	

①紧急疏散模块。

a. 确定疏散范围，指标是避难室内的危险物质临界浓度，界定危险物质临界浓度是确定人员疏散范围的关键①。

b. 选择避难方式，不同国家有不同的规则。

美国的大部分州采取对危险区域内的人员全部进行疏散的方式。美国国家化学研究中心认为，可用如下因素来选择重大事故时应急避难方式：泄漏工业品物化性质；潜在灾害地区的公众素质；灾发时的气象条件；区域应急救援资源和力量；通信条件和状况；需要和允许的疏散时间长短。欧洲国家则一般在灾害发生后，首先采取寻找避难室进行避难，然后听取事故指挥中心的命令，采取进一步的行动。在欧洲的大部分国家，受灾区域内的公众采取"就地"避难的方式已经成为重大事故应急的必经步骤。例如，在瑞典，当重复的短笛警报声响起之后，该

———————————

①　如果将吸入反应区的毒负荷临界浓度值作为避难室内的临界浓度，一般认为，对人员疏散范围边界浓度的界定，可以考虑在泄漏源的上风侧按吸入反应区的毒负荷临界浓度值的10倍、下风侧按此值的20倍来计算。

区域内的公众就会自觉迅速地进入建筑物内，关闭所有的门窗和通风系统，并将收音机调至一个固定的频道来接受进一步的指示。

"就地"避难方式只可以在紧急时刻为受灾人员提供一个相对直接暴露于受污染空气中而言的"清洁"的空间。每小时建筑物内、外空气中有毒物质的浓度比（渗透率）是衡量"就地"避难方式有效性的一个重要指标①。当建筑物的门窗用胶条密封时，在上、下风侧室内有毒气体浓度较室外分别降低 1/30 和 1/50。显然，"就地"避难可以使建筑物内浓度大大降低，从而减低人们遭受有毒物质伤害的程度。

确定"就地"避难后是否疏散的问题涉及很多因素，如危险区域状况、城市区域应急能力等，具体讨论如下：第一，若避难室内有毒气体最高浓度值低于临界浓度值，并且在需要疏散时间大于允许疏散时间的情况下，应继续采取就地避难措施；考虑到灾害可能持续时间较长或避免其他意外，确保安全的前提下也可以采取紧急疏散措施。第二，若避难室内有毒气体最高浓度值高于临界浓度值，则应采取紧急疏散的方式，此时如果需要疏散时间小于允许疏散时间，就可以保证人员安全疏散；否则，人员在疏散过程中有可能受到伤害。

针对上述问题采取措施如下：为疏散区域人员紧急运送防护设备（如全身防护服具、防毒面具等），并同时调集车辆，人员在配备防护设备情况下进行疏散可保无伤亡。当人员在无防护设备的情况下经车辆疏散时，可能造成人员有伤亡。利用移动救助车对灾区人员疏散是最后的解决方案。

c. 选择避难场所，应能为疏散人员提供最基本的条件，起到保护作用、使避难人员免遭热辐射和有毒气体等形式的伤害，如宽阔、容纳人员数量多的学校、工厂、企事业单位和空地等，选择时应根据具体灾害场景做出相应的规定，原则上安置地区的公私建筑物都可供疏散人员使用。

总体原则如下：避难场所在灾害影响范围外且能容纳疏散人员；若为有毒气体泄漏灾害，则避难场所应处于当时的上风向；若为室外避难场地，则场地前方须有超过 30m 的耐火建筑隔离，否则须离开灾害影响范围 300m 以上方视为有效场地。

具体而言应注意如下几点：

围绕潜在灾害地区分散设置，保证灾害影响区域内人员就近疏散，最短时间抵达避难场所，但下风向不宜布置；

与灾害影响区域之间设置一定防护距离，同时要考虑到由于灾害持续时间较长而引起的风向改变问题，如此有毒气体可能扩散到避难场所所在区域；

尽量不要跨行政区界设置避难场所；

灾害持续时间较长（多于 1 天）时，避难场所应建立专门的后勤支援与保障系统。

d. 选择疏散路线，结合基础信息单元统计的人口分布情况、道路交通信息和风险评估单元计算的灾害影响范围，确定人员疏散的最佳路线和交通方式。

本着救人为主的原则，基于现实条件综合考虑并择优选择陆海空三种交通方式，必要时可

---

① 试验表明，在泄漏源上风侧的建筑物，室内的有毒气体浓度约为室外有毒气体浓度的 1/10；而在下风侧的建筑物，室内的有毒气体浓度约为室外有毒气体浓度的 1/20。

多种路线、多种方式并举。公路、铁路、航空、水运都可以用来进行人员疏散，但是对于市区内重大灾害应急疏散的情况，市区道路是最基本的疏散途径。市区道路中可用来疏散的交通工具主要是小汽车、公共汽车、自行车和徒步行走。安全疏散所需汽车的数量与允许的疏散时间、有毒物质污染扩散的范围、此区域内的人口密度、车的运载能力以及道路的通行能力等因素有关。

②应急救援模块（图5-13）。

a. 现场控制指挥，以确保灾害影响区域人员安全为原则，按照防灾规划应急预案程序（SOPS），协调指挥疏散救援行动并合理使用应急救援资源，迅速达到对灾害的有效控制。b. 警戒治安维护，须在救援过程和灾害现场设定警戒线（区域），执行灾害现场警戒和交通管制程序以及灾发前后警戒开始与撤销的批准程序，以保障应急救援工作顺利进行和救援力量、物资供应、人员疏散的交通畅通。c. 医疗卫生服务，组建医疗救援小组，其成员为专业人员和接受过急救和心脏恢复培训人员，配合当地卫生部门，及时向灾害现场提供救援需要的医疗设备和急救药品。d. 应急指挥中心，根据现场救援人员工作进展动态提供各种应急处理方法，并参考反馈信息及时更新发布内容，如救援道路走向、详细水源地图、实时交通参数、现场处理程序以及其他相关辅助信息。

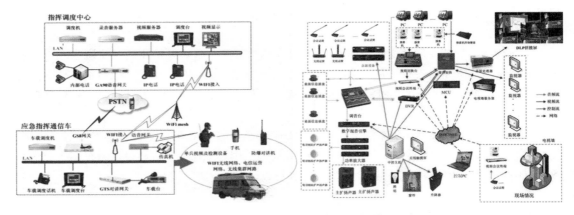

图 5-13　应急救援模块系统组成及工作原理示意

来源：网络资源

（5）中央控制单元

该系统单元包括 RS 技术模块、GIS 模块、GPS 模块和软件处理模块。首先，RS 技术模块中有 GIS 模块需要的沿海化工园区空间和属性信息，从这一角度说 RS 技术模块和 GIS 模块的结合是必然的。其次，RS 技术在地面采样、导向、定位方面的应用是以 GPS 为得力工具的。可见，RS 技术和 GIS 在包括导航在内的一系列动态定位和采集数据功能的应用中，GPS 作用不容忽视。因此，"3S" 数字信息技术集成是以 GIS 为核心的高度实时化、自动化和智能化的整体系统，它们构成了对沿海化工园区空间数据进行实时采集、处理、分析的强大技术体系，在此基础上为各种实际应用提供及时准确的支持决策。西方发达国家基于 "3S" 数字信息技术和通讯系统的结合，建成完善的城市火灾防救体系，为城市消防贡献了巨大的力量。

RS 技术模块能轻而易举从高分辨率遥感影像中分辨出沿海化工园区工业防灾过程中需要的基本要素，如园区道路、桥梁和工业建构筑物等，进而自动提取以上要素的轮廓形状、区域位置和功能属性等基本信息，该技术能广泛应用于沿海化工园区基础数据获取和更新、工业灾害快速评估和应急决策支持方面。在园区工业火灾动态监测中，RS 技术模块可以结合具有高空间分辨率特性的 IKONOS、Quick Bird 等，起到对园区火场准确定位的作用；或者利用具有热红外波段 MODIS、LANDSAT-TM 等，实现对工业火源点的准确探测并传递火灾现场的温度、能量损失等参数；亦可通过高光谱遥感数据，其光谱分辨率达纳米级且波段数成百上千，对沿海化工园区范围内的各种规模火灾进行精准监测。

GIS 模块数据库信息包括沿海化工园区的地理信息、交通线和人口分布、应急救援驻军分布等情况。GIS 的应用方面，由于超过八成的消防工作业务都或多或少的与城市地理图形和建筑设施位置有关，同时消防设施规划分布和消防队员移动等大部分活动信息都反映出一定的地理属性，GIS 凭借其在空间数据管理和空间分析方面的强大功能，将庞杂的地理位置、社会人口、历史统计及其他相关数据存储在计算机中，建立完备的沿海化工园区消防空间数据库、消防减灾管理系统及"119"指挥调度自动化系统等，以备需要时迅速检索到相关信息。通过对信息的叠加组合、科学利用，起到对园区防火各项业务的有效辅助作用，尽量减少工业火灾损失。

5.2.2 沿海化工园区工业防灾规划程序

沿海化工园区工业综合规划程序包括 3 个阶段和 3 种方法，即基础资料调查阶段、灾害影响分析阶段和防灾规划预案阶段；监测预警方法、风险评估方法和应急救援方法（图 5-14）。

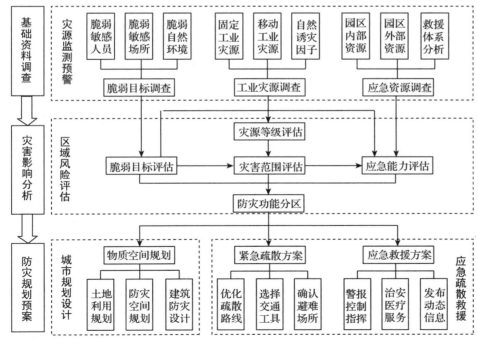

图 5-14　沿海化工园区工业防灾规划程序示意

5.2.2.1 基础资料调查阶段

通过"3S"数字信息技术对沿海化工园区动态监测或现场调查的方式，收集工业灾源和脆弱目标的分布情况及应急资源力量等资料(表5-13)。

表5-13 沿海化工园区基础资料调查相关内容一览表

调查项目	分项	内容简述
工业灾源调查	园区企业情况	企业性质、经营范围和能力、码头大小和规模；企业平面图和功能分区、岗位设置分布与人数，规划引进企业的相关资料和图纸
	主要危险物料	物料的类别、储存量以及周转量，各种检验检测报告等
	设备设施情况	设备设施名称、类型、尺寸、物料的种类和操作参数等
	园区自然条件	园区地形、地质、地貌、地震；园区水文、潮汐、洪水；园区气象条件，如降雨、风、雪、雾、气温、湿度、台风、雷暴等
脆弱目标调查	脆弱性建筑类型	公共建筑(政府机关、学校、医院)、工业场所(重要设备和设施)、公共基础设施和私人建筑等
	脆弱性人群类型和密度	工业场所内员工，当地居民，公共建筑内人口(病人、学生等)和交通工具上的乘客
	自然环境类型	农田，自然区，自然保护区，沼泽和储水池等
	规划建设资料	规划建设脆弱性目标的相关资料以及有关图纸
应急资源调查	应急力量组成与分布	消防抢险力量、后勤保障力量、医疗救援力量、专业抢险力量、警戒与治安力量、环境监测力量、军队防化与工程兵力量等
	应急设备物资的数量和分布	消防设备设施、危险品泄漏控制设备、交通工具、通讯联络设备、个人防护设备、医疗支持设备、应急照明装置和电力设备、重型机械设备等
	园区及企业风险管理	组织管理机构、各岗位责任制、安全操作规程和安全管理制度等
	应急力量资源相关资料	规划建设的应急力量和资源的相关资料和图纸，国内外园区同类企业以往发生同类灾害的类型、过程、原因和导致的后果等

(1)工业灾源调查

通过调查沿海化工园区已建企业、近期和远期规划企业的固定、移动工业灾源与所在地域的自然诱灾因子，统计各项技术参数，为下一阶段进行园区工业灾害危险性分析和区域风险评价、风险管理模式与应急救援体系建设提供关键数据支持[18]。

(2)脆弱目标调查

包括脆弱性建筑类型、脆弱性人群类型和密度、自然环境类型及规划建设材料等。

(3)应急资源调查

通过对沿海化工园区内的应急资源和应急能力进行调查，给出可用应急资源与应急力量情况、来源以及其分布[19]。

5.2.2.2　区域风险评估阶段

基于沿海化工园区的基础资料统计分析和现场考察对园区工业灾源进行区域风险评估，确定主要风险因子，工作内容如下：第一，工业危险品风险分析，即园区企业生产、储存、运输等阶段涉及的工业危险品特性、潜在工业灾害类型、后果和发生概率；工业危险品在园区码头运输过程中的潜在工业灾害类型、后果和发生概率。第二，生产过程与设备设施风险分析，即园区企业及规划拟引进企业生产工艺和设备的危险特性、潜在工业灾害类型、后果和发生概率；园区工业危险品储罐区潜在的风险分析。第三，园区周围环境现有目标或规划对象的风险分析，如周边居民区、商业区等不同功能区可能引发的园区工业灾害类型、后果和发生概率。第四，自然条件诱灾因素，如台风、地震、雷电、风暴潮等自然灾害可能引发园区的工业灾害类型、后果和发生概率等。

（1）灾源等级评估

在我国，工业灾源的分类主要是指企业职工伤亡事故的分类①②[20]，具体分类情况如下。

①按照工业灾源的种类和能量在意外状态下可能发生灾害的最严重后果，工业灾源分为四级，分级判据见表5-14。

表 5-14　沿海化工园区工业灾源分级判据

危险源等级	分级判据 （影响范围）	分级判据 （经济损失）	分级判据 （死亡人数）
一级工业灾源	工业区外级	1000 万元以上	可能造成 20 人以上死亡
二级工业灾源	工业区级	100 万元以上 1000 万元以下	可能造成 10~29 人死亡
三级工业灾源	企业生产区级	50 万元以上 100 万元以下	可能造成 3~9 人死亡
四级工业灾源	企业内装置单元级	10 万元以上 50 万元以下	可能造成 1~2 人死亡

来源：参考《化学工业区应急响应系统指南》部分内容

②对一个化学工业区来说，最关键的是要区分工业灾害的影响范围（如毒气泄漏）和需要调用的应急资源。

根据上海化学工业区的经验，将园区可能发生的工业灾害按照其影响范围划分成如下四级：

A 级——企业内装置单元级，工业灾害出现在企业的某个生产单元，影响到局部地区，但限制在单独的装置区域。

B 级——企业生产区级，工业灾害在企业内的现场周边地区，影响到相邻的生产单元。

C 级——化学工业区级，工业灾害超出了一个企业的范围，临近的企业受到影响，或者产生连锁反应，影响灾害现场之外的周围地区。

D 级——化学工业区外级，工业灾害超出了化学工业区的范围，出现大面积的影响地区，

---

① 重大工业灾源主要是指"一旦发生事故，将导致巨大经济损失和/或社会影响的系统"。系统中贮存大量能量或危险（有毒、易燃、强腐蚀、放射性等）物质、在较为苛刻（高温、高压、高速反应等）条件下运行、难于有效地控制运行状态等，便成为重大工业灾源的一些特点。现代石油化工、能源输送、能源贮存等就是重大工业灾源的典型实例。

② 伤亡事故的分类分别从不同方面描述了事故的不同特点。

波及化学工业区外的生活或生产区域。

③化工生产中,人们通常定义三个级别的事故(表5-15)。

④中国对重大危险源的分级尚未制定统一标准。参照中国《伤亡事故报告和调查处理条例》中的规定,在大量易燃易爆有毒工业品的生产场所,根据重大危险源的死亡半径(R)进行分级,将重大危险源分为四级(表5-16):

⑤其他分类判据见表5-17。

表 5-15 沿海化工园区化工生产事故分级情况

灾害等级	影响范围	灾害类型
局部事故	局部影响地区	单独的装置区域(泵的火灾、小的毒性泄漏)
重大事故	中等影响地区	现场周边地区(大型火灾、小型爆炸)
灾害性事故	大面积影响地区	现场之外的周围地区(大型爆炸、大型毒物泄漏)

表 5-16 重大危险源分级情况

危险源等级	分级判据(死亡半径 R)	预计后果
一级重大危险源	R ≥200m	可能造成特别重大事故的
二级重大危险源	100m ≤R<200m	可能造成特大事故的
三级重大危险源	50m ≤R<100m	可能造成重大事故的
四级重大危险源	R<50m	可能造成一般事故的

表 5-17 沿海化工园区工业灾源等级划分相关判据

分级依据	等级划分	划分标准
工业品理化性质	I 级,轻微等级	泄露工业品有毒害作用,以气态进入环境,吸入超量后会危害人员身体健康
	II 级,严重等级	泄露工业品有毒害作用,以气态和液态进入环境,污染区内的空气、水源、食物均属限制摄入,人员需撤离危害区域
	III 级,重大等级	泄露工业品具有快速致死性,污染区内的所有人员须快速撤离
	IV 级,特大等级	泄露工业品具有快速致死性,污染区范围特别大,包含人口密集区,危害人数上万
人员伤害程度	轻伤	损失工作日为 1 个工作日以上(含 1 个工作日)、105 个工作日以下的失能伤害
	重伤	损失工作日为 105 个工作日以上(含 105 个工作日)的失能伤害,最多不超过 6000 个工作日
	死亡	损失工作日定为 6000 个工作日

（续）

分级依据	等级划分	划分标准
重大危险源	一级重大危险源	可能造成特别重大事故的(死亡人数 30 人或重伤 100 人以上，或直接经济损失 1 亿元以上的)
	二级重大危险源	可能造成特大事故的(死亡人数 10 人以上 30 人以下，重伤 50 人以上 100 人以下，或直接经济损失 5000 万元以上一亿以下的)
	三级重大危险源	可能造成较大事故的(死亡人数 3 人以上 10 人以下，或重伤 10 人以上 50 人以下，或直接经济损失 1000 万元以上 5000 万元以下的)
	四级重大危险源	可能造成一般事故的(死亡人数 3 人以下或重伤 10 人以下，或直接经济损失 1000 万元以下的)

（2）灾害范围评估

工业灾害的后果分析中，以泄漏源为中心，利用后果分析公式，计算沿海化工园区平面图上按一定密度的坐标网格确定的空间点处一定物质浓度，连接有毒物质浓度相同的点得到等浓度线①。应用开发的重大灾害后果分析仿真计算机软件，可以模拟各种泄漏源在不同气象条件下有毒、有害物质泄漏后的扩散情况，并在地图上绘出不同毒负荷的等浓度线。有毒、有害物质连续泄漏或瞬时泄漏的情况不同，确定的危险区域也不同。

通常根据工业灾害的影响范围和程度、工业灾源的位置划分灾害破坏分区（表 5-18），另外，工业灾害影响阈值见表 5-19。

表 5-18 沿海化工园区工业灾害影响区域划分表

破坏分区	范围	特征	救援人员	救援工作
中心区域	距灾害现场 0~500m，边界应有明显的警戒标志	危险品浓度值高，有危险品扩散、爆炸、火灾发生，建筑设施及设备损坏，人员急性中毒	需要全身防护，并佩戴隔绝式面具	切断灾害源、抢救伤员、保护和转移其它危险品、清除泄漏液态毒物、进行局部空间洗消及封闭现场等，撤离后应清点人数，并进行登记
波及区域	距灾害现场 500~1000m，边界应有明显的警戒标志	危险品浓度较高，作用时间较长，有可能发生人员或物品的伤害或损坏		指导防护，监测污染情况，控制交通，组织排出滞留危险品气体，视灾害实际情况组织人员疏散转移，撤离后应清点人数，并进行登记
影响区域	波及区外可能影响的区域	可能有从中心区和波及区扩散的小剂量危险品危害		

---

① 浓度值为毒负荷临界值的等浓度线围成的区域即为危险区域。对应于各分区边界毒负荷浓度值的等浓度线围成各分区。

表 5-19　沿海化工园区工业灾害影响阈值表

破坏分区	描述	影响强度	热辐射/$(s \cdot kW^{4/3} \cdot m^{-8/3})$	超压/MPa	毒气/$mg \cdot m^{-3}$
中心区域	致命区	造成5%人群的死亡	1800	200	LC_5
波及区域	重伤区	造成1%人群的死亡	1000	140	LC_1
影响区域	轻伤区	开始产生不可逆影响	600	50	IET

注：LC5：5%致死浓度；LC1：1%致死浓度；IET：不可逆效应阈值
来源：参考《危险工业设施周边土地利用规划研究》部分内容，笔者自绘

（3）防灾功能分区

沿海化工园区防灾分区是指从综合防灾的角度出发，将园区按照一定的依据划分成若干分区，各分区之间形成有机联系的空间结构形式，防灾分区有利于园区防灾资源整合和分配①[21]。

①防灾功能分区的意义。

a. 指导沿海化工园区用地建设，形成主动应对灾害的空间格局。

在充分考虑沿海化工园区可能面临的多种灾害风险基础上，从防灾的功能性角度进行园区的综合防灾空间布局规划，并对应急救灾资源的空间配置提出原则要求，形成良好的防灾空间格局，积极主动地抵御城市灾害，便于综合防灾的日常管理服务，便于灾时避难、应急与救援工作的开展。

b. 有机组织防灾空间，提高沿海化工园区空间利用效率。

在没有充分考虑沿海化工园区防灾情况下所规划建设的园区空间，在某种程度上会造成园区防灾空间和资源的不足。通过沿海化工园区防灾空间的布局规划，可以在考虑不同灾害风险强弱的基础上，科学核算园区防灾空间和设施的容量，对园区防灾空间进行均匀合理的布局和规划控制，充分配置城市防灾资源，使防灾资源发挥最大的效益。

c. 与沿海化工园区总体规划反馈协调，增强综合防灾的可操作性。

在进行沿海化工园区总体规划工作时，主要从园区正常发展出发，确定园区的规模和布局，对园区人口和用地等实行宏观的控制，往往其中的防灾规划大多是被动地适应城市规划所产生的空间形态，没有从园区安全防灾的空间需求和设施配置布局对沿海化工园区总体规划提出修正反馈意见。这样形成的城市空间往往对园区防灾功能没有从战略高度和宏观整体上给予足够的重视。因此，与总体规划编制同步，结合总体规划的空间布局统筹考虑综合防灾功能，对防灾空间布局及防灾资源配置。良好的防灾空间格局可以主动积极地抵御城市灾害，综合防灾规划与沿海化工园区总体规划一并实施，具有较强的可操作性，对于园区防灾工作具有重要意义。

---

①　防灾功能分区是为了沿海化工园区生产安全而按照不同功能区对人员与财产面临的灾害风险进行控制、管理的前提和基础。防灾功能分区的基本方法是按照功能区中人员和财产随着风险的大小而分别采取不同的对策措施。防灾功能区划分是在园区总体规划功能分区、定量风险评价计算所得的风险分析结果等工作基础上，结合沿海化工园区的实际情况来进行的。沿海化工园区防灾功能区划分是根据沿海化工园区的所在区域功能、风险容量、园区内各企业功能定位和企业的实际风险情况、人口密度，以及各安全功能区中人员可承受风险的不同而分别布置在不同的功能区。

②防灾功能分区划分依据。

a. 用地适宜性，以用地地质条件的同类同构性作为分区依据，依据沿海化工园区自然山水格局(包括山脉、丘陵、河流、湖泊、地势高低以及地形地貌等)划分防灾分区。

b. 总体规划结构，沿海化工园区总体规划结构初步确定了园区各类功能区的空间布局，以及可作为防灾场所救灾空间的大致分布。

c. 道路交通系统，沿海化工园区道路网是园区的骨架。涉及防灾分区的沿海化工园区各类救灾疏散通道均在现有和规划道路网的基础上，经过分析研究后确定的。

d. 行政管理辖区，沿海化工园区各级政府是园区防灾应急事件的主要组织指挥者。划分防灾分区时应充分考虑各级政府行政管辖权限和事权范围，结合各级行政区划明确各等级防灾分区的范围。

5.2.2.3 防灾规划预案阶段

(1) 物质空间规划

通过对沿海化工园区工业灾害源的调查，以区域性定量风险评价得出的风险分布结果为依据，优化园区工业灾害源的布局；并在园区总体规划的基础上，根据最大可接受风险数值①划分防灾功能分区(表 5-20)。参考各功能区性质，静态或动态人口密度、结构、暴露的可能性、撤离的难易程度等情况，优化产业园区及各防灾分区避难场所的选址和布局。通过对工业灾源进行基于后果的定量风险评价，计算不同危害程度对应的距离，确定区域内各个地块的脆弱等级，并根据不同的土地利用性质及开发强度作出评价，基于此对控制性详细规划进行修订[22]。从安全措施、有效宽度、疏散效率等方面强化规划区域道路系统的防灾功能；从安全性、可达性、应急性等方面优化规划区域避难场所的防灾设计，并充分考虑平灾结合与绿色防灾[15]。

表 5-20 沿海化工园区防灾功能分区划分依据表

防灾功能分区	最大可接受风险	包含的主要城市功能区类型	特点描述
一类风险控制区	1×10^{-6}	居民区、商业区、交通枢纽区	人员高度密集
		文教区	人员高度密集或易损
		重点保护、行政办公和名胜古迹区	目标敏感
二类风险控制区	1×10^{-5}	工业区	人员密度较高
三类风险控制区	1×10^{-4}	仓储区、广场、公园等	人员密度较低
四类风险控制区	$\geq 1 \times 10^{-4}$	开阔地	人员密度较低

来源：参考《城市重大危险源安全规划方法及程序研究》内容

根据以上沿海化工园区防灾功能区划分标准，通常可以将其划分为六个区域，即行政办公和生活区、化工企业生产区、仓储区、储罐区、交通枢纽区和卫生防护及灾害缓冲区(表 5-21)。

---

① 可接收风险水平是在对历史统计数据分析整理的前提下推断出来的，并定义一个"最大可接受风险"作为个人风险基准值。若灾害影响范围内个人风险水平大于此标准值，那么这种风险就不能接受。基于沿海化工园区各功能区可接受风险基准，将对可接受风险要求相似的功能区划分为一个等级。

表 5-21　沿海化工园区防灾功能分区划分情况表

防灾功能分区	布局原则
行政办公及生活区	设置有沿海化工园区行政综合大楼、园区管理委员会(管委会)、职工食堂、宿舍、浴室、学校、医院、商场、公园等,在周边资源环境充足的情况下,园区可以借助其所在地的生活服务功能。属于目标敏感区,应当制定严格的安全管理制度(如出入登记制度等)加强安全管理,保障行政办公及生活区域的安全。
企业生产区	易燃、易爆、有毒与可能散发易燃、易爆、有毒气体、蒸气或者粉尘的企业宜布置在园区当地全年最小频率风向的上风侧,且是在人口密度较低的安全地带(段)。
	必须将生产、加工、使用、储存易燃、易爆、有毒的危险化学品工厂布置在园区边缘且相对独立的安全地区,并与人员密集的公共建筑保持合理的安全距离。
	与办公区、居民区之间应设置一定的卫生防护距离(带),起到保护环境、人员健康、阻止火灾蔓延的分隔作用。
	选址应充分考虑当地地质和气象条件,如地震、湿陷性黄土、软地基、膨胀土、飓风、沙尘暴、雷暴等,采取可靠的安全技术方案,避开断层等地质复杂的地区。
	宜靠近用水水源并能够满足企业消防水用量的需要;能够保障便捷的消防通道,尽量避免铁路与公路交叉。
	可燃气体或者液化烃罐区沿江海布置时,应采取防止危险物泄漏流入水体的措施。
	选址不应受潮水、洪水与内涝的威胁,高程应符合国家防洪标准中相关规定,并采取有效的防洪和排涝等措施;还须满足国家相关标准中卫生防护距离的要求。
仓库储存区	火灾、爆炸等危险性较大的仓库储存区应该布置在单独的地段(带),且与周围建(构)筑物要保持足够的安全距离。
	危险化学品的仓库储存区应布置在沿海化工园区的独立地段(带),但是应该与其使用单位所处位置方向一致,避免运输物料时穿越园区。
	易燃材料和燃料仓库区(木材堆场、煤炭)应该满足防火要求,且布置在相对独立的地段(带)。对于风速较大的区域,还应布置在大风季节区域主导风向的下风向或者侧风方向。
	宜靠近水源并应能够满足所在区消防水用量的需求,能够保障便捷的消防通道。
储罐区	石油储罐区宜布置在园区的独立地段(带),并且应该布置在水电站、港口码头、船厂及桥梁、水利工程的下游,若必须布置在上游时,那么必须增加安全距离。
	甲、乙、丙类的液体储罐区宜布置于地势较低的地带(段)。如果布置在地势较高地带(段)时,应该采取相应的安全防护设施。
	甲、乙、丙类的液体储罐区,可燃、助燃气体的储罐区,液化石油气的储罐区,可燃材料堆场等应该布置在化学工业园区的边缘或者相对独立的安全地带(段),并且宜布置于园区全年最小频率风向的上风侧。

（续）

防灾功能分区	布局原则
储罐区	液化石油气储罐区宜布置在地势开阔、平坦等不容易积存液化石油气的地段（带），四周应该设置高度不应小于1.0m的不燃烧实体防护墙。
	甲、乙、丙类的液体储罐区，可燃、助燃气体的储罐区，液化石油气的储罐区应该与辅助生产区、装卸区以及办公区分开布置。
交通枢纽区	运输易燃、易爆、有毒等危险化学品的专用码头、车站等，必须布置在化学工业园区的独立地段（带）。装运液化石油气与其他易燃、易爆化学品的专用码头，同其他物品码头（如散杂货码头）之间的距离不应小于最大装运船舶长度的两倍，并且与主航道的距离不应小于最大装运船舶长度的一倍。
卫生防护及灾害缓冲区	针对危及人身健康的有毒气体扩散范围附近应设置一定的卫生防护带（区），起到保护人群免于有毒气体影响的作用；对于风险程度较大的工业灾源（特别是重大工业灾源）、重点保护目标的周围应该设置一定距离的灾害缓冲区，如隔离绿地、防护林、防爆坡等，起到减弱灾害影响后果和范围的作用。

（2）疏散救援方案

组织工业灾害影响范围内人员恰当避难或紧急疏散，是减少和防止工业灾害导致人员伤亡的重要措施。工业灾害发生后短时间内，确定灾害影响范围内人员的避难方式并适时将其安全疏散到避难场所，此项工作十分复杂，须预先做好应急救援和疏散计划。避难计划即灾害发生后，受灾区域人员所采取的一系列避难对策，或者紧急疏散，或者"就地"避难。

疏散线路应足够宽敞，任何时候都保持畅通，并且不会对疏散人员构成额外的危害。紧急疏散线路与出口要求如下：第一，确定首选和备选的疏散线路与出口，清楚标记，有良好的照明，并张贴。第二，安装应急照明灯，以防疏散过程中电源的中断。第三，确保疏散线路与紧急出口：足够宽敞，能够容纳疏散人群；任何时候都保持畅通并且没有障碍；不会对疏散人员构成额外的危害；组织企业外的人员评价疏散线路的合理性。第四，考虑如何在紧急情况下获取化学工业区内企业职工的关键信息（宅电、近亲）。将这些信息记入计算机或封存于文件袋。

避难所，在紧急情况下，最好的方式包括企业内部避难和企业外部避难。第一，考虑启用避难所的条件，如龙卷风警报。第二，确定在企业内部和社区避难所的位置，制定人员接送程序。第三，制定必需品的供应程序，如水、食品和医疗。第四，如果合适，任命避难所管理人员。第五，与地方权力部门协调该预案。

对现场工艺的危险分析，可以找到大量的潜在事故。充分研究可信事故情节，找出关键环节，采取风险减小措施。由于人们的注意力集中在保证应急反应上，针对不同的事故情节，应急计划要有所区别和选择。除了辨识可信事故之外，应急反应计划的制定者必须确定事故后果的类型和程度，确定在应急反应计划中最有用的环节①。

---

① 应急救援准备阶段的第一步是确认可信事故，即在紧急情况中最可能发生的严重事故。辨认可信事故是风险分析的一部分，风险分析可以优先评估风险特点。

5.2.3 沿海化工园区工业防灾规划方法

5.2.3.1 灾源等级评估

（1）分级程序

工业灾害死亡人数及财产损失计算方法和工业灾源的评价分级程序①见表 5-22 和图 5-15。

表 5-22　工业灾害造成人员死亡、财产损失评价方法表

评估步骤	分步要点	计算公式	参量阐释
划分区域网格	将工业灾源的周边区域划分成等间隔的网格区，间距取决于当地人口密度		N——总的死亡人数 D_i——第 i 个网格的人口密度 S——网格面积 v_i——第 i 个网格的个人死亡率 n——网格的数目 R_i——i 区半径，m K_i——常量 q——引燃木材的热通量，W/m^2 t——热辐射作用时间，即火灾持续时间，s
计算死亡概率	通过灾害后果模型计算网格中心处的强度值，通过概率函数转化为死亡概率		
死亡人数求和	每一网格中心的死亡率 X 人口数量＝死亡的人数；将所有网格的死亡人数求和，即得到总的死亡人数	$N = \sum_{i=1}^{n} D_i S g v_i$	
财产损失评估	采用财产损失半径的方法评估灾害后果造成的损失，并假定此半径内没有损失的财产与此半径外损失的财产相互抵消	$R_i = \dfrac{K_i W_{TNT}^{\frac{1}{3}}}{\left[1 + \left(\dfrac{3175}{W_{TNT}}\right)^2\right]^{\frac{1}{6}}}$	
热辐射的影响	直接取决于热辐射强度的大小及作用时间的长短，以引燃木材的热通量作为对建筑物破坏财产损失半径	$q = 6730^{-\frac{4}{5}} + 25400$ $t = \dfrac{W}{M}$	

来源：参考《重大危险源安全评估》部分内容，笔者自绘

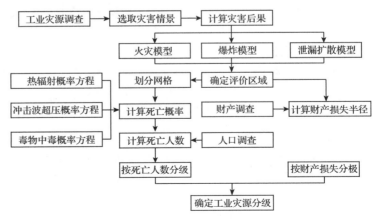

图 5-15　沿海化工园区工业灾源评价分级程序图

来源：参考《重大危险源安全评估》部分内容

---

① 如果一种危险物质具有多种灾害形态，按照后果最严重的灾害形态考虑，即遵循"最大危险原则"。

（2）影响因子

①工业危险物数量，决定沿海化工园区潜在工业灾害后果的主要影响因素①。工业危险品数量越多（特别是重大危险品），潜在工业灾害灾损度就越大。

②能量，有毒气体扩散和易燃气体爆炸过程都必须具备一定的能量②。

③距离与强度的关系，能够导致一定距离范围内的人员、财产受到伤害或损失是工业灾害的另一个特点，距离灾发地越远灾损度也会越小③。

④暴露，灾害影响范围内人员的暴露情况是影响工业灾害后果的另一个因素。减少人员在户外的暴露，可大大降低工业灾害灾损度④。

⑤时间，也是影响沿海化工园区工业灾害后果的一个重要因素，主要表现在灾害预警时间和危险物泄漏速率⑤。

5.2.3.2　灾害范围评估

（1）影响区域计算

①根据泄漏扩散模型和有毒物质不同浓度的毒理学效应，可以确定泄漏影响的区域范围。有许多简单模型可以用。例如，美国环保局推荐用于初步调查的简单模型，该模型的依据是高斯分布扩散。计算泄放率和某种泄放类型的后果效应还需要一些其他假设条件。一旦最大允许浓度确定，这种简单模型就能确定泄漏影响区域。这种情况下，泄漏影响区域是一个以泄漏源

---

①　如今沿海化工园区生产和储存过程中的工业危险品数量在随着企业规模与产量不断增加，可见，限制生产和储存过程中工业危险品数量是控制沿海工业园区潜在工业灾害的一项重要措施。

②　通常情况下，这种能量是以化学能量或者物质状态能量的形式存在。如液化气体高压、高温下储存，具有很高的物理能，如果发生泄漏便会立即大量蒸发，其所造成的事故后果也是非常严重的。当以低温常压情况下储存的液体所含物理能就比较少，其蒸发所需的能量主要是依靠空气与地面所提供，它所产生的后果也相对较轻。

③　通常来说火灾所造成的危害范围最小，其次就是爆炸，然后是有毒气体泄漏。火球事故所能造成的影响范围是很可观的，例如，在墨西哥市国家石油公司液化石油气储运站发生的事故所产生的火球直径达360m，44个卧罐和4个球罐全部遭受到破坏，且站内设施几乎全部被摧毁。可燃蒸气云扩散到很远的地方所产生的爆炸或者蒸气火灾影响范围会更远。大型爆炸事故可以造成20多km外的建筑物玻璃破碎。针对事故危险源，可通过事故后果的模型计算出物理效应（毒气浓度、超压、热辐射）强度随距离的一种变化关系。因此依据相关事故后果的模型计算结果，危险源和其他设施之间设置合理的安全距离，可有效地降低事故所造成的影响。

④　事故发生前减少人员暴露的措施主要是通过对工厂合理的规划选址，保持合理的安全距离，避免将危险源设置在人员密集区域；事故发生之后，减少人员暴露的主要措施是采取及时有效的应急救援措施，根据事故的具体情况进行人员疏散或者紧急避难。

⑤　工业园区在事故发生前的预警时间内有效组织应急救援措施，对于减少暴露人员数目具有重要意义，一般爆炸事故的预警时间很短，或者几乎没有，但可通过出现的一些危险征兆来及时判断，从而及时采取预警措施，而火灾与有毒气体泄漏的预警时间相对长一些。对于重特大事故在事故初发阶段及时采取应急措施，具有非常重要的意义，一旦错过最佳的救援时间，事故发展蔓延后就比较难以控制；事故的规模与危险性常常由泄漏速率来决定，而不是危险物质的数量，例如，同一个液氯储罐，瞬时泄漏与较长时间的持续泄漏所造成影响后果是显著不同的。

表 5-23　有毒气体泄漏的影响区域划分示意表

灾害类型\n危害范围	连续泄漏	
	风速大于 0.5m/s 时连续泄漏危险区	风速小于 0.5m/s 时连续泄漏危险区

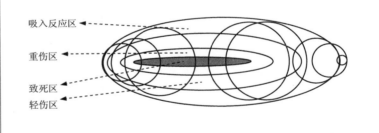

致死区：按引起 50%试验动物死亡的毒负荷 TL50 划分，其内受灾人员如无防护并未及时撤离，中毒死亡的概率在 50%以上，应该优先采取避难措施。

重伤区：外部边界按引起 5%试验动物死亡的毒负荷 TL5 划分，其内受灾人员如无防护并未及时撤离，将会中毒或重度中毒，需住院治疗，个别人可能中毒死亡。

轻伤区：外部边界按引起 1%试验动物死亡的毒负荷 TL1 划分，其内受灾人员如无防护并未及时撤离，其中半数左右人员可能发生轻度或中度中毒，经门诊治疗可以康复。

吸入反应区：外部边界以试验动物的急性中毒阈值的毒负荷来划分，其内受灾人员如无防护并及时撤离，一部分人将有吸入反应症状，一般在脱离接触后 24h 恢复正常。

瞬时泄漏

瞬时泄漏发生后，即刻有毒气团随风飘移，初期危险区域增大而后期减小直至消失

来源：参考《化学工业区应急响应系统指南》部分内容，笔者自绘

为中心的圆①（表 5-23）。

其他确定方法通常按照最大可信后果来假设。假定瞬时条件下物质发生最大量泄漏，已知主导风向，且风速较低（如 2km/h）、大气稳定度较高（按 Pasquill-Gifflrd 方法的 F 级表示）。更复杂的方法是使用统一泄漏扩散过程模型，这些模型使用概率分析子模型，考虑风速、风向、

---

① 当盛装有毒、有害物质的容器裂口较小时，有毒、有害物质泄漏持续相对长的时间，可以看作连续泄漏。连续泄漏时，泄漏的有毒、有害物质呈射流状从裂口射出，并不断与周围空气掺混，有毒物质浓度不断降低。当风速较大（大于 0.5m/s）时，在泄漏源的下风侧形成长轴一端在泄漏源处的近似橢圆形危险区域和各分区，并且越靠近泄漏源，有毒物质浓度越高，当风速较小（小于 0.5m/s）时，以泄漏源为中心形成围绕泄漏源的圆形危险区域和各分区，泄漏源处有毒物质浓度最高。连续泄漏的有毒物质较少时，泄漏的有毒物质很快被空气稀释，危险区域很小，有时可以被忽略。当泄漏一段时间后，裂口被堵住，连续泄漏就变成了瞬时泄漏，如果泄漏的有毒物质较少，危险区域很小，也可以被忽略。

瞬时泄漏，有毒、有害物质瞬时泄漏的场合，泄漏的有毒、有害物质围绕泄漏源形成气团，随着时间的推移，气团一面向四周扩散，一面随风飘移。首先求出每一时刻气团的等浓度线，然后求出各时刻等浓度线的包络线，对应于毒负荷临界值等浓度线的包络线围成的区域即为危险区域。

大气稳定度、泄漏形式等变量。结果按一定量泄漏物质达到某一浓度区域的概率表示。

一旦知道毒物泄漏影响区域和该区域的人口密度，就可以确定出受影响的人数。最简便的方法是按最坏情况考虑，假定该区域生活和工作人员总出现在这里，会受到事故的影响。当然要计算事故影响的相应数值，也需要考虑每天的人口出入情况。使用概率方法也能确定一个人在事故时出现在该区域的概率。防护措施，如使用个人防护设备、避难或疏散不在考虑之内。从原理上讲，如果使用更为复杂的概率模型，计算中可以包括这种防护措施的影响。

②有可燃气体的影响区域的判定，在易燃性物质的泄漏中，对爆炸灾害中的超压或火灾中热通量的可能影响区域要做出评价。在这种情况下，影响区域更像以燃烧源为中心的圆，这个区域受天气条件的影响要小于毒气云所受的影响。对于易燃易爆性材料，燃烧下限可用来确定脆弱区域。为了防止火灾，脆弱区域通过热辐射水平来确定（在这个水平上，有一段时间可以让人员免受烧伤的危害）。评价爆炸的适宜原则是可能引起较小的结构破坏及在开放空间可能的人身伤害的超压水平，见表 5-24。

表 5-24　燃爆灾害危害范围定量分析

灾害类型 危害范围	冲击波超压		
	$\triangle p$/MPa	伤害效应	
灾害中心区	0.30~0.20	大型钢架结构破坏	大部分人员死亡
	0.20~0.10	防震钢筋混凝土破坏,小房屋倒塌	
	0.10~0.06	木建筑厂房柱折断,房架松动,砖墙倒塌	人内脏严重损伤或死亡
灾害波及区	0.06~0.02	墙裂缝,屋瓦掉下,人体轻微伤害,听觉器官损伤或骨折	
灾害影响区	0.02~0.001	门窗(框)、玻璃损坏、破碎	

灾害类型 危害范围	瞬间火灾		持续火灾			
	热强度	伤害效应	热通量			伤害效应
灾害中心区	1030 kJ/m³	引燃木材	37.5 kW/m³		操作设备全部损坏;人员 1%死亡/10s	
	592 kJ/m³	死亡	30s	18.42 W/m³	60s	10.95 W/m³	死亡
灾害波及区	392 kJ/m³	重伤		12.14W/m³		7.22 W/m³	二度烧伤
	172 kJ/m³	轻伤		5.34 kW/m³		3.17 W/m³	一度烧伤
灾害影响区	65 kJ/m³	皮肤灼痛	4.0 kW/m³			≥20s 感觉疼痛

来源:参考《工业火灾预防与控制》部分内容,笔者自绘

美国环保局推荐了下列判断原则:

爆炸,峰值超压为 7000Pa——房间开始受到部分破坏的阈值;峰值超压为 15000Pa——耳膜破裂或是能引起严重的结构性破坏的阈值。

池火灾,4kW/m² 的辐射热通量——90s 暴露,是二度烧伤的阈值。

火球,5kW/m² 的辐射热通量——60s 暴露时,是二度烧伤的阈值。

闪火,易燃性物质燃烧下限的一半,作为可以引起闪火的燃烧和热辐射阈值,此时会影响公众安全和健康。

（2）扩散影响因素

泄漏产生的气体或液体一般都为有毒或易燃易爆物质，它们可以造成人员中毒和火灾爆炸等危害。这些物质在大气中的扩散是一个很复杂的过程，要受很多因素的影响。

①风速，随着风速的增大，云羽会变长变窄；泄漏物质向下风向的运动速度会变快。另外，风速增大以后，大气的湍流混合作用加强，会加快泄漏物稀释速度，使其浓度下降变快。

②大气稳定度，大气稳定度描述的是大气的垂直混合性，可以分为3种情况：不稳定、中性和稳定。不稳定情况多出现在晴朗的早晨，此时由于太阳照射，地面增温迅速，由于地面对大气的加热作用，造成了近地面大气的温度高于上层大气温度，即近地面大气密度大于上层大气密度，使大气机械湍流作用加强，大气处于不稳定状态；在中性情况下，上层大气逐渐被加热，风速逐渐增大，抵消了太阳辐射作用，此时温度梯度对大气机械湍流的影响消失；在稳定情况下，太阳辐射对地面加热作用小于地面冷却速度，造成近地面大气温度小于上层大气温度，即近地面大气密度大于上层大气密度，减弱了大气机械湍流的作用。

③地面状况（建筑、树木、水面等），地面状况主要影响泄漏物质和大气的近地面混合和风速的垂直分布（图5-16）。树木和建筑能够加剧这种混合作用，而湖面和开阔地面会减弱混合作用，地面状况对风速垂直分布的影响如图5-17所示。

④泄漏源距地面高度，泄漏源高度对泄漏物的地面浓度有很大影响。随着泄漏源高度的增加，泄漏物需要运动更长的距离才能到达地面，泄漏物的近地面浓度会更低（图5-18）。

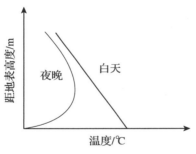

图 5-16　大气温度垂直分布（左）

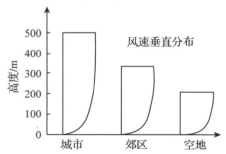

图 5-17　地面状况对风速垂直分布的影响（右）

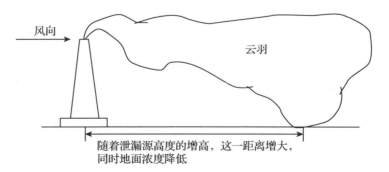

图 5-18　泄漏源高度对地面浓度的影响

图 5-16～5-18 来源：《事故风险分析理论与方法》

⑤泄漏物的初始动量和浮力特征，泄漏物质的初始动量和浮力特征能够改变泄漏的有效高度。向上的高速射流会使气体的有效泄漏高度比泄漏点高出许多。泄漏气体的密度主要受环境温度和气体分子量的影响，它也会对扩散过程产生影响。如果泄漏气体的密度比大气密度小，由于浮力作用泄漏气云会向上运动；如果泄漏气体的密度比大气密度大，泄漏气云会下沉。泄漏发生后，随着大气对泄漏气体的稀释作用，不管重气还是轻气在一定时间以后都会和大气密度相当，此时，大气湍流开始对扩散起主要作用（图 5-19）。

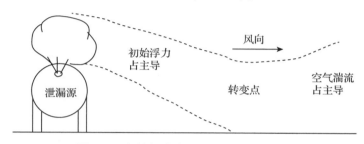

图 5-19　初始加速度和浮力对扩散的影响
来源：《事故风险分析理论与方法》

5.3　沿海化工园区工业防灾规划技术方法集成

5.3.1　疏散心理行为分析

工业灾害发生时，企业员工是第一时间内的最直接受害者，员工的心理和行为反应直接影响到他们的自身安全；除了外部救援因素之外，员工的心理和行为因素将是决定他们能否安全疏散的关键条件。这里用现场问卷的方式对有毒气体泄漏灾害发生时某企业员工的心理和行为反应进行统计分析，以期为沿海化工园区疏散通道和避难场所的规划提供一定参考。现场调查的目的、对象、方法和问卷设计等内容见附录一，以下仅列出对调查结果的统计分析。

①员工在得知有毒气体泄漏灾害信息（如闻到异常气味）时的第一反应与工作岗位相关度很大，与年龄、性别等无关；

②员工在得知有毒气体泄漏灾害信息时第一反应的相关因素影响度排列为：工作岗位<工作环境<是否经历过有毒气体泄漏灾害；

③员工灾时的心理行为反应与平时接受安全教育状况相关性很大；

④员工得知灾害信息后基本都能在最短时间内就近选择疏散通道进行紧急疏散，并能较理智、冷静地配合救援人员或引导其他工友逃生。

5.3.2　防灾空间规划技术

5.3.2.1　疏散通道规划设计

疏散通道详细规划是指详细分析规划地段内部的道路、航道、铁路等通道空间的类型、等级、有效宽度、安全性能和空间分布特征等要素，找出其灾害隐患和防灾方面的不足，通过采取适当措施，优化网络组织和通道形式，提高其整体防灾能力。

城市中分布的疏散通道包括各类地上地下道路、铁路、公路以及水上航道等，其中有些是专为防灾避险设计的专用的疏散通道，但大部分疏散通道是兼用的，平时具有交通功能，灾时发挥防灾避险功能。对于这些疏散通道的规划和设计，应根据现行规范的要求，考虑平时和灾时不同状态下的使用需要，进行梳理、整合、增补，使其系统化，更好地发挥灾时疏散功能。

规划区基础资料的收集，内容包括道路、河流、铁路、用地性质、建筑层数、建筑结构形式与材料、建筑密度、建筑年代等；现有通道空间的防灾分析，首先确定防灾评价的因子，而后对现有的通道性空间逐一进行评价；疏散通道的指定和规划对策，在可供选择的各类各级疏散性空间中，选择可以作为疏散通道的空间类型和位置，并针对这些指定的疏散通道，制定科学的防灾措施；确定疏散通道网络的形式，通过指定各级各类疏散通道，从而建构起高效的疏散通道空间网络体系。

（1）防灾问题分析

①灾害对疏散通道的影响。

灾害发生时，可能因为各种影响因素导致路网不能有效使用，灾害有可能直接、间接破坏道路设施，也有一些是缺乏防灾设计而造成的道路无法有效使用的情况；因此，疏散通道在灾害时的效率，取决于是否对上述影响因素采取了针对性的应对措施。

灾害直接破坏：道路的直接灾害，包括高架道路或桥梁断裂、道路隆起、道路下陷、路面破裂、铁路弯曲起伏等，造成车辆无法顺利通行。

灾害间接破坏：发生地震等大灾时，桥梁、建筑物高架道路倒塌阻绝道路，会造成道路无法使用的情况。此外，道路空间以外的广告、盆栽、危险物品等发生坠落、爆燃等情况，也会造成疏散时的安全风险。

专用设计缺失：专用设计的缺失会导致道路救援功能无法发挥。例如，发生火灾，受灾地的大楼本身不具备完善的消防系统，道路所提供的消防系统与受灾地相距过长，造成水压不足，无法发挥功能。一些专业救援车辆，例如，云梯车，由于尺度较大，在灾点周围的道路可能无法提供合适的运作空间环境。

影响防灾的多功能使用：路边停车问题使道路容量相对减少；而发生灾害时，无关的民众与媒体，多无法与救灾人员配合，导致灾害地点事件周围人数与交通量提高，而使道路容易被占用；而灾害中期，可能会发生民众临时搭用帐篷而占用道路的情况；灾情发生时，救护、避难、物资输送等运输没有较独立的路线，与其他目的地交通混合在一起，无法相互配合；会降低各种类型运输的效率。

②灾害的不确定性。

因为无法准确预测灾害的种类以及发生的时间、地点、范围，使得对于受灾点救援线路位置的确定较为困难，从而影响对于救灾路线和疏散反向的判定，导致在疏散通道规划中难以把握重点。

③其他相关问题。

缺乏危机意识：由于灾害的发生并非日常性的，在没有危机处理意识的情况下，防灾的观念并不是相当普遍；另外，一般灾害发生时，多数道路仍能勉强临场应对，因此，使用者对道路疏散方向和通道位置认识模糊；因而，要达到灾时设置疏散专用通道的目的，需要有一定缓冲时间，所以并无法立即发挥应有功能。

缺乏实时信息：对于灾害发展情况以及道路交通实时状况的收集，是灾害时管控路网，设置疏散通道所需情报的基础，决策者在灾时所处的信息环境，决定着使用规划疏散路网的效率，如缺乏实时信息，会导致决策失误和路网低效使用。

缺乏完善的防灾设计准则：由道路设计的角度来看，一般道路以交通观点思考，缺乏防灾方面的考量。然而造成此问题的另外一个主要因素，则是因为现行道路设计标准中，缺失与防灾有关的内容，使得道路防灾设计缺乏依据。

（2）疏散性能评估

①安全性评估。

民众在进行避难行为时，避难道路的安全极为重要，若在避难时发生两侧建筑物毁损、坠物等情况，对逃生人群会造成损伤，甚至危及性命，所以疏散通道的安全性指标是极为重要的。

造成道路阻断破坏的因子主要有路面破坏、桥梁及高架道路坍塌、道路构筑物倒塌、建筑物破坏或倒塌、生命线管线破坏、边坡或挡土墙破坏等，但根据一些震灾经验来看，可发现只要疏散道路具备一定基础条件，除桥梁、建筑物与边坡破坏或倒塌无法于短时间内复原外，其余情况均可迅速清除或采用临时性简易维修加以复原，将不会阻断道路。因此，在进行疏散通道规划设计时，可对以下安全性指标进行分析：

a. 街道高宽比。当街道太狭窄时，可能因房屋倒塌而影响民众避难行为。街道高宽比是指街道沿线的建筑物高度 H 与道路总宽度 D 之比，若 H/D 太大，则街道空间较为封闭，建筑物一倒塌，将完全截断道路，造成交通中断；反之，若 H/D 很小，就算建筑物的倒塌概率很高，其结果只会影响道路的容量而不会完全阻断道路，所有 H/D 值越小，代表对道路阻断的概率越小。

b. 街道建筑物数量。在各个建筑物体量相似的情况下，街道两侧建筑物的数量是避难需求量的指标之一；同时，建筑物数量也是影响道路有效宽度的因素，建筑物数量越少，则房屋倒塌造成阻断的概率也越小。

c. 道路危险度。道路危险度是指灾害发生时，可能会造成道路阻断的概率，也是表示道路在灾害发生后是否可继续使用的指标。危险度越高，代表灾害发生后道路不可使用的概率越高，因此可利用道路与危险源的距离与存有危险建筑物的数目来衡量道路危险度。主要是，即以道路两侧危险建筑物数目除以道路与危险源的距离来计算，数值越大代表道路无法使用的概率越高。

d. 潜在灾害发生的概率（灾害潜势）。评估中还需要考虑避难道路是否会遭潜在的灾害和次生灾害的影响，如此才能在灾害发生前作预防，减少灾害造成的损失。灾害潜势分析是根据环境特性做出的各类型灾害发生的空间分布分析。大部分的灾害影响潜势，可利用灾前的减灾措施，以工程加固的方式来降低灾害发生的概率，减轻灾害造成的影响，因此对位于灾害潜势区的道路，不一定不将其纳入疏散通道体系，对于有些位于灾害潜势区但避难需求量较大的道路，可以通过一定的措施而让其成为安全的避难空间系统的组成部分。

e. 道路可靠度。对于某地区的道路系统来说，可以引入道路可靠度的指标来表示灾时路网的可靠程度，该指标是以灾后实际道路阻断数目与总道路数目比值来表示。

②有效性评估。

道路有效性评估是以灾后防灾道路可以提供救援、避难的功能性为主要因素的评估，其中以道路宽度最为重要，道路有效宽度关系到灾后避难及紧急运输的输送效率，故应于灾前掌握各层级防灾道路有效宽度的情形，防灾道路有效宽度评估及调查项目如下：

人行道分布：明确表示人行道的位置。

招牌设置现状：记录招牌设置的地点及形状。

区域内其他公共设施：标示出调查区内，除公园及学校外的各型公共设施。

区域内停车状况：标示出调查区内的停车位置及车辆类型。

围墙设置地点：记录围墙的阻隔性及其位置。

植栽、高架道路及轨道交通：标示植栽及高架道路和轨道交通的形态及分布位置。

电力、电信设施：标示变电箱、电线杆及电话亭的分布位置。

骑楼的分布：标示骑楼所在位置。

有效宽度的影响因素包括：规划红线宽度、招牌坠落影响范围、建构筑物倒塌影响范围、路内停车情形、电线坠落影响范围等。

以下是各影响因子对防灾功能的影响：

单双侧停车：影响人员通行影响宽度。

围墙倒塌：车辆通行路幅减小。

电线杆及变电箱倾倒或破坏：车辆通行路幅减小。

招牌坠落：造成人员伤亡、阻碍通行。

骑楼倾倒：因结构的原因倾倒；机动车停放造成人员流线阻隔。

人行道占用：各种占道造成道路有效宽度缩减。

高架道路或高架轻轨倒塌：因地震倾倒而造成道路阻隔。

我国台湾地区依据日本都市防灾经验，针对防灾道路系统以层级划分的方式，分别赋予不同机能，见表5-25。其中可以发现，停车问题、街道家具的设置等均可能影响避难与救灾道路的功能和有效性。

道路有效宽度也是影响减灾工作进行的因素。当灾难发生时，经常会产生坠落和倾倒的物体，如电线杆、大树等倾倒，会影响避难行为，虽不一定会完全阻断道路，但仍会对避难移动的效率产生影响。而避难道路有效宽度是将上述因素加以考量，对于道路系统宽度做一修正，求出具有防灾避难功能的有效宽度。我国台湾地区道路防灾有效宽度的设定，见表5-26。

表 5-25　影响交通路线防灾力关系表

道路宽度（m）	避难救灾层级	影响因子	影响范围
4	避难辅助	单侧停车； 围墙； 电线杆、变电箱	人员通行有效宽度不足； 车辆无法通行； 倒塌或爆炸造成阻隔
6 8 10 12	避难辅助	单双侧停车； 围墙； 电线杆、变电箱； 招牌； 骑楼	车辆通行困难； 阻碍通行； 倒塌或爆炸造成阻隔； 招牌坠落造成人员伤亡； 骑楼因结构因素引起建筑物倾倒
15 18	救援输送	单双侧停车； 电线杆、变电箱； 招牌； 骑楼； 人行道	机车停放造成人行流线阻隔； 倒塌或爆炸造成阻隔； 招牌坠落造成人员伤亡； 骑楼因结构因素引起建筑物倾倒； 周边商业行为造成有效宽度缩减
20 30 50	紧急	单双侧停车； 招牌； 骑楼； 高架桥； 轻轨	机车停放造成人行流线阻隔； 招牌坠落造成人员伤亡； 骑楼因结构因素引起建筑物倾倒； 高架桥因地震强度的影响造成阻隔； 高架轻轨受震的损坏及人员伤亡

表 5-26　道路宽度与有效道路宽度的关系表

道路宽度 A(m)	有效道路宽度(m)
A≤4	A
4≤A<8	4
8≤A≤10	A+0.5
10≤A<16	A-(1+3+1)
16≤A<25	A-(1+6+1)
A≥25	A-(1+6+1+6+1)
有高架道路的道路	A-(1+高架部分宽度+1)

③可达性评估。

道路系统与其他防灾空间系统也是息息相关的，各空间系统的功能发挥，都需要借助道路的正常运作方可达成，因此防救灾道路在整体规划上，扮演了最关键性的角色；同时，防灾道路应该要能连接地区重要防救灾空间据点，以发挥灾后救援功能。

连接重要公共防救灾设施的类型包括，重要避难场所、重要指挥设施、重要医疗设施、重要消防设施、重要治安设施、重要物资设施。在进行规划评估时，需要对规划区内每一条的连接公共设施的可达性和便捷度进行评价。

④效率性评估。

疏散道路的效率性是评估道路通畅程度的影响避难行为的速度的特性，因为避难行为是以道路为媒介，而往避难据点移动，越快到达则越安全；城市灾害发生时产生避难行为，疏散的速度越快，也就是越快使居民离开灾区，避难效果越好；因此必须考量避难时的效率，包括道路宽度、人行流的密度、流量、速度等道路空间相关因素。

一般可考虑以下几项指标：

避难道路的有效宽度比：是将避难道路的有效宽度除以道路总宽度而求得的百分比，数值越大代表道路在灾害发生时的通行效率越高。

人行流量：根据人行流理论，以流量为主要因素，对避难道路的有效宽度、面积与地区人口求得密度，一定时间流量越大，代表道路拥挤程度越大。

道路通行时间成本：根据每一条路段的人群步行速度及道路长度来求得，路段旅行成本越小，代表该路段的效用程度越高。

⑤功能性评估。

道路功能性评估比较简易的方法，是以路段中各项影响因素的实质状况为基础，评估路段的功能性。

a. 单一指标检视法。此方法较易于操作，也便于资料的收集，主要的评估指标建立方式包括：街道高宽比、街道建筑物数量、路段人口负荷比、高危险性路段、停车所占道路长度与面积比、道路两侧落物可能性等。

街道高宽比：为沿街建筑物高度（H）与道路宽度（D）的比率。该比例建议以 1~2/3 为适宜。该比值显示出道路空间灾时阻断的概率，若比值过大，在较大火灾发生时，飞灰及坠落物阻断道路的危险性也会较大；地震时，建筑物倒塌将使道路阻塞，妨碍紧急救援机械车辆与设备的通行。

街道建筑物数量：以街道两侧的建筑物数量衡量道路作为灾时通道的危险性。街道两侧建筑物越多，其灾时倒塌影响道路通行的可能性越大。

路段人口负荷比：该指标用以衡量一条路段的疏散效果。若在单位时间内汇集容纳的人车过多，则将不利于避难救援。

高危险性路段：指位于地震带、断层、松软地盘或环境敏感地区；或有高架桥、陆桥横越，以及有危险性较高的地下管线经过的路段。地震容易造成路面断裂、地层下陷而遭阻断无法通行。

停车所占道路长度与面积比例：路边停车是影响灾时避难救援最直接且最重要的因素。因为路内停车会直接影响道路空间，而降低了道路避难救援的能力。

道路两侧落物可能性：地震时除建筑物倒塌外，道路两侧构筑物与建筑物上的设施皆有可能掉落而影响避难救援道路的功能，因此指定为防灾路网的道路，应避免两侧有大量掉落物的情形发生。一般考虑的落物包括有广告牌、建筑物外墙、窗子、空调、电线杆、路灯杆等。

b. 量化评估方法。量化评估的目的在于建立避难防灾功能与影响因素间的函数关系，以变量间的关系建立回归模型，再利用各种量化模式，评估各因素影响避难路段的相关特性。

c. 机率模式。主要是估计各避难路线发生不同损坏程度的机率。可从两个层面进行估计：路面发生损害的机率与损害程度。

地震发生后各路面发生阻碍(如障碍物的掉落发生火灾等)，造成无法通行(或难以通行)的机率。最后，再将两部分估计成果进行复合机率的计算，以估计各避难路线损害的风险。

d. 多准则评估法，评估适当的避难路网，可利用多准则评估方法评选。多准则评估法的应用，主要在于决定各种不同影响因素间的权重，根据各种影响避难路径功能性的准则，确定权重值，做路段评选的依据。

(3)规划设计原则

①设计导则。

疏散道路的规划设计，会因为各区域内道路形式、状况的不同，产生不同的考量因子，主要目标是让居民进行避难行为时，能够沿最小障碍路径安全迅速抵达避难场所。疏散道路路径的设计原则如下：

a. 能安全到达避难场所或安全场所。

b. 疏散路线两侧需连接避难场所与中继站。

c. 与避难场所结合成网络式系统。

d. 从灾害发生地到避难场所所需步行时间最后不要超过一小时，由于灾害发生后要步行逃生会遇到各种阻碍，因此约一小时只能步行两公里左右(若是老弱妇孺则大约 1.5～2km)。

e. 灾害发生时避难道路两旁的建筑物或道路占用物有可能毁损或落下(电线、广告物、招牌、行道树、建筑外墙附属物等)而阻碍避难及减低有效避难宽度，因此一般要求避难疏散道路的宽度大于等于 15m 宽，若是专供行人用的道路，则宽度不小于 10m，通过能力达到 1000人／小时以上。

f. 灾害发生时机动车驾驶员们易慌乱而发生交通事故，而阻碍步行避难人员，因此交通量大的避难道路最后设有行人专用道。

g. 考虑到避难疏散的重要性，因此对避难疏散道路两旁的危险源等均应尽量采取有效防范措施，并逐步消除这些危险源。

②有效空间计算。

影响道路空间避难疏散功能的因素，可包括车道宽度、路边停车格位面积、道路活动人口、道路交通量、道路地下管线、临街建筑物高度、临街建筑物数量、临街建筑物外墙与结构、临街建筑物屋龄高架桥、陆桥、路侧人行道的行人流、路侧土地使用状态、路侧招牌广告等。一般采用道路宽度、电线密度、建筑物高度比、人行道宽度比四种主要指标为代表来进行研究。

a. 车道宽度：车道宽度体现机动车通行能力，对于防灾疏散具有重要意义。

b. 电线密度：考虑电线当成潜在的空中障碍物影响道路净高，或掉落物影响道路空间。电线密度的计算方式以横跨道路上部空间次数除以道路长度计算。

c. 建筑物高度比：单位长度道路两侧沿路建筑物的高度值相加，可考虑作为一项评定避难疏散道路有效空间的指标。该值越大，则疏散道路的有效空间受到的影响越大。

d. 人行道面积比：人行道面积比指单位长度道路内人行道的总面积。人行道沿着路段通常具有不连续的特性，且人行道亦可能仅出现在路段的一侧，或可能在同时出现双侧但两侧宽度不同。该指标可以反映出避难疏散道路上人行道空间的大小。

众多因素都会影响道路疏散空间的质量。灾害发生后道路的状态有可能会改变，而救援车辆需要随时选择合适的救援路线。过去的震灾经验显示，大型救援车辆，如消防车，很难通行一些状况不良的路段，因而无法接近受灾地点。因此，将道路周围的空间细分为多个组成空间，来探讨各部分空间对道路直接、间接的影响。

道路周围的空间的划定，可依实质三维空间位置特性，划分为道路空间和近邻空间。道路空间是指道路面上方、车辆运行的空间。道路宽度基本上决定了道路空间的规模大小，道路宽度是影响紧急运输的重要因素之一，关系着紧急运输能否运行顺利，狭窄的道路将不利于紧急运输的开展。近邻空间是指道路空间周遭的空间。可再细分为上部空间、侧部空间。上部空间位于道路车辆运行空间的正上方。此空间的物体，包括有高架桥、电线等。侧部空间位于道路车辆运行空间的两侧，此空间范围包含人行道、建筑物后退空间等。存在于侧部空间的物体，包含广告招牌、建筑物等。避难疏散道路空间应保持畅通，并避免潜在的物体影响道路空间的质量，例如，上部空间的桥梁及电线塌落、侧部空间建筑物倾倒等，都有可能间接影响道路有效空间。

5.3.2.2　避难空间规划设计

这里涉及的避难场所，是指为灾害发生时临时避险和灾后短期安置而设置或指定的室外空间或建筑，一般为平灾结合。对于这些避难场所，应在其平时功能的基础上，结合人员短期停留和安置的使用需要，进行规划设计。主要内容包括：现状资料收集，规划区内所有开放空间的基本信息，包括名称、位置、用地面积、地形地质、周边道路和建筑设施的情况等；适宜性评估，对所有可供选择的开放空间进行评价，评价因子包括安全性、有效性、可达性、时效性、应急功能性等；避难场所的指定和防灾规划对策的制定，在规划区内对避难场所进行规划布局，并制定有针对性的防灾对策。

（1）适宜性能评价

①安全性。

在避难场所适宜性评价中，各项灾害指标，对于避难场所的适宜性有不同影响。主要的评价指标为各种"灾害潜势"。灾害潜势是指灾害现象发生后，可能引起的城市灾害在空间的分布情形发生机率与受灾程度。主要评估项目包括：地震直接灾害潜势，包括断层、土壤液化潜势、山崩潜势；导致次生灾害潜势，包括震后土壤液化潜势燃气管线灾损潜势等；危险源爆炸影响潜势；涝灾潜势、泥石流潜势；火灾危险度；其他地质灾害潜势，如地层下陷等。

以下将就其中的几种灾害潜势对避难场所的影响和应对措施作简略介绍。

a. 土壤液化潜势，以地震灾害为例，在强烈地震作用下，地表振动和土层破坏是造成建筑物和桥梁损害的重要因素，其中，土壤液化是引致土层破坏的主要原因之一。而土壤液化的发生，主要是因为饱和疏松土层受地震力的作用，孔隙水压上升，有效应力渐趋于零，使土壤由固态变成液态的现象，而造成土壤强度的降低。

由于土壤液化的发生将使液化地区建筑物的基础受到破坏，造成建筑物的倾斜或沉陷，若避难场所位于土壤液化的地区，在地震灾害发生时，将有建筑物倾斜或沉陷的危险，因此有土壤液化危险的避难场所建筑物，可以进行相关土壤的改良，及提供较大的室外开放空间，否则应该寻求更适合的避难场所。

一般而言，土壤液化防治处理方式有下列方法，土壤改良，改变土壤性质，改变地中应力、变形与孔隙水压等影响土壤液化的相关条件。防止液化的方法，各具不同特性及优劣条件，可依实际情况及经济性适当的选择。排水工法，可提高有效应力；夯实工法，可提高砂土的紧密性；化学固结工法，可提高凝聚力，增加地盘支撑力等。

b. 涝灾潜势，涝灾是由于降雨量或来水量超过排水能力，造成局部地区积水的情形，在城市中是相当常见的灾害。对于一些排水不畅、水系不健全的地区，存在涝灾潜势。要保障避难场所在涝灾情况下的安全。要分析各种余量或来水条件下可能积水的区域及积水的高度，以便采取相关的应对措施。

主要的应对措施是调整涝灾潜势区内避难建筑物基础高程及其周边场地高程，减少积水的可能性。应对措施大致分为三类：永久性、临时性和紧急性。永久性措施包括迁移、调升高程、建筑物防渗措施、建筑物防水材料及施工、防洪墙等。临时性措施包括防洪围墙防洪栅栏、门窗部位的封堵等；紧急性措施包括考虑将居留活动空间迁移至建筑高处等。

c. 火灾危险度，是指发生一场火灾的机率，以及一旦发生火灾，其对于生命财产所造成的可能损害。评估的方法有很多种，包括点计划法、逻辑树分析、层级分析法（AHP）、机率型模式、仿真模式与统计型模式等，较常采用的是统计型模式，也就是利用地震相关系数与震后火灾发生分布与特性所建立的统计模式。

d. 燃气管线灾损潜势，是指燃气管线受到地震发生影响，所造成燃气管线的灾损率预测。主要是利用燃气管道的形态与特性，及地震的相关参数，如最大地表加速度、最大地表速度、反应谱速度、永久地表变位及管线与断层线夹角等，所建立的损害模式，来评估地震后燃气管线灾损的情形。由于在日本关东地震中，被服工厂避难场所周围的煤气管线破裂，导致大火辐射热，造成数万人死于避难据点，因此燃气管线灾损对避难据点而言是十分重要的影响因子，在避难空间系统规划时，应审慎考量其所造成的影响。

e. 危险源影响潜势，是指地震发生后，引发存放易燃或易爆物质的场所发生爆炸起火，所造成的影响。城市的危险据点主要是指加油站储油槽、储气站及化学工业据点等具有高度危险性的场所。危险源在平时就应保持高度的警戒，在灾害发生时更应密切的注意。若避难据点临近危险源的影响范围，则避难据点应进行调整或另行规划相关措施来减轻灾害损失。危险源影响范围，根据火灾辐射热的影响范围，在无耐火建造物遮蔽的情况下，至少需要有 250～300m 的安全半径才可以免除危险。

②有效性。

a. 影响因素。

考虑避难场所分布的安全及收容能力，通常以安全有效面积或是平均每人所占面积为评估指标。

调查避难场所内有效的避难面积，并确定有效的收容人数，如公园中的水池，在灾后能否当作饮用水源，地景上的高低变化和周围的灌木、花台，在灾后影响避难，造成负面的影响，所以在避难场所的评估上，应考虑是否有占有物影响有效避难面积，是否影响据点收容面积等问题。

掌握据点内有效收容面积，应详细调查及评估场所周围可能造成有效收容面积缩减的因素，主要有如下几个因素：

开放空间周遭建筑物完全坍塌并覆盖原有可用的空间；开放空间遭放置物品或违建；公共设施开放空间中未开辟完成或施工维护中；开放空间中有地震断层带的穿越，造成地表破坏；开放空间和人行道等被车辆占用；景观设施或植物生长所影响到开放空间的有效面积。

例如，建筑物倒塌或损坏这一因素，我国台湾地区的《都市计划防灾规划手册汇编》规定，建筑物周边3m内为建筑物倒塌或损坏时的影响范围，此面积视为危险区域，将此区域由避难场所总面积中扣除，取得完整可用避难面积（表5-27）。

表5-27　我国台湾地区避难场所有效性评价因子列表

据点层级	影响因子	对防灾的影响力
临时避难场所	1. 儿童游具	据点有效面积需扣除据点内固定设施物
	2. 停车场出口	
	3. 灌木	灌木丛具有阻隔性且不能有效使用其面积
	4. 花台	超过70cm的花台影响进出的便利性
	5. 周边停车	周边停车状况影响出入点的有效宽度、造成人员出入不易
	6. 周边建筑使用分区	周边建筑物使用分区影响实际避难人数多寡
临时收容场所	1. 固定设施物	据点有效面积需扣除据点内固定设施物
	2. 停车场出口	地下停车场设置考虑其可能受震灾影响，仅计算地面层为有效面积
	3. 灌木	灌木丛具阻隔性且不能有效使用其面积
	4. 水池	水池设施虽会减少有效面积，但对于防救灾具有提供消防水或简易饮用水的功能
	5. 儿童游具	
	6. 高架桥	高架桥造成周边地区阻隔性增加
	7. 花台	超过70cm的花台影响进出的便利性
中长期收容场所	1. 灌木丛升旗台	灌木丛具有阻隔性且不能有效使用其面积
	2. 停车场出入口	
	3. 周边停车	周边停车状况影响出入口的有效宽度，造成出入不易
	4. 游具	固定设施物减少开放空间的有效面积
	5. 水池	

b. 评价指标。

由于避难场所需提供大量避难人口来进行避难，避难场所的供给与需求能力成为考量的重点。其中，避难场所本身应具备足够的开放空间，有效地提供避难民众的需求。而由于灾害发生后，避难场所内建筑物的毁损与倒塌，容易造成有效面积的减少，因此也需要将开放空间的比例纳入考量，来衡量避难场所内开放空间在灾时的效用。另外，在避难场所的区位条件上，也应考量可服务的人口数，也就是区位的需求，来衡量避难据点场所的有效性，并借此指定较具有服务效能的场所。在避难场所的有效性指标群上，主要有以下指标。

可容纳避难人数。避难场所本身的可容纳避难人数是避难场所服务能力的重要指标，可供避难人数越多，避难场所设置的效益就越高。在可供避难人数的计算上，是以避难场所有效的开放空间面积除以每人所需避难面积来求得的。

开放空间比。避难场所内建筑物容易因为地震而倒塌，场所内非开放空间比率若过高，在地震发生时可能导致倒塌，造成发生二次灾害的倒塌建筑也将造成有效避难面积的减少，而且若避难场所内开放空间比例高，在使用上也比较容易进行相关的避难救灾设施配置，因此，将开放空间比纳入避难场所适宜性的考核指标中，而且若场所内开放空间比例高，则避难场所的服务能力将可提升。

可服务人口数。由于目前在避难人口的预测上，有许多资料仍然难以取得，因此在避难场所的需求性，则由可服务人口数来代表。避难场所的可服务人口，是指避难半径内的夜间人口数，在灾害发生后，为提供迅速便捷的避难行动，避难据点应邻近避难民众住家，而且在可服务半径内，避难场所可服务的人口越多，避难场所的效用越高，也较符合公平性原则。

③可达性。

a. 评价指标。

避难场所可达性的评价主要通过以下几个因子进行：

便捷性：避难场所至少应连接一条 12m 以上的道路；

替代性：每个避难场所至少应有两条以上的避难道路连接；

连接性：各避难道路彼此应成一完整系统以互相支援；

接近性：考查周边地区至避难场所区的可达程度，如出入口数量、形式与宽度等；

基础设施管线的健全性：在避难场所的选择上，应考虑到后续长期收容与照顾的基础设施管线问题。

b. 出入口设置。

出入口的设置对于提高避难场所的可达性有着至关重要的作用。其技术指标主要包括：出入口数量、出入口总宽度、出入口最大有效宽度、出入口邻接最大道路的宽度、民众认知度、停车场面积等。

出入口数量：应保持双向以上的出入口。

出入口有效宽度：出入口宽度不宜过窄，且出入口周围能不因建筑物倒塌导致避难阻碍。

接邻道路宽度：为方便民众避难速率及救援车辆的进出，出口邻接道路应至少 8m 以上，有效宽度应至少为 4m。

认知度：选择易产生认知的小区环境空间，如中小学、小区公园、机关等。

④时效性。

避难场所的时效性主要考察与消防、医疗等设施的最近距离。

与消防设施的最近距离：消防危险度计算应考量与消防设施的距离；为确保避难场所滞留的安全性，随着防灾上有效的植栽、水池的整备、洒水头、消防栓等消防设施设置。

与医疗设施的最近距离：避难场所应设置临时医疗场所，以配合临时安置的需要，并可依托周边的地区性医疗设施获得支援。

⑤应急功能性。

主要是考察城市中现有可作为避难场所的用地是否配备了应急设施和设备，如(紧急)照明设备、应急灯、自备电源、广播系统、紧急无线电、基本医疗设施、应急药品、帐篷、饮用水、(临时)公共厕所、食品、垃圾场、蓄水池(消防用水)、生活物资临时储存空间、防灾设备(工作用具、搬运工具、破坏工具、工作材料、通信工具、灭火设备等)等，以及这些应急设施设备配备的完善程度，日常维护情况，在紧急状态下是否能够良好运行等。

(2)场所规划设计

①避难场所分类。

根据避难场所[①]的形式，可划分为避难疏散场地和避难建筑两种。避难疏散场地分为应急疏散场地和避难安置场地两类，分别用于灾时应急疏散和灾后城镇居民避难安置。避难疏散场地是指位于建筑物室外，可用于灾时应急疏散和灾后临时安置的露天空旷地带。应急疏散场地是指位于建筑物室外，可用于灾时应急疏散的露天空旷地带。避难安置场地是指位于建筑物室外，主要用于灾后灾民临时安置，设置短期生活所需的居住和必要服务设施的露天空旷地带。

根据避难场所的规模，可划分为大型避难场所、中型避难场所和小型避难场所。

大型避难场所，是指具备居住、医疗救护、抢险救援、物资集散、伤员转运等功能，并配有相应设施的避难场所。中型避难场所，是指具备居住、医疗救护、物资集散等功能，并配有相应设施的避难场所。小型避难场所，是指具备宿住功能，并配有效应基本设施的避难场所。

工业灾害发生突然，终止灾害的时间也短，特别是多发的毒气泄漏事故，紧急避难疏散后，几个小时至多几天灾害威胁消失后，居民即可返回家园。因此，技术灾害避难所多属紧急避难所。而且，城市技术灾害一般发生在化工厂、危险品仓库、低压流体输送管网以及道路上，为技术灾害避难所选址提供依据。

②避难场所设置。

避难场所应避开地震危险地段、泥石流易发地段、滑坡体、悬崖边及崖底、风口、洪水沟口、输气管道和高压走廊、可燃液体、可燃气体储存区、危险化学品仓库区等。避难场所应保证重大灾害影响下的功能使用，各类工程设施的防灾标准应高于当地一般工程。

避难场所应有方向不同的两条以上与外界相通的疏散通道。

大型避难场所应能满足居住、医疗救护、抢险救援、物资集散、伤员转运等功能的要求，

---

① 避难场所，是指为应对突发事件，经规划、建设，具有应急避难生活服务设施，可供居民在灾前或灾后紧急疏散、临时生活的安全场所。其规划设计与建设应坚持与经济建设协调发展、与城镇建设相结合的原则，并贯彻"统一规划、平灾结合、因地制宜、综合利用、就近避难、安全通达"的方针。

并应具备在应急时配备相应设施的条件，服务半径不宜大于 5km，有效避难用地不宜小于 10hm²。

中型避难场所应能满足居住等功能的要求，并应具备在应急时配备相应设施的条件，服务半径不宜大于 2km，有效避难用地不宜小于 2hm²。

小型避难场所应能满足居住等功能的要求，并应具备在应急时配备相应设施的条件，服务半径不宜大于 0.5km，有效避难用地不宜小于 0.3hm²（表 5-28）。

大型避难场所可划分为抗灾救灾指挥机构区救援人员的宿营区、医疗和伤员转运区、抗灾救灾物资仓库区、车辆停车场区、避难宿住区和公共服务区。中小型避难场所可划分为避难宿住区、医疗救助区和公共服务区。

大型防灾避难场所应至少在不同方向上设置 4 个出入口；中小型防灾避难场所应至少在不同方向上设置 2 个出入口。

避难场所内的道路应根据避难场所的规模、功能和现状条件确定路线和分类分级，使避难场所内外联系、安全，避免往返迂回，并能满足消防车、救护车、货车和垃圾车等的通行需要。避难场所内道路分成主通道和次通道两级。需要考虑救援部队、应急医院、应急区域物资储备的避难场所主要通道不小于 15m 宽，其他避难场所主通道不小于 7m 宽，各类场所次通道不小于 4m 宽。尽端式道路的长度不宜大于 120m，并应设不小于 12m×12m 的平坦回车场地。停车场宜设置于避难疏散场地的边缘或外围地区。

避难安置场地内应以宿住区用地为主，集中设置管理设施和粮食物质供应点、结合宿住区组团设置公共卫生服务设施、集中供水设施、诊疗所等设施。

确定为避难安置场地的用地内，应预留、预埋避难安置场地公共卫生服务设施所需要的排水设施、给水设施、供电设施，或具备在避难安置场地中相应位置临时配备应急设施的条件。

中小型避难场所的避难安置场地内，不宜设置救灾指挥中心、救灾车辆停车场、救灾工程机械存放处等抢险救灾设施。大型避难场所内安排上述设施时，其与灾民宿住区之间应设置不小于 20m 的隔离带。

表 5-28　各类避难场所应急设施设置要求

设施类型	开放时间 设施项目	避难场所类型										
		小型			中型				大型			
		紧急	临时	短期	紧急	临时	短期	长期	紧急	临时	短期	长期
驻地	住宿	●	●	●	●	●	●	●	●	●	●	●
	抢险救援队	—	—	—	●	●	●	○	●	●	●	○
	中心医院	—	—	—	—	—	—	—	●	●	●	○
	急救医院	—	—	—	●	●	●	○	—	—	—	—
	救护站	—	○	○	—	—	—	—	—	—	—	—
服务设施	超市	—	—	●	—	●	●	●	—	●	●	●
	饮食	—	—	●	—	—	●	●	—	—	●	●
	医务室	●	●	●	●	●	●	●	●	●	●	●

（续）

设施类型	开放时间 设施项目	避难场所类型										
		小型			中型				大型			
		紧急	临时	短期	紧急	临时	短期	长期	紧急	临时	短期	长期
公用设施	饮水处	●	●	●	●	●	●	●	●	●	●	●
	厕所	●	●	●	●	●	●	●	●	●	●	●
	盥洗室	—	●	●	—	●	●	●	—	●	●	●
	消防	●	●	●	●	●	●	●	●	●	●	●
	标识	●	●	●	●	●	●	●	●	●	●	●
	公用电话	●	●	●	●	●	●	●	●	●	●	●
	垃圾箱	●	●	●	●	●	●	●	●	●	●	●
	淋浴	—	—	●	—	—	●	●	—	—	●	●
	洗衣房	—	—	●	—	—	●	●	—	—	●	●
	停车场	—	—	—	●	●	●	●	●	●	●	●
	自行车存车处	—	●	●	—	●	●	●	—	●	●	●
	停机坪	—	—	—	○	○	○	○	●	●	●	●
管理设施	管理办公室	●	●	●	●	●	●	●	●	●	●	●
	治安机构	●	●	●	●	●	●	●	●	●	●	●
	广播室	●	●	●	●	●	●	●	●	●	●	●
	会议室	—	●	●	●	●	●	●	●	●	●	●
	垃圾站	—	●	●	●	●	●	●	●	●	●	●
	物资储备	○	●	●	●	●	●	●	●	●	●	●
基础设施	应急供电	●	●	●	●	●	●	●	●	●	●	●
	永久供电	○	●	●	○	●	●	●	○	●	●	●
	应急供水	●	●	●	●	●	●	●	●	●	●	●
	永久供水	○	●	●	○	●	●	●	○	●	●	●
	应急食物	●	●	●	●	●	●	●	●	●	●	●
	排污	○	●	●	○	●	●	●	○	●	●	●
	通信	●	●	●	●	●	●	●	●	●	●	●

注："●"表示应设；"○"表示可设；"—"表示不设。

宿住区应设在外部干扰少，适于睡眠和休息的区域，可形成一个完善的、相对独立的整体。

抢险救援宿营地可设置于避难安置场地内，但应与灾民宿住区有明确的边界。抢险救援宿营地的医疗与供给设施可参照宿住区标准进行配置。

医疗救护场地应分为临时急救中心与诊疗所。临时急救中心宜设于城镇中心医院、急救医院内及周边的避难安置场地内，亦可根据需要设置于大中型避难场所的避难安置场地内。诊疗所宜布置在宿住区组团中心。临时急救中心应设在交通便利、适于车辆出入的区域。每处临时急救中心作为一个防火单元，配备消防设施；大型避难场所中的临时急救中心宜设直升机停机坪。

城镇应急疏散场地的服务半径不宜大于 500m。有效避难面积大于 500m² 的城镇道路、广场、运动场、公园、绿地等各类公共开敞空间，均可作为应急疏散场地。

避难场所应按两路电源供电设计，并设自备发电装置。在避难场所内不应安排高压电缆和架空电线穿过，电力线及主路的照明线路宜埋地敷设，架空线必须采用绝缘线。避难场所内应设广播系统。避难场所用电量可按 50~100W/人考虑。广播室内应设置广播线路接线箱，广播播音设备的电源侧应设电源切断装置。

避难场所应按两路水源供水设计，并设自备应急储水装置。生活废水和生活污水应分别排入室外排水沟和化粪池，不得混排；化粪池应与宿住区隔离较远距离；生活水池和储水箱应设置二次消毒。应急储水装置的储水量，应满足避难人员 3 日饮用水需求。人均应急日饮水量可按 5~10L/人·日考虑。避难场所日用水量 50~100L/人·日。

避难场所应设置完整的、明显的、适于辨认和宜于引导的标识系统。各类标识设施宜经久耐用。图案、文字和色彩简洁、牢固、醒目，并便于夜间使用。入口处对外设避难场所铭牌；入口内显著位置设标明避难场所内部各类设施位置和行走路线的标识牌，并说明避难场所使用规则及注意事项。在道路交叉口处设指示牌，指明去往各类设施的方向。各类设施入口处设铭牌。在不宜避难人员进入或接近的区域，应设相应的警示标志牌。

用于避难人员住宿的建筑，应根据可能应对的突发事件进行抗灾设计，其抗灾设防标准应高于公共建筑的一般设计要求。避难建筑宜采用天然采光和自然通风，层数不宜超过 5 层。避难建筑应具备防风、防雨、防晒、防寒等适合居住的条件。避难建筑的安全出口不应少于 2个，安全出口应直接与避难规模相应的集散广场相通。当无集散广场时，应设置集散广场。避难建筑应根据避难人数，在宿住区设置诊疗所、公共卫生间、集中供水处、食品供应处、更衣间、垃圾收集处管理服务站等设施。室内地面应具备防水、防潮、防虫等功能。

5.3.3 消防规划设计技术

5.3.3.1 防护安全间距

（1）热辐射作用

尽管火灾能以多种途径传播，但是当存在空间间隔时。火焰的热辐射是主要威胁因素。下面举例说明评估火焰热辐射安全间距即防火间距设置时的工程计算通用方法与相邻建筑的保护措施。对于两座间距为 6.1m 相向而立的木结构建筑，假定其中一座正对另一座的立面墙（高3.7m，宽 7.6m）被人蓄意点燃形成火灾，如图 5-20 所示，试分析 6.1m 的间距能否保证第二座建筑不被点燃，过程如下。

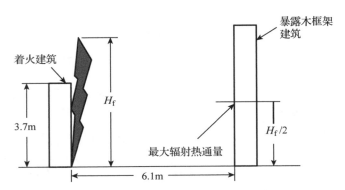

图 5-20　火焰热辐射传播导致火灾蔓延的计算示意图

来源:《工业火灾预防与控制》

①假定最不利的火灾场景。最不利火灾场景为:其中一座建筑与另一座建筑相对的立面墙被人蓄意点燃,并快速燃烧形成火灾。

②确定热释放速率和火焰辐射温度及辐射率。对于 3.7m 高的木质墙火灾,查有关文献可得每米宽火焰的热释放速率($\dot{q_w}''$)约为 1040kW/m²。

③计算火焰高度。对应的火焰高度: $H_f = 0.050(\dot{q_w}'')2/3 = 0.050×10402/3 = 5.1m$。

④计算火焰的辐射功率。查有关手册可知木材燃烧火焰热释放辐射分数为 0.26,则火焰的热辐射功率(即燃烧火焰单位面积上的热释放速率)为:0.26×1040/5.1 = 53kW/m²。此值比使用火焰温度计算所得结果明显小得多。以最低火焰温度 1100K 计算,所产生的辐射功率($E = \varepsilon\sigma T_f^4$,其中 ε 为火焰的发射率,σ 为玻尔兹曼常数,T_f 为火焰温度)为 83kW/m²,比使用热释放速率计算的结果(53kW/m²)大出很多,所以,以火焰温度计算的热辐射功率可用于对防火间距的保守估算。

⑤确定火焰-目标的视角因子。按照平行矩形辐射源的视角因子变化规律,目标(正对着火建筑的另一建筑的立面墙)在火焰半高位置的视角因子为 0.25。

⑥计算目标接受的热辐射通量($\dot{q}''$),计算式为:

$$\dot{q}'' = \Phi E \zeta \qquad (式 5-1)$$

式中,Φ 为视角因子,E 为火焰发射功率,ζ 为空气的透视率。假定大气对热辐射的透射率为 1,则 $\dot{q}'' = 0.25×83 = 20.75 \ kW/m²$。

⑦将 q″的计算结果与辐射目标的临界点燃热通量进行比较,在考虑风对火焰高度和视角因子的影响后,重复上述计算。如果计算的辐射热通量大于点燃或破坏临界热通量,并且防火间距不能增加,这时就要评价采用防火分隔结构或外部水喷淋保护的可靠性。对于 20.75kW/m² 的热通量,远大于许多木材的临界引燃热通量(约为 12 kW/m²),因此,火灾时正对面的建筑可能被引燃,而导致火灾在两建筑之间的蔓延。在此例中,风对结果的影响甚微,因为风只能使高出建筑的火焰发生倾斜,若向辐射目标倾斜,还能增大暴露建筑接受的热通量。因此,在防火间距无法增大的情况下,有必要在两建筑的外墙安装耐火层或使用水喷淋以防止火灾的蔓延。

（2）有毒火羽流

火羽流的扩散范围是确定安全间距的重要因素，在某些场合可能起主导作用。在顺风飘散的火羽流中所含的有毒蒸汽和烟雾颗粒大多数情况下均会导致众多人员的紧急疏散，这样的案例在我国的火灾统计年鉴中很常见，如吉林石化双苯厂爆炸火灾事故，燃烧产生的有毒火羽流导致周边大量居民紧急疏散。

来自燃烧的构件或户外火灾的烟羽流通过卷吸环境空气而快速扩散的同时，还会向上升高顺风飘散。当羽流的半宽等于或大于羽流上升的高度后，羽流的下边缘就达到了地表面。这时随着空气继续混入羽流，羽流中的有毒蒸汽或颗粒物的含量将被逐渐稀释而降低。

一般而言，地面扩散物的两个含量指标决定安全间距或应急疏散距离。一是下限值，即刺激性临界值（对呼吸器官）；二是上限值，即失活极限值（延长暴露时间可能致死亡的极限值）。对于麻醉性毒性气体，如 CO 和 HCN，没有刺激性临界值，其失活极限值就是导致失去知觉的最低值。对于诸如 HCl 这样的刺激性气体，其刺激性临界值是指对应含量能够导致眼睛不适、视线模糊和上呼吸道刺痛等症候。刺激性气体的失活极限值就是刺激性气体导致眼睛和上呼吸道剧痛并伴有大量的眼泪、黏性分泌物和肺水肿的最低含量。可吸入颗粒物（直径不超过 5μm）的失活临界值就是烟粒子发生物力沉积阻塞呼吸道的最低含量。

刺激性和失活临界浓度随个体的年龄和健康状况而变，对于麻醉性毒性气体，还与暴露时间有关。考虑到这些变化，表 5-29 列出了三种常见毒性气体临界值的变化范围。对于颗粒物的临界值也取决于颗粒物的性质和危害对象，即便是惰性颗粒也不能超过 $5g/m^3$。疏散区域的选择应排除介于即时危险浓度（IDLH，通常比失活极限值低一个数量级）与 8 小时重复暴露的临界值（TLV）之间的浓度范围的区域，如美国劳动部对于 8 小时暴露于柴油燃烧颗粒物环境的允许极限浓度为 $160 \sim 400 \mu g/m^3$。

表 5-29　燃烧产物中常见毒性气体的刺激和失活临界值

气体	刺激临界值	失活（暴露 5min）	失活（暴露 10min）
CO	—	$(6000 \sim 8000) \times 10^{-6}$	$(1400 \sim 1700) \times 10^{-6}$
HCN	—	$(150 \sim 200) \times 10^{-6}$	$(90 \sim 120) \times 10^{-6}$
HCl	$(75 \sim 300) \times 10^{-6}$	$(300 \sim 16000) \times 10^{-6}$	$(300 \sim 4000) \times 10^{-6}$

来源：《工业火灾预防与控制》

安全间距或应急疏散距离的估算应满足人员完全处在低于上述临界浓度的安全区域，其估算过程可按下述程序进行。

①估算最不利火灾的热释放速率。

②估算最不利火灾中毒性气体或颗粒物的产率或生成速率。

③根据热释放速率和设定的风速，计算烟羽通量和烟羽高度。

④选择合适的烟羽扩散模型（如高斯模型或其他模型），计算扩散范围和烟羽的浓度分布。

⑤确定从起始点到毒性气体临界浓度对应边界的距离。

⑥如果需要的话，在考虑蒸汽被地表面和建筑物表面吸收后，再重复计算。

（3）易燃蒸汽云

大量泄漏的易燃气体和蒸汽产生的云雾随风飘移并被空气稀释。如果在泄漏现场周边没有点火源，那么蒸汽云顺风扩散且浓度处在燃烧区间所形成的范围即为危险区域。一旦蒸汽云被点燃，处在其中的人员或其他目标就会陷入火焰之中。因此，对于这种泄漏危险，其安全间距就是从泄漏点到下风向可燃气体浓度处在燃烧爆炸下限所在边沿的距离。蒸汽云顺风飘散的范围取决于以下参数。

①蒸汽的泄漏速率或泄漏的总量（如果为瞬时泄漏）。

②蒸汽的温度和分子量。

③风速。

④空气稳定度分级或空气紊流等级。

⑤泄漏点的大小和海拔高度。

⑥泄漏点周边的地理环境。[①]

一旦上述这些参数确定，易燃蒸汽云顺风扩散的范围既可通过计算确定，也可由风洞试验确定。由于大部分易燃气体比空气重，在计算中必须考虑重力扩散的影响，同时考虑重力扩散和大气湍流扩散就得使用计算机进行运算求数值解。

（4）爆炸冲击波

爆炸产生的冲击波的危害范围是确定防爆安全间距的主要依据。一般工业火灾中的爆炸主要有烟花爆炸、压力容器爆炸、蒸汽云爆炸、粉尘爆炸等几种形式。

①理想冲击波，所谓理想冲击波是指爆炸中能量释放非常迅速，释放时间远小于冲击波传播到破坏目标所需时间。这就要求能量释放距离要比冲击波到达目标的距离小得多，如 TNT 等凝聚相炸药爆炸产生的冲击波就是有效的理想冲击波，许多其他类型的爆炸在远离爆炸点的区域内产生的冲击波可以近似看作理想冲击波。

对于理想冲击波而言，冲击波的压力和脉冲随距离与冲击波能量 1/3 次方的比值成正比例变化，从爆炸中心到目标的无量纲距离由下式给出：

$$\bar{R} = R(p_0/E)^{\frac{1}{3}} \qquad \text{（式 5-2）}$$

式中，R 为目标到爆炸中心的距离，m；$\bar{R}$ 为无量纲距离；p_0 为环境大气压力，kPa；E 为冲击波的能量，kJ。

通常冲击波的能量以 TNT 当量表示。其关系式为：

$$WTNT = E/4200 \qquad \text{（式 5-3）}$$

式中，WTNT 为 TNT 当量，kg；E 为冲击波的能量，kJ；4200 为每千克 TNT 的潜能值。

冲击波的计算必须考虑冲击波向外传播的几何形状。球形传播是理想冲击波最简单的几何传播形式，这种形式要求目标与爆炸中心之间没有空间约束和结构障碍，冲击波与结构的相互作用会导致复杂的衍射波和反射波的出现。如果目标表面平行于冲击波的传播方向，作用在目标上的压力即为入射压力，也称侧边压，记为 Ps。如果目标正对冲击波的传播方向，作用在

---

① 包括地形、地貌以及建筑物、构筑物的构型及分布等。

结构表面的峰值压力正好是反射震激之后的压力，记为 Pr。

理想冲击波入射与反射震激超压（压力升高超过大气压的压力）是无量纲距离的函数，如图 5-21 所示。

理想冲击波的正相冲量 I_s 与无量纲距离的关系如图 5-22 所示，图中的纵坐标为归一化的无量纲正相冲量 $\overline{I_s}$，其数学表达式为：

$$\overline{I_s} = I_s a_0 / (P_0^{2/3} E^{1/3})$$ （式 5-4）

式中 a_0 环境空气中的声速，m/s。

与正相冲量相对应的反射震激波冲量 Ir 可按下式计算：

$$I_r = I_s (P_r / P_s)$$ （式 5-5）

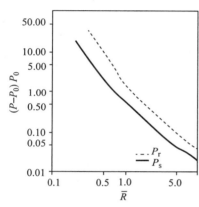

图 5-21 冲击波超压与无量纲距离之间的关系

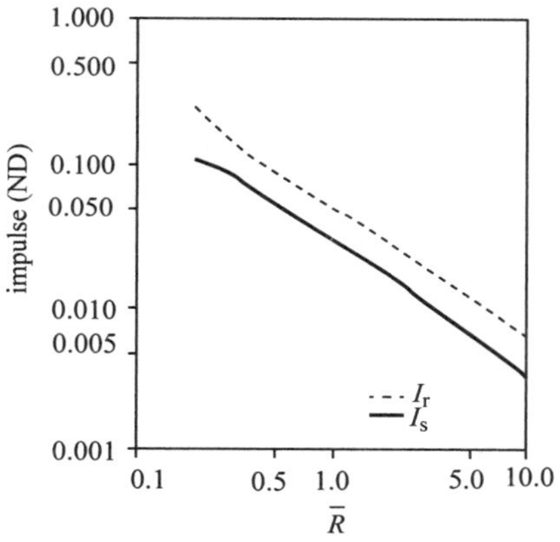

图 5-22 冲击波冲量与无量纲距离之间的关系

来源：《工业火灾预防与控制》

②压力容器爆破，对于内装压缩气体的压力容器，其爆破冲击波能量可由下式给出：

$$E = V (P_1 - P_0) / (\gamma - 1)$$ （式 5-6）

式中，V 为容器的容积；P_1 为容器内的气体压力；P_0 为环境压力；γ 为气体的比热容。应该指出的是，公式（5-5）在某种意义上说偏于保守，其计算结构略大于更为精确的气体膨胀模型所计算的结果。尽管如此，公式（5-5）的计算精度能够满足大部分工程计算的要求。

表 5-30 冲击波破坏与伤害的临界压力与冲量

目标 （结构和人员）	压力 /kPa	冲量 /(kPa·s)	目标 （结构和人员）	压力 /kPa	冲量 /(kPa·s)
窗户平板玻璃： 1.9m² 幅面，5mm 厚 0.8m² 幅面，5mm 厚 0.8m² 幅面，6mm 厚	2.1~4.2 4.2~7.0 7.7~11.2	– – –	木结构框架垮塌	21~31.5	252
			贮油罐撕裂	21~31.5	–
			钢结构建筑	31.5~51.1	
			混凝土墙	42~63	

（续）

目标 （结构和人员）	压力 /kPa	冲量 /(kPa·s)	目标 （结构和人员）	压力 /kPa	冲量 /(kPa·s)
屋顶木托架，4m 跨度	3.5	–	3m 高卡车倾覆	2.1	770
砖墙-轻度损毁	4.9	112	人被击倒	3.5~10.3	–
砖墙-重度损毁	14	301	耳膜破裂临界值	35	49
木栓墙，2.3m 高	7	7	50%的耳膜破裂	105	154
薄金属板翘曲	7.7~12.6	–	肺损伤临界值	70	2380
侧木板失效	7.7~12.6	–	99%致命性肺损伤	350	13580
煤渣空心砖墙失效	12.6~20.3	–			

来源：《工业火灾预防与控制》

如果压力容器内盛装的是液化气体，其液态凝聚相突然膨胀释放的能量等于其内能的变化，即：

$$E = m(u_1 - u_2) \tag{式 5-7}$$

式中，m 为液体的质量；u_1 和 u_2 分别是液体膨胀前和瞬时膨胀到环境压力后的内能。

液态凝聚相的膨胀过程通常假设为等熵过程，这样的简化处理所得内能（E）趋于保守。关于液化气体的热力学性质，很多有关热力学的文献和手册上都可查到，在此不再赘述。

在压力容器爆破实验中所测得的爆炸冲击波压力通常小于具有相同能量的理想冲击波的压力。在爆破容器附近冲击波压力差很明显，但是，当无量纲距离超过 0.2 后，这个差值就小到可以忽略。

容器爆破冲击波的正相冲量见图 5-23 中标识为 I_{vb} 的曲线。对于给定的无量纲距离（$\bar{R}$），I_{vb} 要明显大于固态凝聚相爆炸冲击波冲量 I_s，这是因为压力容器爆破中能量释放时间比固态凝聚相爆炸的能量释放时间长。

③蒸汽云爆炸，在蒸汽云范围内，如果按理想冲击波考虑，将高估蒸汽云爆炸的峰值压力，而低估其冲量和正相周期。已有按非理想冲击波进行计算的报道，但是，计算中需要对火焰传播速度或加速度进行经验判断。蒸汽云外围冲击波的有效能量可以近似按理想冲击波进行估算。在大多数工程计算中，有效能量的估算值范围为总能量的 1%~5%，主要取决于可燃气体的反应能力和蒸汽泄漏场景。蒸汽云的泄漏场景应考虑蒸汽云的扩散范围和形状、蒸汽的浓度分布、建筑和设施的阻碍等基本要素。

④通风道气体和粉尘爆炸，在室内爆燃性爆炸导致压力升高，但没有冲击波，因为在整个空间内任意时刻的压力几乎都是均一的，也就是说，压力是逐步升高的，而不是以震激波的形式上升。

如果室内能够自主通风或事故时能够通风，冲击波会在室外形成并在周围大气中传播，室内向外通风口正常方向的峰值压力可由下式确定：

$$\frac{P_d}{P_m} = \frac{k}{k + \frac{d}{\sqrt{A_v}}} \qquad (式 5\text{-}8)$$

式中，P_d 为离通风道距离为 d 处的峰值压力；P_m 为室内最大压力；A_v 为室内爆炸通风道面积；k 为经验常数，其值在 0.8 ~ 1.7，使用 1.7 与大比例试验的结果符合更好。

在工厂的选址布局中，在有可能的爆炸源存在的条件下，首先要辨识爆炸源的位置和爆炸强度（理想冲击波的强度），然后计算冲击波峰值压力（或超压）并判断该值是否超过保护目标遭受破坏的临界值。如果冲击波压力能够对保护目标造成显著破坏，就必须采取增加安全间距、加固保护目标或树立合适的遮蔽物等方法，降低冲击波的危害。下面举例说明冲击波压力的计算在工程设计中应用。

某工厂拟在距附近烟花厂的爆炸品仓库 200m 的地点选址建造新建筑。已知爆炸品仓库储存有 500kg 的烈性炸药，其爆炸潜能值为 5000kJ/kg，试确定哪种类型的建筑结构能够抵抗烟花厂最不利爆炸产生的冲击而不受明显破坏。

所能产生的最大爆炸冲击波能量 E = 500×5000 = 25×10⁵ kJ = 25×10⁸N·m，代入公式（5-2）可得到无量纲距离：

$$\bar{R} = (200m)\left[\frac{(10^5 N/m^2)}{(25 \times 10^8 N \cdot m)}\right]^{\frac{1}{3}} = (200m)(0.0342m^{-1}) = 6.84$$

对照图 5-24，无量纲距离为 6.84 对应的入射冲击波超压比为：

$$(P_s - P_0)/P_0 = 0.031$$

同样由图 5-23 可得出对应的反射冲击波超压比为：

$$(P_r - P_0)/P_0 = 0.062$$

因此，在距爆炸中心 200m 的建筑正对冲击波的立面所需抵抗的超压为：

$$\Delta P = P_r - P_0 = 0.062 \times 101000Pa = 6262Pa$$

按照表 5-37 中所列数据，超压达到 6262Pa 时，能够大面窗户的平板玻璃，如果正相冲量超过 1.1×10⁵Pa·m·s 时，还能对砖墙结构产生小幅破坏。按照图 5-25，无量纲距离 6.84 对应的冲击波归一化的入射冲量为（$\bar{I_s}$）0.005，代入公式（5-4）可得入射冲量：

$$I_s = \bar{I_s}\frac{(P_0^2 E)^{\frac{1}{3}}}{a_0} = 0.005(10^{10}N^2 \cdot m^{-4} \times 25 \times 10^8 N \cdot m)^{\frac{1}{3}}/(330m \cdot s^{-1}) = 44.3kPa \cdot m \cdot s$$

在相同距离点，反射冲击波冲量（I_r）约为 I_s 的两倍，因此，I_r = 88.6kPa·m·s，此值仅为砖墙产生小幅破坏临界值的 20%。

根据上面的计算结果，可以得出如下结论：在安全间距或者防火间距（200m）保持不变的条件下暴露建筑，特别是正对烟花厂的建筑立面墙，应选用比普通砖墙具有更好抗冲击性能的建筑结构，若选用钢结构墙或混凝土墙，即使面对最不利爆炸产生的冲击波，仍具有较大的安全裕度。

在实际选址布局工作中，采用冲击波波阵面进行分析也很实用。每条波阵面代表所处位置的入射冲击波的峰值压力，如果把爆炸源看成一个点，那么每条波阵面就形成以爆炸点为中心的闭合圆圈。如果爆炸源可以是某以区域内(如某一建筑物)的任意点,那么,每条波阵面就是以该区域为中心形成的闭合轨迹。图 5-24 是围绕某一矩形爆炸区域(如生产厂房)形成的峰值压力分别为 0.3kPa 和 0.1kPa 的两条闭合波阵面。

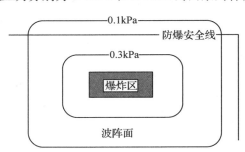

图 5-23　生产厂房爆炸冲击波波阵面

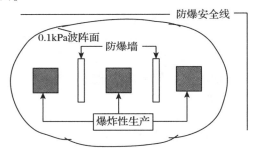

图 5-24　爆炸厂房重新设计后爆炸冲击波波阵面

来源:《工业火灾预防与控制》

在图 5-24 所示的厂房爆炸例子中,0.1kPa 的波阵面已超出工厂防爆安全距离。显然图中的选址布局方案不能通过建筑消防审核,要将具有破坏峰值压力的波阵面降到安全线以内,最基本的方法是通过减少爆炸物的数量降低冲击波能量,从而缩小具有破坏压力的波阵面范围来实现。在实际工作中,工厂可以将具有爆炸危险性的大车间分割成多个独立的小车间(如一分为三)从而减少每个生产单元的爆炸性原料的储量,在独立的生产单元之间通过设置防爆墙进行分隔,防止某一单元发生爆炸而触发相邻生产单元中敏感爆炸物的殉爆。如图 5-26 所示,将图 5-26 中的爆炸区一分为三,三个独立的生产单元之间采用防爆墙进行分隔。这样,冲击波波阵面压力与距离的关系为:具有相同压力的波阵面,在冲击波能量减少到 1/3 时,波阵面离爆炸中心的距离将变成原来的 (1/3)1/3 = 0.693 倍。这样,图 5-25 中 0.1kPa 的波阵面就将退回到分布安全线以内,如图 5-26 所示。

其他类型的工业爆炸也可按此方法进行分析讨论。有时同一工厂可能出现多个不同的爆炸,从而形成风险波阵面(risk contour)。冲击波的风险波阵面为封闭曲线,曲线代表所在地点出现指定冲击波强度的概率。例如,假设爆炸每年出现的概率为 10^{-5},进一步假定由于危险品运输卡车在车间装卸爆炸品时发生的爆炸具有相同的概率,由于第二种爆炸的位置和强度可能不同,因此冲击波的波阵面也不相同。但是,两种爆炸中产生的 0.1kPa 的波阵面就能合起来表示每年发生概率为 10^{-5} 的风险波阵面。

(5)规范和标准

我国的国家标准《建筑设计防火规范》(GB50016—2006)对厂房之间以及与其他建(构)筑物之间的防火间距给出了具体规定(表 5-31)。

在工业建筑中除厂房外,仓库的选址规划也要充分考虑防火间距的要求,特别是对储存具有甲、乙类火灾危险物品的仓库,必须与其他建(构)筑物保持足够的防火间距。在 GB50016—2006 中也专门对仓库的防火间距给出了具体的规定,不同仓库与其他建(构)筑物之间的防火间距分别见表 5-32、表 5-33 和表 5-34。

表 5-31　厂房之间及其与乙、丙、丁、戊类仓库、民用建筑等的防火间距(m)

名称			甲类厂房	单层和多层乙类厂房(仓库)	单层和多层丙、丁、戊类厂房(仓库) 耐火等级			高层厂房(仓库)	民用建筑 耐火等级		
					一、二级	三级	四级		一、二级	三级	四级
甲类厂房			12.0	12.0	12.0	14.0	16.0	13.0	25.0		
单层和多层乙类厂房			12.0	10.0	10.0	12.0	14.0	13.0	25.0		
单层和多层丙、丁类厂房	耐火等级	一、二级	12.0	10.0	10.0	12.0	14.0	13.0	10.0	12.0	14.0
		三级	14.0	12.0	12.0	14.0	16.0	15.0	12.0	14.0	16.0
		四级	16.0	14.0	14.0	16.0	18.0	17.0	14.0	16.0	18.0
单层和多层戊类厂房		一、二级	12.0	10.0	10.0	12.0	14.0	13.0	6.0	7.0	9.0
		三级	14.0	12.0	12.0	14.0	16.0	15.0	7.0	8.0	10.0
		四级	16.0	14.0	14.0	16.0	18.0	17.0	9.0	10.0	12.0
高层厂房			13.0	13.0	13.0	15.0	17.0	13.0	13.0	15.0	17.0
室外变、配电站变压器总油量/t		≥5 且 ≤10	25.0	25.0	12.0	15.0	20.0	12.0	15.0	20.0	25.0
		>10 且 ≤50			15.0	20.0	25.0	15.0	20.0	25.0	30.0
		>50			20.0	25.0	30.0	20.0	25.0	30.0	35.0

注:a. 乙类厂房与重要公共建筑之间的防火间距不宜小于 50.0m。单层与多层戊类厂房之间及其与戊类仓库之间的防火间距可按本表的间距减少 2.0m,为丙、丁、戊类厂房服务而单独设立的生活用房应按民用建筑确定,与所属厂房之间的防火间距不应小于 6.0m。

b. 两座厂房相邻较高一面的外墙为防火墙时,其防火间距不限,但甲类厂房之间不应小于 4.0m。两座丙、丁、戊类厂房相邻两面的外墙均为不燃烧体,当无外露的燃烧体屋檐,每面外墙上的门窗洞口面积之和各小于等于该外墙面积的 5% 且门窗洞口不正对开设时,其防火间距可按本表的规定减少 25%。

c. 两座一、二级耐火建筑的厂房,当相邻较低一面外墙为防火墙且较低一座厂房的屋顶耐火极限不低于 1.00h,或相邻较高一面外墙的门窗等开口部位设置耐火极限不低于 1.20h 的防火门窗或防火分隔水幕或按本规范第 7.5.3 条的规定设置防火卷帘时,甲、乙类厂房之

间的防火间距不应小于 6.0m;丙、丁、戊类厂房之间的防火间距不应小于 4.0m。

d. 变压器与其它建筑物之间的防火间距应从其外壁算起,发电厂内的主变压器其油量可按单台确定。室外变配电构架旁可燃材料堆场液体储罐(甲、乙、丙类)、可燃气体或液化

石油气储罐以及甲、乙类厂房不宜小于 25.0m,距其它建筑物不宜小于 10.0m。

e. 耐火等级低于四级的原有厂房,其耐火等级可按四级确定。

来源:《建筑设计防火规范》(GB50016—2006)

表 5-32　甲类仓库之间及其与其他建筑物、明火或散发火花地点、铁路等的防火间距(m)

名称		甲类仓库及其储量/t			
		甲类存储物品第 3 项、第 4 项		甲类存储物品第 1 项、第 2 项、第 5 项、第 6 项	
		≤5	>5	≤10	>10
重要公共建筑		50.0			
甲类仓库		20.0			
高层仓库		13.0			
民用建筑、明火或散发火花地点		30.0	40.0	25.0	30.0
其它建筑	一级、二级耐火建筑	15.0	20.0	12.0	15.0
	三级耐火建筑	20.0	25.0	15.0	20.0
	四级建筑	25.0	30.0	20.0	25.0
系统电力电压为 35~500kV 且每台变压器容量在 10MV·A 以上的室外变、配电站,工业企业的变压器总油量大于 5t 的室外降压变电站		30.0	40.0	25.0	30.0
厂外铁路线中心线		40.0			
厂内铁路线中心线		30.0			
厂外道路路边		20.0			
厂内道路路边	主要	10.0			
	次要	5.0			

　　注:甲类仓库之间的防火间距,当第 3、4 项物品储量小于等于 2t,第 1、2、5、6 项物品储量小于等于 5t 时,不应小于 12m,甲类仓库与高层仓库之间的防火间距不应小于 13m。

　　来源:《建筑设计防火规范》(GB50016—2006)

表 5-33　乙、丙、丁、戊类仓库之间及其与民用建筑之间的防火间距(m)

建筑物类型		单层、多层乙、丙、丁类物品仓库			单层、多层戊类物品仓库			高层物品仓库	甲类厂房
	耐火等级	一、二级	三级	四级	一、二级	三级	四级	一、二级	一、二级
单层、多层乙、丙、丁、戊类物品仓库	一、二级	10.0	12.0	14.0	10.0	12.0	14.0	13.0	12.0
	三级	12.0	14.0	16.0	12.0	14.0	16.0	15.0	14.0
高层物品仓库	一四级级	13.0	16.0	18.0	13.0	16.0	18.0	13.0	15.0
民用建筑	一、二级	10.0	12.0	14.0	6.0	7.0	9.0	13.0	25.0
	三级	12.0	14.0	16.0	7.0	8.0	10.0	15.0	
	四级	14.0	16.0	18.0	9.0	10.0	12.0	17.0	

　　注:a 单层、多层戊类仓库之间的防火间距,可按本表减少 2m;

　　　b 两座仓库相邻较高一面外墙为防火墙,且总占地面积小于等于本规范第 3.3.2 条 1 座仓库的最大允许占地面积规定时，其防火间距不限；

c 除乙类第 6 项物品外的乙类仓库，与民用建筑之间的防火间距不宜小于 25m，与重要公共建筑之间的防火间距不宜小于 30m，与铁路、道路等的防火间距不宜小于表 3.5.1 中甲类仓库与铁路、道路等的防火间距。

来源：《建筑设计防火规范》（GB50016—2006）

表 5-34　粮食筒仓与其他建筑之间及粮食筒仓组与组之间的防火间距（m）

名称	粮食总储量/t	粮食立筒仓			粮食浅圆仓		建筑物的耐火等级		
		≤40000	>40000 且 ≤50000	>50000	≤50000	>50000	一、二级	三级	四级
粮食立筒仓	500~10000	15.0	20.0	25.0	20.0	25.0	10.0	15.0	20.0
	>10000 且 ≤40000						15.0	20.0	25.0
	>40000 且 ≤50000	20.0					20.0	25.0	30.0
	>50000	25.0					25.0	30.0	
粮食浅圆仓	≤50000	20.0	20.0	25.0	20.0	25.0	20.0	25.0	
	>50000	25.0					25.0	30.0	

注：a. 当粮食立筒仓、粮食浅圆仓与工作塔、接收塔、发放站为一个完整工艺单元的组群时，组内各建筑之间的防火间距不受本表限制；

b. 粮食浅圆仓组内每个独立仓的储量不应大于 10000t。

来源：《建筑设计防火规范》（GB50016—2006）

5.3.3.2　消防规划设计

（1）消防给水设计

水是工业火灾最主要的灭火介质，消防给水的便利性和可靠性是控制和扑灭火灾的重要保证，工厂在选址布局中必须充分考虑消防给水的设计要求。

①一般性规定，理想的厂址应该有足够的供水能力满足消防用水的需要[1][2]。

②消防用水量、消火栓和消防给水管道，为了增加消防给水的可靠性，在设计消防用水量时，应根据工厂、仓库和油罐区的规模合理估计可能同时发生的火灾次数和一次灭火的用水量来计算建筑室外用水量。GB50016—2006 对不同工厂、仓库和储罐区同一时间可能出现的火灾次数和一次灭火的室外消火栓用水量给出了具体的规定（表 5-35、表 5-36）。

---

[1] 《建筑设计防火规范》（GB50016—2006）明确规定，建筑物的消防给水必须作为建筑设计的内容之一同时设计，消防用水的供给源包括城市给水管网、天然水源和消防水池，其中天然水源的保证率不应小于 97% 且设置的取水设施应可靠。

[2] 在采用高压或临时高压给水系统进行室外消防给水的情况下，当用水总量达到最大且水枪在任何建筑物的最高处时，水枪的充实水柱保证不小于 10.0m，这是对管道供水压力的要求。当采用低压给水系统进行室外消防给水时，从室外设计地面算起室外消火栓栓口处的水压不应小于 0.1MPa。

表 5-35 工厂、仓库、堆场、储罐(区)和民用建筑在同一时间内的火灾次数

名称	基地面积/ha	附近居住区人数/万人	同一时间内的火灾次数/次	备注
工厂	≤100	≤1.5	1	按需水量最大的一座建筑物(或堆场、储罐)计算
		>1.5	2	工厂、居住区各一次
	>100	不限	2	按需水量最大的两座建筑物(或堆场、储罐)之和计算
仓库、民用建筑	不限	不限	1	按需水量最大的一座建筑物(或堆场、储罐)计算

注:采矿、选矿等工业企业当各分散基地有单独的消防给水系统时,可分别计算。
来源:《建筑设计防火规范》(GB50016—2006)

表 5-36 工厂、仓库和民用建筑一次灭火的室外消火栓用水量(L/s)

耐火等级	建筑物类别		建筑物体积 V/m8 13 0 8 5 3 6					
			V≤1500	1500<V≤3000	3000<V≤5000	5000<V≤20000	20000<V≤50000	V>50000
一、二级	厂房	甲、乙类	10	15	20	25	30	35
		丙类	10	15	20	25	30	40
		丁、戊类	10	10	10	15	15	20
	仓库	甲、乙类	15	15	25	25	—	—
		丙类	15	15	25	25	35	45
		丁、戊类	10	10	10	15	15	20
	民用建筑		10	15	15	20	25	30
三级	厂房或仓库	乙、丙类	15	20	30	40	45	—
		丁、戊类	10	10	15	20	25	35
	民用建筑		10	15	20	25	30	—
四级	丁、戊类厂房或仓库		10	15	20	25	—	—
	民用建筑		10	15	20	25	—	—

来源:《建筑设计防火规范》(GB50016—2006)

消防水管一般采用局部或全厂性的独立的消防给水管道。消防水压应保证消防水量最大、最远、最不利点的消火栓所需的灭火供水压力。消防给水管道宜采用环状管网,其输水干管不宜少于两条,当一条发生故障或检修时,另一条的供水量应不少于用水量的 70%,且不得小于最低消防供水流量。

室外消火栓应沿道路两边设置，设置数量由消火栓的保护半径和消防用水量确定，且在环状管网段，每段的数量不得超过 5 个。低压给水管网的室外消火栓保护半径不宜超过 120m，每个消火栓出水量一般按 15L/s 设计。露天生产装置的消火栓宜在装置四周设置，当装置宽度大于 120m 时，可在装置内的道路两边增设。带架水枪宜设置在石油化工装置周围，设置地点带架水枪的水柱能达到被保护的部位[①]。

③消防给水的可靠性。

在很多火灾案例中，由于消防给水系统故障，火灾时供水减少或中断，直接导致火灾损失的增大。市政管网破裂维修、消防水泵未能及时启动、天然水源和消防水池缺水等是造成消防给水故障的主要因素，因此，在选址布局阶段对本地消防给水的可靠性进行评估是非常有必要的。按照国外的经验，市政供水管网可靠性评价通常有两种方法：一是参照可靠性指南（或相关设计规范）规定；二是采用可靠性概率理论分析。可靠性指南（或相关规范）规定了消防供水可靠余量的最低要求。例如，若以水量充足的大型河流、湖泊作为消防水源，并铺设两条相互独立的消防给水管道（不同的取水口和独立的消防泵），对于具有高火灾风险的工厂，也可认为能够满足可靠性最低要求。同样，如果选择两个相互独立并各自设有泵站的地面水源，只要水源不出现干涸或冻结现象，也可认为能够满足可靠性最低要求。如果选择与市政供水管网分支末端相连的单一供水管道作为消防水源，则认为不可靠，同样地选择地面单一水源和单一泵站作为消防给水，也认为不可靠。此类不可靠的设计能否被采纳，主要取决于工厂本身火灾风险的大小，具体而言，取决于预期的火灾频率和一旦发生火灾时供水故障导致的最大火灾损失。

可靠性概率理论的应用主要以事故树分析为基础。例如，美国有学者对本国某国家实验室的消防给水系统的可靠性进行事故树分析，得出的结果是当发生火灾时消防给水不能正常供水的概率（不可靠性）为 3.6×10^{-4}。分析认为，提高该实验室供水可靠性的方法是在三座消防水箱都安装水位传感监测器，而不是仅只使用一个。同时安装三个水位监测器，系统不能供水的概率将大大减小。

如果主管道的破裂为市政供水管网的主要故障模式，那么，利用公开出版的有关供水管道破裂的频率数据就可对供水的可靠性进行量化分析。表 5-37 列出了北美地区几个主要城市市政供水管网主管道破裂频率数据。有关主管道发生渗漏的统计数据很难获得，但有研究认为主管道发生需要修复的渗漏的频率（f_l）与破裂频率（f_b）的比值约为 0.29。主管道发生渗漏和破裂的频率（f_{bl}）就可用破裂频率乘上 1.29 进行估算，这样，主管道供水失效的概率为：

$$P = f_{bl}Lt_r \qquad\qquad （式 5-9）$$

式中，L 是从水源到工厂连接处供水干管的长度，km；t_r 是发生渗漏破裂的平均修复时间，年。

---

① 易燃、可燃液体罐区和液化石油气罐区的消火栓应设在防火墙外，室内消火栓的距离不大于 50m，宜设置在明显易于取用的地点，栓口离地面高度为 1.2m。根据工艺特点设置消防水幕，隔绝露天生产装置中的易燃易爆气体与火源接触和防止火源扩散。

表 5-37　北美地区主要城市市政管网主管道破裂频率数据

城市	主管道破裂次数 /$(km^{-1} \cdot y^{-1})$	城市	主管道破裂次数 /$(km^{-1} \cdot y^{-1})$
波士顿	0.058	旧金山	0.170
芝加哥	0.086	华盛顿	0.186
洛杉矶	0.067	温尼伯湖(加拿大)	2.816
曼哈顿	0.272		

注：表中 y 表示年。
来源：《工业火灾预防与控制》

至于市政供水干管失效概率多高时才会明显影响工厂的消防安全？对这个问题可能有多种回答，其中之一是将干管供水失效概率与工厂自动喷水系统的失效(未能控制火灾)概率进行比较，如果干管供水失效概率大于自动喷水系统的失效概率时，就可认为将对工厂的消防安全产生明显影响。

（2）本地消防力量

工厂选址所在地的消防力量对工厂的整体消防安全水平具有重要的影响。评价消防力量强弱的相关因素有：①用于火灾报警及调度指挥的消防通信设施现状；②灭火救援装备配置水平；③接警出动速度；④执勤备战训练水平。此外，周边地区可能的增援力量、消防队结合工厂实际(工厂的平面布局、固定消防设施等)制定的灭火预案这些非物因素也应该加以考虑。

关于选址需要考虑的另一个重要因素是消防队接警后到达现场的时间，我国城市消防规划一般要求公安消防站接警到达辖区边缘的时间不超过15min。此外，我国的消防法明确规定火灾危险性较大、距离公安消防队较远的大型企业应建立企业专职消防队，以确保企业的消防安全。

（3）本地环境影响

①地震。如果选址处于地震多发区，对于水喷淋等固定消防系统的安装则需要有特殊要求，以达到与建筑物具有同样的抗震能力。其中，要求建筑结构对水喷淋管网支撑应采用柔性连接。在地震多发区另一个比较重要的工业火灾危险是地震时贮罐和管道可能发生的易燃气体或液体的泄漏，因此，对这些贮罐和管道设计安装也应有抗震的特别要求。

②极端气象温度。选址地区过低或过高的气象温度也会导致特殊的消防安全问题。在摄氏零度以下的气温中，需要对消防水箱和充水的消防管网进行保温或采用干式灭火系统，以防冻裂。不过，干式灭火系统虽然造价相对不贵，但系统的可靠性和有效性则相对要低。

环境气象温度过高有可能引起某些物质的自燃。如果气温超过贮存易燃液体的闪点，则需要采取必要的技术措施防止燃烧或爆炸发生，高温的另一个危害是可能导致感温报警系统的误报。

③排水。如果选址不当，工厂排水系统的缺陷将导致火灾扑救时废水的积涝或对水源的污染。2005 年 11 月 13 日吉林石化双苯厂的火灾爆炸事故发生后，灭火废水和泄漏的原料直接流入松花江水体造成严重的水污染事故，教训深刻。

5.4 沿海化工园区工业防灾规划技术方法应用

本节以天津南港工业区为例，来探讨相关研究方法的应用。

5.4.1 案例概况与总体消防布局

南港工业区作为天津市"双城双港"空间战略发展的重要组成部分，将打造为"世界级重、化工业基地和港口综合体"，作为参与国际重化工业竞争的新基地①。南港工业区的发展定位导致其易燃易爆等危险化学物品的生产、储存比较集中，火灾风险大、危害性大。迫切需要一套科学完整的消防专项规划来指导区内消防基础设施建设，保证规划的生产、生活安全，为规划区经济建设提供安全保障。

5.4.1.1 规划项目概况

（1）区位分析

天津南港工业区位于滨海新区东南部，距北京、天津市中心区和天津港的距离分别为165km、45km 和 20km。东西跨度 18km，南北进深 10km②。

（2）自然条件

南港工业区位于天津市滨海新区，工业区自然条件为大港区的自然条件。

①地形地貌。

整个规划区的陆域部分地形平坦开阔，全部为平缓的滩涂和盐碱地。海域部分滩涂资源极为丰富，海上 0m 等深线离海岸线约 5km；−1m 等深线离海岸线 6~7km；−2m 等深线离海岸线 8~9km；−5m 等深线距离海岸线 15~16km。

②气候条件。

气温。一年中 1 月份平均气温最低，为零下 4.9℃；7 月份平均气温最高，为 26.3℃。总体来说，秋季平均气温高于春季③。

降水。工业区年平均降水日数为 55 天，年平均降水量 593.6 毫米。降水主要集中在 6—9 月份，平均降水 491.5 毫米，占全年总降水量的 84%。降水量多集中在夏季，以 7 月份最多，平均平均值 232.3 毫米；秋季多于春季，冬季最少。全年降水量分布由南向北递减。

日照。工业区地处中纬度，晴天多于阴天，全年晴天 244 天至 283 天，年平均日照 2618.9 小时，日照百分率平均 60%。月日照时数以 4—6 月最长，11 月至来年 2 月份最短。总辐射量以 5、6 月份最大，11、12 月最小。

---

① 化工生产具有易燃、易爆、有毒、有害、腐蚀性强等特点，较其他工业有更大的危险性. 在生产过程中常伴随着高温、高压氧化、还原等化学反应. 一旦失控，其火灾和爆炸的危险性相对于其他企业要大，后果也往往比较严重。

② 北与独流减河右治导线北面新建的防波堤相接，向西到达津歧公路，南部靠近青静黄河左治导线，东至海水等深线约−4 米处。南、北边界的具体位置需同步进行河口防洪综合评价等验证。总规划用地面积约 200 平方公里，包括 38 平方公里的航道港池水域面积和 162 平方公里的成陆面积。已有的陆域面积约 40 平方公里，还需填海面积约 122 平方公里。成陆面积中含有现有陆域上的油气开采区面积约 14.5 平方公里，不能作为建设用地，因此实际规划建设用地面积约为 147.5 平方公里。

③ 年平均气温为 12.1℃，最高平均气温为 12.9℃，最低平均气温为 11.6℃。

湿度。工业区年平均绝对湿度11.3%，平均相对湿度65%。每年以7、8月份平均相对湿度最大，达到80%；1—5月份最小，为57%。

风象。工业区位于季风气候区，东、夏季形成不同的风向。常风向为南向、频率为11.97%；次常风向为东向、频率为11.08%；强风向为东向、最大风速为19.7米/秒。本区域全年各项平均风速为4.43米/秒，其中东向平均风速最大，为6.51米/秒。本区域冬季多西北向风，夏季多东南向风，春秋季多西南向风，台风出现频率较少。

③水文地质。

潮流。工业区所在海域海水综合水质为二类，海水PH值7.0~8.5。海流以潮流为主，余流很小。潮流为不规则半日潮流，运动形式为往复流，涨潮流速略大于落潮流速。潮流一般每日两潮，滞后45分钟，一般涨潮时间为6小时，退潮时间为6小时22分钟，最大潮差可达4米，一般潮差为2~3米。

海冰。工业区沿海常年冰期3个月，1月中至2月中为盛冰期。沿岸固定冰宽度在500m以内，冰厚10~25km。流冰范围20~20km，方向多为东南—西北向，平均流速30cm/s。

地质。大港区处于华北平原东部，地质构造单元属于黄骅坳陷的中部，自北向南处于板桥凹陷和北大港构造带及岐口凹陷的北部。近海域是典型的淤泥质海岸，岸滩坡降平缓，岸线稳定。大港区地震基本烈度为7度，但由于本工业区日后围海造陆面积较大，建议相关单位进行地震灾害专项研究，确定建筑抗震设防烈度等参数。

（3）建设概况

天津南港工业区总体发展定位、总体发展结构和分期建设安排内容见表5-38，一期空间结构如图5-25所示。

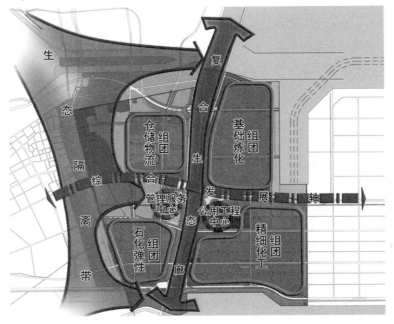

图5-25 天津南港工业区总体用地结构分析

来源：《天津南港工业区一期消防专项规划（2009-2020）》

表 5-38　天津南港工业区规划建设概况一览表

总体发展定位	包括功能	相关阐释
世界级重、化工业和港口综合体	世界级重、化工业基地	依托国内充足的市场需求,打造强大的以石化、冶金、装备制造为核心的重、化工业生产基地,参与世界重、化工业竞争
	与北港区共同构建北方国际航运中心	近期构建工业港区,远期承载天津北港区散货港口功能转移
	区域产业带动枢纽	建立区域通道,以核心产业链环节为龙头,形成天津南部产业拓展轴,形成上下游产业整体带动效应
世界级重、化工业和港口综合体	国家循环经济示范区	建立南港工业区内部物质与能量的循环关联系统,形成"资源–产品–再生资源"的反馈式循环经济流程

总体发展结构	结构分析	相关阐释
一区、一带、一轴、五园	一区	南港工业区,世界级重、化产业基地,国家循环经济示范区
	一带	在南港工业区西侧,沿津岐公路和光明大道之间建设宽约 1 公里的生态绿化防护隔离带,考虑南港工业区发展重化产业的功能定位和化工区安全防护,设置隔离带形成大港油田生活区之间的绿色生态屏障
	一轴	公共交通及生产配套服务轴
	五园	五大产业园。包括石化产业园,面积约 80 平方公里;冶金装备制造园,面积约 24 平方公里;综合产业园,面积约 25 平方公里;港口物流园,面积约 30 平方公里;公用工程园,面积约 3.5 平方公里。

分期建设安排	建设年限	规划建设面积	发展产业
一期	2009~2012 年	规划成陆面积 84.5 平方公里,实际建设用地面积 70 平方公里	石化类产业
二期	2013~2016 年	规划用地面积 47 平方公里	冶金装备制造产业和综合产业
三期	2016~2020 年	规划用地面积 30.2 平方公里	港口物流业和仓储业

一期定位	发展目标	空间结构
世界级化工产业基地;国家循环经济示范区;北方经济新增长极	构建以石油储备、基础炼化、精细化工和有机新材料产业为主导,以承载重大产业项目为重点,逐步形成资源能源循环利用、可持续发展的石化产业示范基地	一带、一廊、一轴、两心、四组团

来源:参考《天津南港工业区一期消防专项规划(2009–2020)》,笔者自绘

（4）规划概况

①规划范围与期限。

本次规划范围为天津市南港工业区一期用地范围，四至范围为：东至西港池，南接南港高速，西临津歧路，北邻北穿港路。规划总用地面积约 87km²（不包括西港池），可用地面积约 70km²。

本次消防规划期限与工业区分区规划同步，为 2009—2020 年，近期规划至 2013 年，远期规划至 2020 年。

②规划层次及作用。

在分区规划指导下，消防专项规划对工业区消防安全布局和公共消防基础设施建设制定总体部署和具体安排，从而指导工业区控制性详细规划的编制及管理控制，保证消防设施在工业区的土地利用规划中的落实。本次消防专项规划的基本目的，是为工业区的招商引资创造良好的投资环境①。

③规划原则、依据和目标。

a. 规划依据。

《中华人民共和国城乡规划法》（2008.1.1 施行）

《中华人民共和国消防法》（2009.5.1 施行）

《城市规划编制办法》（2006.4.1 施行）

《城市消防通信指挥系统设计规范》（GB50313-2000）

《城市消防站建设标准》（2006）

《石油化工企业防火设计规范》（GB50160-2008）

《危险化学品安全管理条例》（2002.3.15 施行）

《石油库设计规范》（GB50074-2002）

《城市消防规划规范》（2009.3 审定稿）

《城市道路设计规范》（CJJ37-90）

《天津市消防条例》（2009）

《天津市城镇消防规划编制审批办法》（2003.12.26 施行）

《天津市危险化学品安全管理办法》（2008.11.1 施行）

《天津市城市总体规划》（2005-2020）

《天津滨海新区城市总体规划》（2005-2020）

《天津南港工业区分区规划》（2009-2020）

《天津市滨海新区基础设施专项规划——消防规划》（2007-2020）

《危险化学品经营企业开业条件和技术要求》（GB18265-2000）

《化工企业总图运输设计规范》（GB50489-2009）等

---

① 预防火灾的发生，最大限度地减少火灾损失，为工业区生产提供安全保障。增强工业区的防灾救灾能力，增强职工的安全感。在特殊情况下，如战争、地震发生时，工业区消防人员及装备则是反空袭、抗地震灾害的重要应急救援力量。

b. 规划原则。

坚持"预防为主、防消结合"的工作方针，落实 "科学合理、技术先进、经济实用"的规划原则。

陆地、空中、水上消防协调发展，公安消防和企业消防互相补充。

近期与远期相结合，统一规划、合理布局、分期实施。

c. 规划目标。

从法规层面控制南港工业区消防体系及设施整体建设，着力构建"共建、共担、共享"的现代化消防机制，构建国际一流，国内领先的消防体系，为把南港工业区打造成为"世界级重、化工业基地和港口综合体"参与国际重化工业竞争新基地提供安全保障。

以宪法和消防法为依据，本着服务于天津南港工业区社会经济建设，维护社会稳定和人民生命财产安全的基本思想；

充分研究天津南港工业区发展定位及入驻项目的特点，贯彻"预防为主，防消结合"的方针，结合工业区建设和发展的总体需要，努力做到"区内消防基础设施建设与工业区开发建设统一规划、同步发展"；

本着突出重点，合理布局；统一规划，分期实施；统筹安排，协调发展的原则，努力达到工业区总体布局的消防安全要求、消防站布置、消防给水、消防车通道、消防通信及消防装备等规划更趋合理；

坚持统一规划，分步实施的原则，着力提高工业区防火、灭火和处置特种灾害事故的整体能力，增强消防部队应急救援的快速反应能力，坚持科技强警，优化消防装备结构，为工业区经济建设和人民生命财产安全提供可靠保证。

④消防指标。

安全布局达标。所有入驻工业区的企业与相邻企业之间的消防安全间距以及企业内部各类建筑物或构筑物之间的消防安全间距必须符合规范标准。

队站选址科学。工业区规划的各级各类消防队站的选址应科学合理，一是保证事故发生时不影响消防队站使用；二是要保证在执行消防应急救援任务时队伍能在规定的时间内达到事故现场。

装备配置一流。各级各类消防队站配置的消防装备种类应齐全，且装备的功能达到国内外一流水平，保证事故时装备使用的专业性、高效性。

应急指挥一体。工业区内公安、企业消防站在事故时应统一指挥调度，并构建工业区一体化的消防报警、接警、调度、指挥的应急平台，同时与工业区其他相关部门(如安监、环保、交通、公安、医疗等)的应急工作平台整合，保证信息资源的共享，形成一体化的综合应急响应系统。

⑤规划对策。

依据工业区分区规划的发展目标，确定消防系统近、远期建设的规划发展水平。引进目前国内外消防建设管理的先进理念、设施配置原则的先进思想，通过本规划，构建保障有力、反应迅速的现代化海、陆、空三位一体的消防体系。本次规划的技术路线为：

首先，在结合上位规划和相关专业规划的基础上，根据南港工业区主导产业特点、产业布局情况及人口密度条件，从区域角度分析南港工业区的消防安全问题并科学确定火灾风险类别，结合南港工业区发展定位，明确未来的消防建设总体目标。其次，针对各区域火灾风险分类情况，根据火灾特点，结合防火灭火要求，对南港工业区消防安全布局、各种消防设施的等级、布局等从立体空间上统一协调、合理安排，并对消防水源、消防通信等生命线系统的保证率和消防车通道、避灾疏散通道等提出控制要求。最后，结合南港工业区开发进程对消防设施作出相应的建设安排，并提出科学先进的消防监督管理措施。

⑥项目现状。

a. 现状项目概况（指目前基本确定进入工业区的项目）。

南港工业区①的招商引资取得丰硕成果，相继与陶氏化学、法液空等500强企业签署协议，中俄东方炼化、蓝星新材料、中石化储备库、LG-卡塔尔大乙烯等大型龙头项目引进工作也取得积极进展。目前，南港工业区的在谈产业项目已达30多个，投资额超过280亿美元，建成后产值可达2700亿元。具体项目情况见表5-39。

表 5-39　天津南港工业区大型项目引进情况一览表

序号	项目名称	项目性质（原料或产品）
1	陶氏化学化工物流中心	经营液体化工品仓储物流业务，总吞吐量约900万吨液体化工品。物流设施包括液体化工品储罐区；化工铁路罐车装卸和拆编设施；化工公路罐车装车和装桶设施。
2	大唐国际热电项目	建设 IGCC 热电项目，一期2台40万吨热电设备（备用2台可扩线），可供应发电量48亿度，蒸汽880万吨/小时，甲醇100万吨，硫磺1.8万吨。
3	中兴能源天津产业基地	建设粮油及生物能源产业基地，以及进行海外农业项目开发投资。
4	天津东港石油滨海仓储加工项目	仓储加工基地，主要包括3万立方米储罐4个，1.5万立方米储罐6个，5000立方米储罐10个，完成后成品油库容21万立方米，液体化工库容5万立方米，整体库容达26万立方米。
5	中俄东方石油炼化一体化项目	建设1500万吨/年炼油和120万吨/年乙烯裂解一体化项目。
6	中石化原油储备库项目	建设320万立方米国家原油储备库，320万立方米商业原油储备库，100万立方米商业成品油储备库。
7	蓝星化工基地项目	建设40万吨/年有机硅单体、160万吨/年催化裂解（DCC）、90万吨/年芳烃分离、30万吨苯酚丙酮、14万吨/年液体蛋氨酸（AT88）、20万吨/年 TDI/MDI/（1.5万吨/年 ADI）、20万吨/年离子膜烧碱、石油焦制氢（8.7Nm3/h）、9.5万吨/年硅油、硅橡胶项目等12个项目。

---

① 南港工业区目前基础设施建设快速推动，截至2009年9月底，已累计完成围海面积28平方公里，陆域土回填面积18.5平方公里，吹填面积6平方公里，创造了全国同类区域中填海造陆最快速度，同时水、电供应设施已建成并投入使用。

（续）

序号	项目名称	项目性质（原料或产品）
8	LG、渤化、卡塔尔石油公司 120 万吨/年乙烯项目	建设 120 万吨/年乙烯裂解项目，原料进口 C4（LPG）280 万吨/年和 75 万吨/年石脑油。
9	TOTAL 润滑油和油品仓库项目	建设达到 10 万吨/润滑油，3 万立米油品仓库。
10	法液空工业气体项目	生产 N_2、O_2、H_2、Ar 等工业气体。
11	中国华电热电及煤化工项目	建设热电联产和大型煤化工综合项目。
12	中石油天然气原油储备库项目	建设为中俄东方石油炼化一体化项目配套的 100 万立方米商业原油储备库。
13	美国 OLAUGHLIN 香料定香剂项目	主要生产五种香料定香剂。
14	天津北方石油公司石化物流基地	建设 80 万立米油品化工品储罐。最终达到 100 万立米库容。
15	天津泰达蓝盾集团油库项目	油库库容达到 80 万立方米。
16	东莞宏川集团化工供应链项目	建设全方位的专业液态化工品一站式化工供应链项目，形成 86.7 万立米库容，年吞吐量 1000 万吨。
17	中石化天津分公司化工仓储物流项目	为百万吨乙烯配套储运。一期建设 5 万立方米储罐，二期 8.3 万立方米，三期 13.9 万立方米储罐
18	中石化天津分公司聚碳酸酯项目	产 26 万吨/年聚碳酸酯（PC），属中石化天津分公司与 SABIC 已合资建设的乙烯项目的下游产品。
19	海水淡化厂、水厂	工业区公共或公用设施
20	污水处理厂	
21	燃气调压站	
22	地铁车站	
23	管理服务中心	
24	医院	
25	变电站	
26	停车站	

来源：《天津南港工业区一期消防专项规划（2009-2020）》

其他落地项目将逐步开始建设，目前落地项目①布局如图5-26所示。

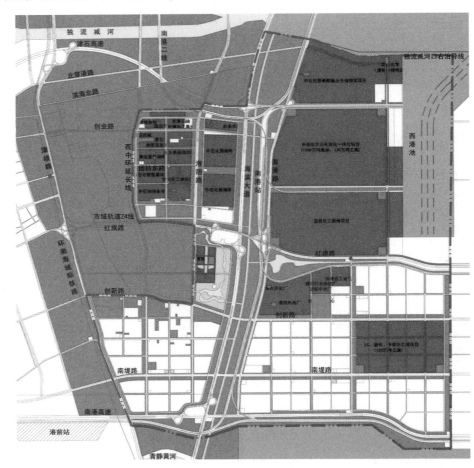

图 5-26　天津南港工业区一期落地项目布局

来源:《天津南港工业区一期消防专项规划(2009-2020)》

b. 现状落地项目火灾风险等级。

根据《石油化工企业设计防火规范》(GB50160-2008)及《建筑设计防火规范》(GB50016-2006)火灾危险性分类标准，针对工业区入驻企业的性质(使用原料或产品的特点)，分析得出现状落地化工项目的火灾风险性类别(表5-40)。

———————————

① 目前南港工业区首个内资项目天津泰达蓝盾集团南港80万立方米油库项目和首个外资项目天凯时代(天津)化工公司项目标准厂房项目已经开工建设，成为南港工业区打下的第一根桩基，标志着南港工业区的开发建设进入新的阶段。南港工业区全部建成后，累计总投资额预计将达8000亿元，可实现产值1万亿元，工业增加值3500亿元，利税2000亿元，创造直接就业岗位约20万个。

表 5-40　天津南港工业区现状落地化工项目火灾风险类别

序号	项目名称	火灾风险性
1	陶氏化学化工物流中心	甲类液体
2	大唐国际热电项目	甲 B 类液体、乙类固体
3	中兴能源天津产业基地	甲类液体
4	天津东港石油滨海仓储加工项目	甲 B 类液体
5	中俄东方石油炼化一体化项目	甲 A 类液体、甲类气体
6	中石化原油储备库项目	甲 B 类液体
7	蓝星化工基地项目	甲类气体
8	LG、渤化、卡塔尔石油公司 120 万吨/年乙烯项目	甲类气体
9	TOTAL 润滑油和油品仓库项目	甲类液体
10	法液空工业气体项目	甲类气体
11	中国华电热电及煤化工项目	甲类气体、甲类液体
12	中石油天然气原油储备库项目	甲 B 类液体
13	美国 OLAUGHLIN 香料定香剂项目	使用原料为甲 B 类液体
14	天津北方石油公司石化物流基地	甲类液体
15	天津泰达蓝盾集团油库项目	甲类液体
16	东莞宏川集团化工供应链项目	甲类液体
17	中石化天津分公司化工仓储物流项目	甲类液体
18	中石化天津分公司聚碳酸酯项目	丙类固体

来源：《天津南港工业区一期消防专项规划（2009-2020）》

5.4.1.2　总体消防布局

（1）主要布局原则

①区内生产、储存易燃易爆化学物品的工厂、仓库必须与人员密集的公共建筑、车站、码头等保持规定的防火安全距离。

②区内企业布局应根据企业的危险性大小进行分类布局，高风险企业与低风险企业应通过防护绿地或人工河道分隔开，便于消防力量的配备和管理。

③区内相邻企业之间遵循上下游物料互供原则，形成产业循环链，从而降低物料运输的危险性和成本。

④采取设置事故水池措施，保证消防后排放的污水不影响其他水体水质。

⑤区内水系不应直接与外部水系连通，应通过设置水闸形式隔断。保证化工企业对水体水质的影响控制在工业区内，而不影响外部水体水质。

⑥在满足消防安全间距的基础上，最大限度提高土地集约化利用。

（2）火灾风险等级

①用地性质。

工业区用地除道路、绿化和水系用地外，其他用地构成主要为工业用地、公共设施用地、市政公用设施三类。具体用地见表5-41。

表5-41　天津南港工业区规划一期用地性质

用地性质	面积（公顷）	备　注
公共设施用地	35	工业区管理服务中心(包括医疗中心、消防支队等公共建筑)
工业用地	2847	石油、化工相关企业用地
物流仓储用地	508	石油、化工物资仓储用地
码头作业用地	245	石油、化工物资装卸用地
市政公用设施用地	290	给排水、电力、燃气、热力、通信设施用地
油气开采预留	116	油井用地

来源：《天津南港工业区一期消防专项规划(2009-2020)》

②火灾等级划分。

工业区内工业用地、公共设施用地、市政公用设施用地均为对消防安全有较高防火要求、需要采取相应重点消防措施、配置相应消防装备和警力的重点消防地区。

针对工业区工业用地内各类石油化工企业的火灾特点及火灾风险类别，规划出甲类火灾风险区和乙类火灾风险区两类火灾等级区域；对于公共设施用地和市政公用设施用地区域，主要是行政管理、车站、商业、广播电视、交通、运输、电信通讯、供水、供电、供气等城市保障设施集中区域，虽然为重点消防区域，但是相对化工企业的火灾特点，该区域的火灾影响相对小，且火灾容易扑救。所以把公共设施用地和市政公用设施用地区域规划为乙类火灾风险区。

针对码头作业区域，根据西港池港口利用规划（图5-27），西港池西侧码头为液体化工及油品泊位作业区，东侧为装备制造业岸线作业区，南侧为通用泊位作业区。根据各作业区性质及物品火灾风险特点，把液体化工及油品泊位作业区规划为甲类火灾风险区，通用泊位作业区和装备制造业岸线作业区规划为乙类火灾风险区。

对于未确定项目的地块，如石化弹性组团区域，精细化工组团区域、仓储区及港口部分区域，根据内部水系及防护绿地分割隔特点，在相应区域规划出甲类火灾风险区和乙类火灾风险区，对今后入驻项目作出指导（图5-28）。

图 5-27　天津南港工业区西港池港口利用规划图
来源：《天津南港工业区一期消防专项规划（2009–2020）》

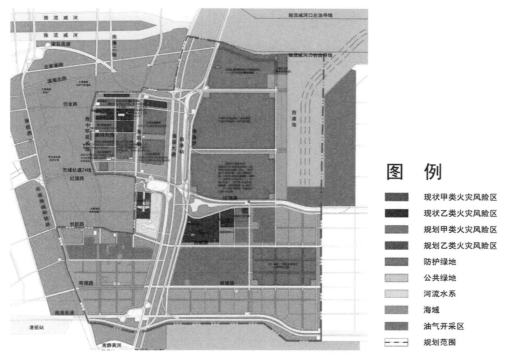

图 5-28　天津南港工业区一期规划火灾风险等级规划
来源：《天津南港工业区一期消防专项规划（2009–2020）》

（3）具体布局要求

①工业区蓝星新材料项目在生产过程中会用到光气等有毒有害气体，而该项目用地处在一期用地范围的中心位置，对主导风向下风向的一期精细化工组团内企业和红旗路该项目用地地段规划的地铁车站影响较大。为此，从消防安全考虑，该项目光气装置不宜放在该地块内，建议另行选址。新址应在专项风险影响评估的基础上择优选择，同时新址应满足以下要求：

位于区域常年主导风向下风向，且所有光气项目宜采用集中布局方式。

在 500m 半径范围内无居民，在大于 500m 的安全防护距离范围内不准兴建居住区、商业区等，零散居民不应超过 200 人；

装置与交通要道的安全防护距离不应小于 500m；

光气及光气化生产装置应集中布置在厂区的下风侧并自成独立生产区，该装置与厂围墙的距离不应小于 100m。

光气及光气化生产装置应满足下表所示安全防护距离，并符合表 5-42 规定。

表 5-42 光气及光气化生产装置安全防护距离

序号	装置系统光气(折纯)总量(kg)	安全防护距离(m)
1	小于 3000	1000
2	3000~5000	1500
3	大于 5000	2000

来源：《天津南港工业区一期消防专项规划(2009-2020)》

②石油化工企业与相邻工厂或设施的防火间距应满足表 5-43 规定。

表 5-43 石油化工企业与相邻工厂或设施的防火间距(m)

相邻工厂或设施		防火间距				
		液化烃罐组(罐外壁)	甲、乙类液体罐组(罐外壁)	可能携带可燃液体的高架火炬(火炬筒中心)	甲、乙类工艺装置或设施(最外侧设备外缘或建筑物的最外轴线)	全厂性或区域性重要设施(最外侧设备外缘或建筑物的最外轴线)
居区、公共福利设施、村庄		150	100	120	100	25
相邻工厂(围墙或用地边界线)		120	70	120	50	70
厂外铁路	国家铁路线(中心线)	55	45	80	35	—
	厂外企业铁路线(中心线)	45	35	80	30	—
国家或工业区铁路编组站(铁路中心线或建筑物)		55	45	80	35	25

（续）

相邻工厂或设施		防火间距				
		液化烃罐组（罐外壁）	甲、乙类液体罐组（罐外壁）	可能携带可燃液体的高架火炬（火炬筒中心）	甲、乙类工艺装置或设施（最外侧设备外缘或建筑物的最外轴线）	全厂性或区域性重要设施（最外侧设备外缘或建筑物的最外轴线）
厂外公路	高速公路、一级公路（路边）	35	30	80	30	—
	其他公路（路边）	25	20	60	20	—
变配电站（围墙）		80	50	120	40	25
架空电力线路（中心线）		1.5 倍塔杆高度	1.5 倍塔杆高度	80	1.5 倍塔杆高度	—
I、II 级国家架空通信线路（中心线）		50	40	80	40	
通航江、河、海岸边		25	25	80	20	—
地区埋地输油管道	原油及成品油（管道中心）	30	30	60	30	30
	液化烃（管道中心）	60	60	80	60	60
地区埋地输气管道（管道中心）		30	30	60	30	30
装卸油品码头（码头前沿）		70	60	120	60	60

注：a. 本表中相邻工厂指除石油化工企业和油库以外的工厂；

b. 括号内指防火间距起止点；

c. 当相邻设施为港区陆域、重要物品仓库和堆场、军事设施、机场等，对石油化工企业的安全距离有特殊要求时，应按有关规定执行；

d. 丙类可燃液体罐组的防火距离，可按甲、乙类可燃液体罐组的规定减少 25%；

e. 丙类工艺装置或设施的防火距离，可按甲乙类工艺装置或设施的规定减少 25%；

f. 地面敷设的地区输油（输气）管道的防火距离可按地区埋地输油（输气）管道的规定增加 50%；

g. 当相邻工厂围墙内为非火灾危险性设施时，其与全厂性或区域性重要设施防火间距最小可为 25m。

来源：《石油化工企业设计防火规范》（GB50160-2008）

③石油化工企业与同类企业及油库的防火间距应满足表 5-44 规定。

表 5-44　石油化工企业与同类企业及油库的防火间距

项目	防火间距（m）				
	液化烃罐组（罐外壁）	甲、乙类液体罐组（罐外壁）	可能携带可燃液体的高架火炬（火炬中心）	甲乙类工艺装置或设施（最外侧设备外缘或建筑物的最外轴线）	全厂性或区域性重要设施（最外侧设备外缘或建筑物的最外轴线）
液化烃罐组（罐外壁）	60	60	90	70	90
甲、乙类液体罐组（罐外壁）	60	1.5D（见注2）	90	50	60
可能携带可燃液体的高架火炬（火炬中心）	90	90	（见注4）	90	90
甲乙类工艺装置或设施（最外侧设备外缘或建筑物的最外轴线）	70	50	90	40	40
全厂性或区域性重要设施（最外侧设备外缘或建筑物的最外轴线）	90	60	90	40	20
明火地点	70	40	60	40	20

来源：《石油化工企业设计防火规范》（GB50160-2008）

④油库的安全要求，区内大型油库必须与周围居民区、企业、铁路、主要公路等保持不小于表 5-45 的间距要求。

⑤液化石油气储存基地安全要求，液化石油气储罐与明火、散发火花作业等场所的防火间距见表 5-46 规定。

⑥天然气设施等的消防要求

天然气门站周围应设立 30m 的防火隔离带，门站内应设 4M 宽的环形消防通道，并应有 2 个对外的出入口。在门站生产区应设置 2.2M 非燃烧体的实体围墙，以防止燃气扩散和外部火种溅入。

天然气门站内建筑要求：有爆炸危险的厂房考虑足够的泄压面积并设室内不发火花地坪。站内主要建筑物的通道宽度、楼梯形式、耐火等级、用电设备等均应严格执行《建筑设计防火规范》GB50016—2006 等的相关规定。在火灾危险较大的场所应按照《建筑灭火器配置设计规范》GBJ140—90 的要求配置相应的消防器材。

天然气门站的消防用水：门站内应设不小于 1000m³ 的消防水池一个。

天然气管道消防要求：天然气应进行加臭处理，以保证天然气泄露时能被及时发现，及时处理，输气干管应设置监控设施。

燃气调压站或调压装置与建、构筑物防火间距不应小于表 5-47 要求。

表 5-45　石油库与周围公建、工厂企业交通线等的安全距离(m)

序号	名称	石油库等级				
		一级	二级	三级	四级	五级
1	居住区及公共建筑物	100	90	80	70	50
2	工矿企业	60	50	40	35	30
3	国家铁路线	60	55	50	50	50
4	工业企业铁路线	35	30	25	25	25
5	公路	25	20	15	15	15
6	国家一、二级架空通信线路	40	40	40	40	40
7	架空电力线路和不属于国家一、二级的架空通信线路	1.5 倍杆高	1.5 倍杆高	1.5 倍杆高	1.5 倍杆高	1.5 倍杆高
8	爆破作业场地(如采石场)	300	300	300	300	300

　　注：a. 序号 1-7 的距离，应从石油库的油罐区或装卸区算起，有防火堤的油罐区应从防火堤中心算起，无防火堤的地区油罐应从油罐算起，装卸区应从建筑物或构筑物算起。

　　b. 对于三、四级石油库，当单罐容量不大于 000 立方米时，序号 1、2 的距离可减少 25%；当石油库仅储存丙类时，序号 1、2、5 的距离可减少 25%。

　　c. 居住区包括石油库的生活区。四级石油库的生活区可建在石油库行政管理区内，并不受本表距离的限制。

　　d. 对于电压 35 千伏以上的电力线路，序号 7 的距离除应满足本表要求外，且不应小于 30 米。

　　来源：《石油库设计规范》(GB50074-2002)

表 5-46　液化石油气储罐与明火、散发火花等的防火间距(m)

总容量(M3) 防火间距(M) 名　称		≤10	11-30
明火、散发火花地点		30	35
办公、生活用房		25	25
重要公共建筑		30	35
气化间、混合间、调压室、仪表间、值班室等非明火建筑		12	15
供气化器使用的煤气热水炉间		12	15
道路	主　要	10	10
	次　要	5	5

　　来源：《建筑设计防火规范》(GB50016-2006)

表 5-47　燃气调压站和调压装置与建筑物、构筑防火间距（米）

设置形式	调压器入口燃气压力级别	距建筑物	距重要公共建筑	距轨道、电车轨道	距公路路边	距电力架空线
地上独立建筑物	高压（A）	10.0	30.0	15.0	8.0	1.5 倍杆高
	高压（B）	8.0	25.0	12.5	6.5	
	中压（A）	6.0	25.0	10.0	5.0	
	中压（B）	6.0	25.0	10.0	5.0	
地下独立建筑物	中压（A）	5.0	25.0	10.0	5.0	1.5 倍杆高
	中压（B）	5.0	25.0	10.0	5.0	
	低　压	—	—	—	—	
毗邻用气建筑物	中压（A）	—	—	10.0	4.0	1.5 倍杆高
	中压（B）	—	—	10.0	4.0	
	低　压	—	—	10.0	4.0	
墙上式用户检压箱	中压（A）	—	—	6.0	2.0	—
	中压（B）	—	—	6.0	3.0	
	低　压	—	—	6.0	4.0	

来源：《建筑设计防火规范》（GB50016-2006）

⑦汽车加油站的安全要求，汽车加油站的油罐应符合国家标准，以防汽油渗漏到市政管网。汽车加油站与周围设备，建、构筑物的安全距离应符合表 5-48 规定的要求。

表 5-48　加油站、油罐与周围建、构筑等的安全距离（米）

序号	名称 加油站等级 油罐敷设方式			一　级		二　级		三级
				地下直埋卧式罐	地上卧式罐	地下直埋卧式罐	地上卧式罐	地下直埋卧式罐
1	明火或散发火花的地点			30	30	25	25	17.5
2	重要公共建筑物			50	50	50	50	50
3	民用建筑及其他建筑	耐火等级	一、二级	12	15	10	12	5
			三级	15	20	12	15	10
			四级	20	25	14	20	14
4	主　要　道　路			10	15	5	10	不限

（续）

序号	名称	加油站等级 油罐敷设方式	一 级		二 级		三级
			地下直埋 卧式罐	地上卧 式罐	地下直埋 卧式罐	地上卧 式罐	地下直埋 卧式罐
5	架空通信线	国家一、 二级	1.5 倍 杆高	1.5 倍 杆高	1.5 倍 杆高	1.5 倍 杆高	不应跨越 加油站
		一般	不应跨越 加油站	不应跨越 加油站	不应跨越 加油站	不应跨越 加油站	不应跨越 加油站
6	架空电 力线路		1.5 倍 杆高	1.5 倍 杆高	1.5 倍 杆高	1.5 倍 杆高	不应跨越 加油站

来源：《汽车加油加气站设计与施工规范》（GB50156-2002）

⑧油气井与周围建（构）筑物、设施的防火间距见表 5-49。

表 5-49　油气井与周围建（构）筑物、设施的防火间距（m）

名称		自喷油井、气井	机械采油井
一、二、三、四级石油天然气站场储罐及甲、乙类容器		40	20
100 人以上的居住区、村镇、公共福利设施		45	25
相临厂矿企业		40	20
铁路	国家铁路线	40	20
	工业企业铁路线	30	15
公路	高速公路	30	20
	其他公路	15	10
架空通信线	国家一、二级	40	20
	其他通信线	15	10
35 千伏及以上独立变电所		40	20
架空电力线	35 千伏以下	1.5 倍杆高	
	35 千伏及以上		

注：a. 当气井关井压力或注气井注气压力超过 25MPa 时，与 100 人以上的居住区、村镇、公共福利设施及相邻厂矿企业的防火间距，应按本表规定增加 50%。

b. 无自喷能力且井场没有储罐和工艺容器的油井按本表执行有困难时，防火间距可适当缩小，但应满足修井作业要求。

来源：《石油天然气工程设计防火规范》（GB50183-2004）

⑨专用车站、码头的布局要求，装运液化石油气和其他易燃易爆化学物品的专用车站、码头必须布置在港区的独立安全地段，且与其他码头之间的距离不应小于最大装运船舶长度的两倍，距主航道的距离不应小于最大装运船舶长度的一倍，并应设在其他码头的下游。

⑩电厂和变电所的消防要求，区内电厂和变电站的设计要符合《火力发电厂与变电站设计

防火规范》(GB50229—2006)的要求。

电厂厂区内主厂房区、罐区应设置环形消防车道，其他重点防火区域宜设置消防车道，消防车道宽度不小于4.0m。厂区出入口不小于2个。

电厂厂区围墙内建(构)筑物与围墙外其他工业或民用建(构)筑物的间距，应符合《建筑设计防火规范》(GB50016—2006)的规定。

变电站内的建(构)筑物与变电站外的民用建(构)筑物及各类厂房、库房、堆场、贮罐之间的防火间距应符合现行国家标准《建筑设计防火规范》GB50016的有关规定。

⑪锅炉房与其他设施消防要求，锅炉房不应与住宅相连，也不得与甲、乙类及使用可燃液体的丙类火灾危险性房间相连，若与其他生产厂房相连时，应采用防火墙隔开①。工业区内其他相关设施也应满足与周边企业或建筑的消防安全要求。

5.4.2 消防队站与设备规划

规划指导思想：构建海、陆、空三位一体的消防保障体系；按照高、中、低火灾危害等级上规划相应等级的消防站；建立公安、企业等多种形式的消防组织，构建"共建、共担、共享"的消防机制。

5.4.2.1 消防支队规划

(1)消防等级

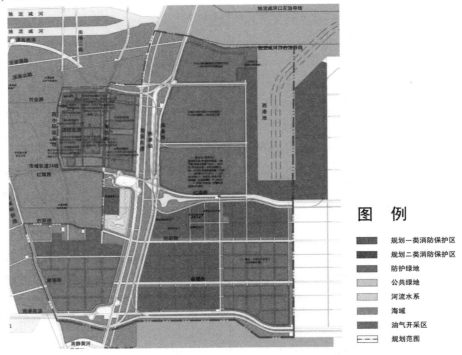

图 5-29 天津南港工业区一期消防等级规划图
来源：《天津南港工业区一期消防专项规划(2009—2020)》

---

① 《建筑设计防火规范》(GB50016—2006)

　　根据工业区火灾风险等级划分，把工业区消防保护等级划分为一类消防责任保护区和二类消防责任保护区(图 5-29)。其中，一类消防责任保护区为工业区内甲类火灾风险项目所在地块为，如油库集中的起步区、陶氏化学仓储、中石化仓储、中俄东方石油、蓝星新材料、卡塔尔等公司合资的乙烯项目地块和部分石化弹性组团、精细化工组团用地。二类消防责任保护区为工业区管理服务中心、公用工程园、西港池所在地块和部分石化弹性组团、精细化工组团用地。

　　(2)消防支队

　　根据工业区一期用地规模，为便于区内消防力量的快速、科学调度以及消防监督管理的实施. 在工业区规划设置消防支队，支对内设置消防指挥中心，消防支队位于工业区管理服务中心区域，位置如图 5-32 所示。在消防支队其附近建设 1 处工业区消防物资仓库、消防直升机停机坪、消防车辆维修养护中心和集中泡沫站，保证工业区消防物资的供应。消防支队(指挥中心、普通消防站)、物资仓库、消防直升机停机坪、消防车辆维修养护中心，总共用地 $1.8hm^2$。各项具体用地面积或建筑面积控制见表 5-50。

表 5-50　各项消防设施用地面积或建筑面积控制表

名称	用地面积 (平方米)	建筑面积 (平方米)	备注
消防支队	11000	—	训练场地，营房等
消防指挥中心	—	4000	设在消防支队建筑内
普通消防站	—	3000	设在消防支队建筑内
消防物资仓库	5000	—	消防物资储存
集中消防泡沫站	1000	—	泡沫剂生成、储存
消防直升机停机坪	500	—	短边长度不小于 20 米
车辆养护维修中心	500	—	消防车辆维修养护

来源:《天津南港工业区一期消防专项规划(2009-2020)》

　　(3)指挥中心

　　根据工业区化工项目集中特点，事故时需要对部门联合处置，各相关部门的信息均对指挥决策有重要影响，所以规划的消防指挥中心应纳入到区内综合防灾指挥中心平台，与公安、环保、气象、交通、医疗等部门的信息共享，为科学的指挥决策提供及时、准确的信息保证。

　　为防止当工业区发生特大事故，导致管理服务中心综合防灾指挥中心受到影响不能使用的特殊情况时，建议在南港工业区生活配套服务区域建设一座备用综合防灾指挥中心。

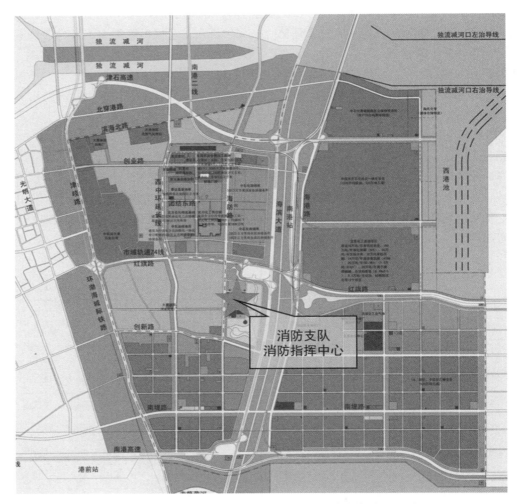

图 5-30　天津南港工业区一期规划消防支队与指挥中心位置

来源：《天津南港工业区一期消防专项规划（2009-2020）》

5.4.2.2　消防站规划

（1）陆上消防站

①国内外分析比较，见表 5-51、表 5-52。

②责任区面积确定，根据工业区石油化工项目集中特点，工业区消防站责任区面积按照《石油化工企业防火设计规范》（GB50160-2008）确定（表 5-53、图 5-31）；陆上消防站选址用地原则与责任区面积计算见表 5-54。

根据表 5-54 中公式，当道路曲度系数 λ 取值 1.3~1.5，可得出如下结论：消防站保护半径 P 约 1.6~1.9 公里；消防责任区面积 A 约 5.1~7.2km²。

根据一期用地规模及消防等级规划，把工业区一期划分为 10 个消防责任区，每个消防责任区规划建设 1 座消防站，共 10 座消防站（注：因各用地内入驻企业未完全确定，本次规划只按照相关法规标准规划 10 座消防站，具体每个站的建设模式将根据今后入驻企业的规模、火灾等级等具体情况作进一步研究确定）。

表 5-51　国内外化工区项目比较

化工区名称	主要项目	特点	项目火灾风险性类别
上海化工区	90 万吨/年乙烯；50 万吨/年芳烃抽提；9 万吨/年丁二烯抽提；50 万吨/年苯乙烯；30 万吨/年聚苯乙烯；60 万吨/年聚乙烯；25 万吨/年聚丙烯；26 万吨/年丙烯腈；1 万吨/年聚异氰酸酯；20 万吨/年聚碳酸酯；20 万吨/年双酚 A；25 万吨/年烧碱；30 万吨/年聚氯乙烯；30 万吨/年氯乙烯	单个项目规模相对小，没有炼油项目	甲类火灾风险项目多
南京化工区	800 万吨/年原油加工、65 万吨/年乙烯、140 万吨/年芳烃；年产 60 万吨的世界级醋酸；年产甲醇 20 万吨；年产一氧化碳 30 万吨	规划区面积相对大，单个项目规模小	主要项目为甲类火灾风险项目
新加裕廊化工区	6050 万吨/年原油加工；170 万吨/年乙烯裂解；387.5 万吨液体储罐	规划区面积相小，炼油项目规模大	主要项目为甲类火灾风险项目
天津南港工业区	1500 万吨/年炼油；2 套 120 万吨/年乙烯裂解；1963 万立方米油品储罐；蓝星新材料使用光气装置	规划区面积大，项目规模相对大	入驻项目基本上均为甲类液体或甲类气体火灾风险

来源：《天津南港工业区一期消防专项规划（2009-2020）》

表 5-52　国内外化工区消防站配建标准比较

化工区名称	总规划面积（km²）	规划消防站数量（座）	责任区平均面积（km²）	备注
上海化工区	29.4	5	5.88	园区规划公安消防站 7 座，其中一座为水陆两用站，另有 5 座企业自建消防站
南京化工区	45	7	6.42	园区规划公安消防站 7 座，其中一座为水陆两用站
新加坡裕廊化工区	28	4	7	大企业自己独立建消防站、小企业则由政府牵头由几家相邻公司成立消防合作组织

来源：《天津南港工业区一期消防专项规划（2009-2020）》

表 5-53　消防站责任区面积规范（标准）

规范名称	责任区面积规定	责任区面积
《城市消防站建设标准》（2006）	普通消防站和兼有辖区消防任务的特勤站责任区面积一般不应大于 4~7 平方公里	4~7km²
《石油化工企业防火设计规范》（GB50160-2008）	消防站服务范围应按行车路程计，且行车路程不宜大于 2.5 公里，接火警后消防车到达火场时间不宜超过 5 分钟	5.1~7.2km²

来源：《天津南港工业区一期消防专项规划（2009-2020）》

图 5-31　天津南港工业区一期规划消防责任区规划
来源：《天津南港工业区一期消防专项规划（2009—2020）》

（2）海上消防站

①规划内容，根据工业区总体发展目标，随着工业区开发建设的深入，港口及海上交通势必日益增多。应规划建设海上消防力量，配备相应消防船只，为海上消防、救援提供保障。结合工业区分期建设安排及港口利用规划，规划在二期建设用地范围内规划 1 座海上消防站，兼顾东、西两个港池及外海的消防任务、为满足西港池近期消防安全保障要求，近期结合 5#港口消防站先期配备 1 艘消防艇。待二期海上消防站建设后，消防艇纳入海上消防站管理维护。

表 5-54　陆上消防站选址用地原则与责任区面积计算细则一览表

选址原则	应位于或靠近责任区中心,保证消防车准时到达责任区最远点的灾害点
	应设在辖区内适中位置和便于车辆迅速出动的主、次干道的临街地段,且消防站车库门应朝向城市道路,至道路红线的距离不应小于 15 米,便于消防车养护
	应远离噪声场所及严禁使用明火区域
	应设置在常年主导风向的上风或侧风处,其边界距上述危险部位一般≥200 米
用地规模	《消防规划规范》| 一级普通消防站建设用地面积为每座 3300~4800 平方米
		特勤消防站建设用地面积为每座 4900~6300 平方米
	本规划	一级普通消防站用地为 3500 平方米/座
		特勤消防站用地为 5000 平方米/座
计算公式	$A = 2P2 = 2\times(S/\lambda)^2$	A—消防站辖区面积(平方公里); P—消防站至辖区最远点的直线距离,即消防站保护半径(公里); S—消防站至辖区边缘最远点的实际距离,即消防车接警出动后 4 分钟的最远行驶路程(公里); λ—道路曲度系数,即两点间实际交通距离与直线距离之比,通常取 1.3~1.5。

②根据《城市消防规划规范》和《港口消防规划建设管理规定》,海上消防站设置标准、选址原则和用地标准等具体内容见表 5-55、表 5-56 和图 5-32。

表 5-55　消防站人员配备标准(人)

消防站类别	一级普通消防站	特勤消防站
人数(人)	30~45	45~60

来源:《天津南港工业区一期消防专项规划(2009-2020)》

表 5-56　天津南港工业区一期规划海上消防站设置细则表

设置标准	根据《城市消防规划规范》和《港口消防规划建设管理规定》,海上消防站至其服务水域边缘距离不应大于 20~30 公里(10.8~16.2 海里),保证消防时消防船从接到出动指令后正常行船速度下 30 分钟到达其服务水域边缘。
选址原则	海上消防站宜设置在城市港口、码头等设施的上游处
	辖区水域内有危险化学品港口、码头,或水域沿岸有生产、储存危险化学品单位的,海上消防站应设置在其上游处,并且其陆上基地边界距上述危险部位站不应设置在河道或港口转弯、旋涡处及电站附近
	海上消防站趸船和陆上基地之间的距离不应大于 500m,并且不应跨越铁路、城市主干道和高速公路
用地标准	海上消防站应设置供消防艇靠泊的岸线,其靠泊岸线应结合码头进行布局,岸线长度不应小于消防艇靠泊所需长度,且不应小于 100m
	海上消防站应设置相应的陆上基地,其选址条件同陆上一级普通消防站,用地面积规划为 3500 平方米

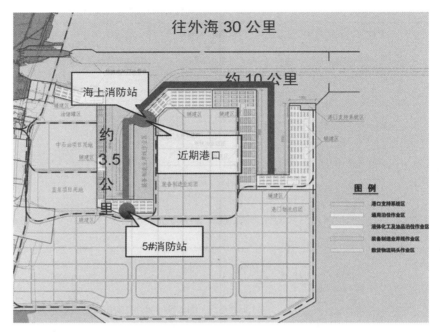

图 5-32 天津南港工业区一期规划海上消防站设置

来源:《天津南港工业区一期消防专项规划(2009—2020)》

(3)航空消防站

图 5-33 天津南港工业区一期规划航空消防站设置

图 5-34 天津南港工业区一期规划直升机停机坪设置

来源:《天津南港工业区一期消防专项规划(2009—2020)》

①航空消防站规划，因工业区化工企业一旦发生火灾，其火灾的特点是火势猛、温度高、易沸腾或喷溅、燃烧时间长，并且易发生爆炸，在火灾点上空形成无氧的有毒有害气体区域，消防直升机无法接近事故区域。所以在规划区不设置航空消防站，但是为了方便重大事故时应急救援力量或特殊物资的运输，特别是运送重伤人员到附近大型医疗机构的治疗任务，在工业区规划设置消防直升机临时起降点，消防直升机出勤任务由滨海新区航空消防站承担(图5-33)。

②直升机停机坪规划，在工业区内规划设置2处消防直升飞机停机坪(图5-34)。结合区内消防支队和消防站建筑建设，直升飞机停机坪用地环境要求如下：a. 空地面积$_{min}$≥400m^2，空地短边≥20m。本次规划每座直升机停机坪用地500平方米；b. 用地内及周边10米禁止栽种大型树木，此区域上空不应设置架空线(图5-35)。

（4）集中泡沫站

①设置作用：在企业发生重大事故时，如爆炸等，导致企业自备泡沫灭火设施毁坏时，工业区能通过调度集中泡沫站储备的泡沫进行灭火；当消防灭火时，企业自备泡沫量不够情况下，能通过集中泡沫站提供泡沫补给；给工业区各级各类消防站泡沫消防车的泡沫到达更换期时，提供新泡沫更换。

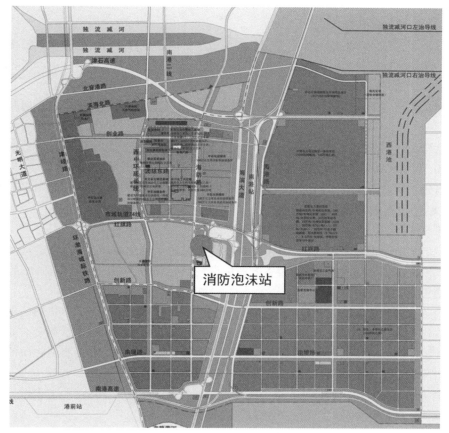

图 5-35　天津南港工业区一期规划消防集中泡沫站设置
来源：《天津南港工业区一期消防专项规划(2009-2020)》

②规划内容：根据工业区火灾特点，大部分企业发生火灾时需要使用泡沫灭火方式，在工业区内规划 1 座集中泡沫站，结合消防支队建设，用地约 1000m²。因采取管道输送泡沫液方式泡沫液损耗很大，所以工业区泡沫灭火采取配置移动泡沫车方式。泡沫站配备 2~3 台泡沫消防车，区内消防站的消防泡沫车到泡沫站加泡沫液。

③规划储量：一般情况 1 个油罐需 160~170t 泡沫，应结合工业区油罐数量、规模特点，按照同一时间发生 2 处火灾事故标准储存足够的泡沫。同时做好泡沫超过保质期后的更换工作。普通泡沫用量较大，有效期只有 2-3 年；A 类泡沫用量省，且保质期较长，达到 5 年左右。工业区应结合实际储存符合实际情况的泡沫。

（5）企业自建消防站

①企业自建消防站条件。

a. 如果企业生产的原料或产品有特殊防护要求，且生产规模大，对周边影响严重时，可要求企业自建消防站。

b. 如企业要求自建消防站，可允许企业自建消防站。

c. 当企业所在区域公安消防站近期没有纳入建设计划时，要求企业须自建消防站；

d. 消防法规定要求建设消防站的大型企业（如蓝星项目、中俄石油项目）。

②企业自建消防站用地。

工业区企业自建消防站用地标准、人员配备标准根据企业自建消防站的等级，参照相应等级的公安站消防站标准执行，企业自建消防站用地包含在企业征地范围内，不占工业区用地。

③企业自建消防站运营管理。

工业区企业自建消防站建设、运营资金由企业自行解决；消防人员可采取合同制招聘社会人员解决。

企业自建消防站应纳入工业区公安消防系统统一培训，企业自建消防站与消防指挥中心之间应有专用光纤网络，保证信息沟通平台的畅通。

企业自建消防站有义务向周边地块内企业提供消防服务，并服从消防指挥中心统一指挥。

5.4.2.3 消防设备规划

（1）消防车辆

①工业区消防站消防车辆配置参照《公安消防站消防车辆配备标准》的规定及天津市公安消防总队下发的《消防队（站）的消防装备配备标准》执行，确定工业区各类消防站的消防车辆配备数量应符合表 5-57 的规定。

②区内各级各类消防站在配备基本消防车辆的基础上，每个消防站针对责任区内火灾特点配备相应先进的消防车，形成具有各自专长的消防站格局，便于消防时指挥调度。如针对油库灭火的高喷消防车、泡沫消防车，针对炼油项目的云梯消防车，针对有毒有害物质的化学洗消车，针对抢险救援的应急救援消防车。

③各消防站应配备相应的国际先进的防爆、堵漏设备，保证化工区企业发生爆炸或有毒有害气体或液体发生泄漏事故时，相关消防器材能满足要求。

④考虑石油化工企业火灾风险，针对责任区内火灾特点，消防站配置的各类消防车应同时宜遵循以下原则：

区内特勤消防站一般不宜配备普通水罐车，主要配备高喷消防车、大型水罐消防车等。

各级各类消防站各类型消防车辆配备比例应符合火灾实际需要。配备相应功能的消防车辆，在工业区形成有各自专长的消防站布局。

消防指挥中心应配备具有调度指挥、后勤补给等功能的消防车辆。

由于工业区石化企业集中，建议车辆配置应选用具有国内外最先进特点，如大型高喷消防车、洗消车、应急救援车、如国外先进的涡轮喷射灭火特种消防车，同时结合实际需要配备消防机器人等装备。

消防站配备的基本消防车辆品种宜符合表 5-57、表 5-58、表 5-59 的规定。

表 5-57 消防站配备车辆数量(辆)

消防站类别	一级普通消防站	特勤消防站
消防车辆数	5~6	7~12

来源：《天津南港工业区一期消防专项规划(2009–2020)》

表 5-58 天津南港工业区消防站基本情况统计一览表

站名	车位数	车辆数	专长
1#消防站	12 个	12 辆	油库火灾灭火及应急救援
2#消防站	10 个	8 辆	液体储罐火灾灭火、救援
3#消防站	10 个	8 辆	炼油和乙烯火灾灭火、救援
4#消防站	10 个	8 辆	光气等有毒有害气体灾害救援
5#消防站	6 个	5 辆	港口灭火、救援
6#消防站	6 个	5 辆	电厂或堆场灭火、救援
7#消防站	10 个	10 辆	指挥调度、后勤补给、综合应急救援
8#消防站	8 个	7 辆	根据今后责任区项目特点确定
9#消防站	6 个	5 辆	根据今后责任区项目特点确定
10#消防站	8 个	7 辆	乙烯火灾灭火、救援
海上消防站	2 个艇位	2 艘艇	海上灭火、救援及船上货物装卸时值勤

注：除 1#、7#消防站和海上消防站外，每座陆上消防站均预留 1~2 个消防车位备用。

来源：《天津南港工业区一期消防专项规划(2009—2020)》

表 5-59　各类消防站常用消防车辆品种基本配备标准(辆)

品种	消防站类别	一级普通消防站	特勤消防站
灭火消防车	水罐或泵浦消防车	2	3
	水罐或泡沫消防车		
	压缩空气泡沫消防车		
	干粉泡沫联用消防车	–	△
	干粉消防车	△	△
举高消防车	登高平台消防车	△	1
	云梯消防车		
	举高喷射消防车		
专勤消防车	抢险救援消防车	△	1
	排烟消防车或照明消防车	△	△
	化学事故抢险救援或防化洗消消防车	–	1
	核生化侦检车	–	△
	通信指挥消防车	–	△
	供气消防车	–	△
后援消防车	自装卸式消防车(含器材保障、生活保障、供液集装箱)	△	△
	器材消防车或供水消防车		
	消防摩托车	△	△
	消防坦克	–	△

注：a 表中带"△"车种由各消防站根据实际需要选配；b 考虑到部队的快速反应能力，各消防站在配备规定消防车数量的基础上，可根据需要选配消防摩托车。

来源:《天津南港工业区一期消防专项规划(2009-2020)》

(2)消防器材

工业区内各级各类消防站消防器材的配备应按照天津市公安消防总队下发《消防队(站)消防装备配备标准》及《城市消防站建设标准》(2006)的规定。此外，结合工业区一期危险源特点，各消防站还应配备以下特种灭火器材装备(表 5-60)。

表 5-60　天津南港工业区消防站特种灭火器材装备配备一览表

序号	器材名称
1	消防通信头盔
2	正压式消防氧气呼吸器
3	夜明式指北针

（续）

序号	器材名称
4	降温背心
5	消防用荧光棒
6	长管空气呼吸器
7	消防员呼吸器后场接收装置
8	氧气供气源
9	消防员单兵通信系统
10	消防员灭火防护服（舒适型）
11	消防员呼吸器（具有无线信号发射功能）
12	消防员 3D 组合定位系统
13	头盔式消防用红外热像仪
14	组合式液压破拆工具组
15	软体炸药
16	破拆水枪
17	转角水枪
18	水力排烟机
19	灭火弹
20	高压水射流破拆灭火装置
21	无线通信装置
22	侦查机器人
23	编写危险化学品检测片
24	激光测距仪
25	化学洗消救助箱
26	防爆照明灯

来源：《天津南港工业区一期消防专项规划（2009—2020）》

5.4.3 消防通道与供水规划

5.4.3.1 消防通道规划

工业区道路采用"方格网"形式的道路系统格局。区内干道按功能分为高速公路、快速路、主干路和次干路，形成以"四横四纵"为主要骨架的干路格局。结合工业区道路规划，以及危险化学品运输道路规划，确定工业区区域消防通道、区间消防通道、区内消防通道、紧急状态专用通道的布局。

（1）区域消防通道

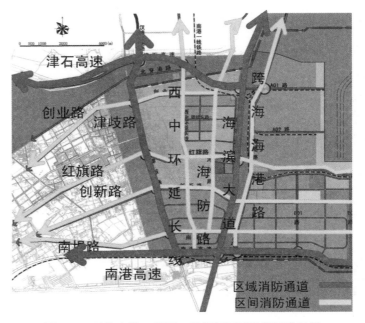

图 5-36　天津南港工业区一期规划区域消防通道设置
来源：《天津南港工业区一期消防专项规划（2009—2020）》

南港工业区区域消防通道主要用于与天津市市区及滨海新区在区域防灾救灾时的物资及人员的大规模调动，这一类通道既要满足大规模人员物资流通的需要，还要求有一定的封闭性，不容易被一般的交通流量所阻断。结合南港工业区交通系统格局，确定区域消防通道主要依托高速公路和快速路。

①北向区域消防通道：海滨大道高速路，道路红线 100m；津歧路快速路，道路红线78 米。

②西向区域消防通道：津石高速、南港高速，道路红线 100m。

（2）区间消防通道

南港工业区区间消防通道依托区内主干道道路系统，加强了南港工业区与大港城区、大港油田的便捷交通网络，保证防灾救灾物资及人员流通的畅通。

①北向通往大港城区的主干道：西中环延长线、海防路、南港路，道路红线 60m。

②西向通往大港油田的主干道：创业路、红旗路、创新路、南堤路，道路红线 30~60m。

（3）区内消防通道

①区内消防通道是指消防责任区内部街区的消防通道①。南港工业区区内消防通道主要依托区内次干道道路系统，次干道道路红线为 30~40m。

②根据消防车通道有关标准，对工业区道路、桥梁、地下管沟、管廊带等提出消防车通道

---

① 由支路、小区路、组团路及单位内部路组成，是消防通道体系中基本的组成部分。

宽度、间距、限高、承载力以及回车场地等方面的具体要求。对可利用天然水源、应规划供消防车取水用的消防车通道①②③。相关要求如下：

消防车通道的宽度不应小于 6m，转弯半径不应小于 12m，道路上空遇有管架、栈桥等障碍物时，其净高不应小 5m，消防道路下的管道和暗沟应能承受大型消防车的压力。

沿街建筑应设连接街道和内院的通道，其间间距不大于 80m，可结合楼梯间设置。建筑之间开设的消防车道，净高与净宽均应大于或等于 5m。

尽头式消防车道应设回车道或者尺寸不应小于 12m×12m 的回车场，大型消防车的回车场的尺寸不宜小于 18m×18m。

石油化工企业内消防车道设计必须满足《石油化工企业设计防火规范》相关要求。

天津市南港工业区的建设必须满足消防通道要求，禁止任何单位和个人对道路的随意占用和破坏。

（4）紧急状态专用车道

紧急状态专用车道包括危险品紧急通道和突发事故紧急通道。

①按消防规划规范的要求，设置通过城市的危险品通道尽可能避开区内人口、建筑密集区。区内的危险品储藏地应进行统一规划，结合城市的功能布局进行统一安排，以利于预防危险品泄漏引发的重大事故。

②为保证在出现火警或其他紧急情况时，消防车及其他救急车辆顺利通过城市干道网络进入事故现场，规划考虑在城市次干路及次干路以上的道路中设置紧急状态专用车道，专供消防车、救护车、110 警车、救灾车、抢险车等应急使用。

（5）其他消防通道

区内危险化学品道路应设置专门的运输道路，且与周边敏感区域保持一定的安全距离，距离过近的路段应采取相应的防护措施。危险化学品的运输通道应避开园区主干道和主要客流通道，并尽量减少绕行。同时，加强对移动危险源的监控，利用 GPS、汽车行驶记录仪等科技装备实施监控管理。

区内实行人、货通道分流，以避免轿车干扰。可将人流、货流出入口分开设置或实行货运限时手段，特别是对运输危险化学品的线路规定运输时间，以确保安全。

区内轨道交通系统作为公路交通的补充，加强完善了整个陆上消防通道系统。加强海上消防通道建设，保证灾情发生时海上航道的通畅性。

构建消防直升机、医疗救护车的立体医疗救护系统，建立应急救援通道，确保重伤人员医疗急救。

（6）临时避难设施

鉴于工业区是生产、储存危险化学品的地区这一特殊性质，故园区不设固定避难场所，而

---

① 工厂区、仓库区内，大型公共建筑周边应设置消防通道，消防通道可利用交通道路。建筑占地面积超过 3000m² 时，应设置环形消防车道或沿建筑物两长边设置宽度不小于 6m 的消防通道。

② 当企业内建筑沿街部分长度超过 150m 或总长度超过 220m 时，应设穿过建筑的消防车道。

③ 规划设置取水平台或取水口的水源地，应同时设置通向取水点的消防车通道，每处不得少于 2 条。

是由企业根据自身危险特点内部自建紧急避难场所，保证发生事故时能在一定时间内维持生命，等待应急救援力量。生产或储存有毒有害或易燃易爆化学品的企业须自建具有一定防爆标准和密闭性，并配备一定防护装备的避难场所。化工区内集中绿地和防护林带可兼做区域避难场所。

5.4.3.2 消防供水规划

（1）消防用水量

根据工业区入驻企业特点，按照《石油化工企业设计防火规范》确定工业区消防用水标准为：同一时间发生 2 处火灾，其中 1 处为工业区消防用水量最大处，消防用水标准为 600L/s；另 1 处为工业区用水量较小的辅助生产设施，用水标准为 50 L/s。火灾持续供水时间均按照 3 小时供给。则工业区消防用水量为 7020m³/次。

（2）消防水源

工业区消防水源以市政供水水源为主，保证火灾持续 3 小时的水量供给。其他水源（如中水、海水淡化水、河流天然水）为消防补充水源。天然海水作为消防应急备用水源，当发生重、特大火灾，火灾持续时间长的情况下，保障消防水量的供水安全。工业区市政消防给水与生产、生活给水共用一套供水管网系统。

根据《天津市南港工业区供水专项规划》，工业区市政供水水源见表 5-61。

表 5-61 天津南港工业区市政供水水源情况一览表

设施名称	规模 （万 m³/d）	占地面积 （公顷）	位置
南港工业区自来水厂	10	6	海滨大道西侧
配水厂	20	4	红旗路与 B01 路交口西南侧
南港工业区海水淡化厂	20	18	一期市政岛内
再生水一厂	10	3	一期市政岛内
再生水二厂	5	2	二期市政岛内

来源：《天津南港工业区一期消防专项规划（2009-2020）》

（3）供水管道系统

天津南港工业区分区规划中给水工程规划依用户对水质要求不同，共分为四种水质分户分质供应，规划四条供水干管同时供给：

①自来水供水管由规划自来水厂引出一根 DN800 的供水管向南港工业区提供一期供水，自来水管网围绕南港一期规划用水单位布置成环状，局部由枝状连接，供工业区用水。

②粗制水主要向工业企业区提供给水，配水主管道沿工业区布置成环状，根据用水量确定给水干管管径为 DN1400。粗制水水源全部来自大港水厂，进入南港工业区后大部分直接供给需水用户，另一部分水经加压泵站升压后再供给中、远用户。

③海水淡化水与粗制水的用水区域相同、水量也相同，规划按双管布设考虑。管径大小及管网走向尽量相同，根据用水量确定给水干管管径为 DN1400。海水淡化水水源由新泉海水淡

化厂和本区内规划的海水淡化厂双水源保证。

（4）消防给水管道及消火栓规划

消防给水管道和消火栓的具体规划要求见表 5-62。

表 5-62　天津南港工业区消防给水管道和消火栓规划细则一览表

规划项目	规划要求
消防给水系统	（1）大型石化企业工艺装置区、罐区应采用独立的稳高压消防给水系统,压力宜为 0.7~1.2MPa
	（2）其它场所可采用低压消防给水系统,压力应确保灭火时最不利点消火栓的水压不低于 0.15MPa（自地面算起）
	（3）不应与循环冷却水系统合并,且不应用于其他用途
消防给水管道	（1）环状布置,进水管不应少于两条并应保持充水状态,流速不宜大于 3.5m/s
	（2）设置市政消火栓的给水管道必须满足消防时水压及水量要求,每段管道消火栓的数量不宜超过 5 个
	（3）环状管道应用阀门分成若干独立管段,当某个环段管道发生事故时,其余环段应能满足 100% 的消防用水量的要求
	（4）与生产、生活合用的消防给水管道应能满足 10% 的消防用水和 70% 的生产、生活用水的总量的要求
	（5）生产生活用水量按 70% 最大小时用水量计算;消防用水量按最大秒流量计算
	（6）地下的消防给水管道应埋设在冰冻线以下,管顶距冰冻线不应小于 150mm
	（7）工艺装置区或罐区的消防给水干管的管径应经计算确定
消火栓	（1）宜选用地上式消火栓并宜沿道路敷设;消火栓距道路侧石线不宜大于 5m,距建筑物外墙不宜小于 5m
	（2）消防用水大的企业周边加大消火栓设置密度,道路两侧均设置消火栓
	（3）地上式消火栓的大口径出水口应面向道路,当有可能受到车辆冲撞时,应在其周围设置防护设施
	（4）消火栓的数量及位置,应按其保护半径及被保护对象的消防用水量等综合计算确定,保护半径不应超过 120m
	（5）高压消防给水管道上消火栓的出水量,应根据管道内的水压及消火栓出口要求的水压计算确定,低压消防给水管道上公称直径为 100mm、150mm 消火栓的出水量可分别取 15L/s、30L/s
	（6）罐区及工艺装置区的消火栓应在其四周道路边设置,消火栓的间距不宜超过 60m。当装置区内设有消防道路时,应在道路边设置消火栓。距被保护对象 15m 以内的消火栓不应计算在该保护对象可使用的数量之内
	（7）与生产或生活合用的消防给水管道上的消火栓应设切断阀

来源:《天津南港工业区一期消防专项规划（2009-2020）》

（5）消防供水动力源规划

工业区消防供水加压动力源，应该在电力机组的基础上，配备柴油动力机组作为备用机组，保证消防供水安全。一般消防给水泵房按照2台电动机组加1台柴油机组配置给水加压动力装置。

（6）消防废水规划

工业区各企业应建设事故水池，保证事故时消防废水能全部收集进入事故水池，并进行无害化处理，达到排放标准后才能排入工业区内部水系。另外，在规划区污水处理厂内应建设事故水池，保证事故时污水的临时储存。

当相邻企业污水水质相差不大的情况下，相邻的几个企业可集中设置事故水池，以达到土地集约化利用的目的。

参考文献

[1] 马振兴，王杰. 天津滨海地区自然灾害及减灾对策[J]. 天津师大学报（自然科学版）. 1997，17（1）：59-63.

[2] 张翰卿，戴慎志. 城市安全规划研究综述[J]. 城市规划学刊. 2005，2：38-44.

[3] 王若柏. 城市地面沉降的灾害链特征——以天津市为例[J]. 气象与减灾研究. 2008，3：54-60.

[4] 吴铁钧，金东锡. 天津地面沉降防治措施及效果[J]. 中国地质灾害与防治学报，1998，9（2）：6-12.

[5] 李培英，杜军，刘乐军. 中国海岸带灾害地质特征及评价[M]. 海洋出版社，2007.

[6] 国务院. 天津港"8·12"瑞海公司危险品仓库特别重大火灾爆炸事故调查报告[EB/OL]，中央政府门户网站，http://www.gov.cn/foot/2016-02/05/content_5039788.htm，2016-02-05/2018-08-12.

[7] 王喜奎. 化学工业园区土地使用安全规划方法研究[D]. 北京：首都经济贸易大学，2007.

[8] 杨守生，工业消防技术与设计[M]. 北京：中国建筑工业出版社，2008，11.

[9] 肖盛燮等，灾变链式理论及应用[M]. 北京：科学出版社，2006. 85.

[10] 刘茂，事故风险分析理论与方法[M]. 北京：北京大学出版社，2011.

[11] 高莹，张鸿翔. 天津沿海风暴潮灾成因分析及防潮减灾对策[J]. 海洋预报. 2011，2：77-81.

[12] 王成军，王得刚. 天津市沿海风暴潮成因及防御对策分析[J]. 海河水利. 2004，4：27-28.

[13] 马志刚等. 风暴潮灾害及防灾减灾策略[J]. 海洋技术. 2010，10：20-24.

[14] 邢娟娟. 重大事故的应急救援预案编制技术[J]. 中国安全科学学报，2004，14（1）：57-59.

[15] 戴慎志. 城市综合防灾规划[M]. 北京：中国建筑工业出版社，2011.

[16] 舒中俊，徐晓楠. 工业火灾预防与控制[M]. 北京：化学工业出版社，2010.

[17] 彭斯震. 化学工业区应急响应系统指南[M]. 北京：化学工业出版社，2006.

[18] 周德红. 化学工业园区安全规划与风险管理研究[D]. 武汉：中国地质大学，2010.

[19] 魏利军，多英全，于立见，刘骥，吴宗之. 化工园区安全规划主要内容探讨[J]. 中国安全生产科学技术，2007，5：16-19.

[20] 钱剑安. 中小城市重大危险源控制系统的设计研究[D]. 南京：江苏大学，2003.

[21] 吴防. 化工园区安全规划研究[D]. 北京：首都经济贸易大学，2008.

[22] 师立晨，曾明荣，多英全. 基于后果的土地利用安全规划方法在化工园区的应用[J]. 中国安全生产科学技术，2009，6：67-71.

第 6 章　滨海城市填海城区综合防灾规划

沿海地区是我国经济建设中最具活力的地区，海洋经济与沿海经济已是我国宏观发展战略中的重点。我国沿海地区有限的土地空间资源严重地制约了海洋经济以及滨海城市的进一步发展，而填海造城这一方式能有效地缓解土地资源紧缺的状况。然而频发的海洋自然灾害、不合理的填海工程以及薄弱的防灾建设都成为限制填海城区健康持续发展的障碍。填海城区处于海陆交界处，一旦发生海洋灾害，将处于首当其冲的暴露位置，造成重大的人员伤亡、经济损失以及社会影响。另一方面，过度的填海行为造成海洋生态环境的破坏、灾害承载力的下降以及人为自然灾害的隐患。因此，填海城区综合防灾是滨海城市防灾领域中亟待解决的重点问题。

6.1 滨海城市填海城区及其灾害特征

6.1.1 填海城区的类型和发展趋势

6.1.1.1 填海城区定义

人类填海活动的发展从最初的防洪用途，到农业生产用途，港口航运用途，工业生产用途，再到新城扩张用途，填海土地的使用功能区域复杂，使用强度逐渐增大。英国《大不列颠百科全书》将新城(New Town 或 New City)定义为：一种解决大城市病的规划手段，主要为在大城市外围建立城镇用以疏解人口，安置新的产业，提供就业岗位，其相关配套设施，形成相对独立的社会。胡斯亮指出"在沿海省市快速发展的背景下，人口高速集聚造成人地矛盾越来越突出，滨海高密度城市暴露出"土地赤字"的问题，填海造城成为人们解决这个问题的主要方式[1]。"

6.1.1.2 填海区的分类

从全世界范围的填海造地实践工程来看，填海类型多种多样，其中按工程方式可分为堵港式、围涂式、促淤式、连岛式、人工岛式等；按地填海择址的形地貌可分为平直海岸填海工程、河口填海工程、港湾填海工程、海岛填海工程、人工岛填海工程等；按照主要功能可分为近海防御、围垦、养殖业、盐业功能、航运、工业、旅游、航空港及新城功能等[2]。按照平面形式可分为凸岸式、顺岸式以及离岸式，其中离岸式包括整体式、多斑块组合式[3]。

6.1.1.3 填海城区的发展趋势

纵观人类填海发展历史，早期围填海以满足农业生产、交通航运为主，填海造城实践的时间相对较晚，随着工程技术的进步，以及城市用地的紧张，20 世纪初在世界范围内的填海造城呈爆炸式发展。且因不同的建设需求、目的和条件，滨海城市填海城区的发展表现出四种趋势：使用功能由单一趋向多元；产业模式由生产型趋向服务型；建设模式由粗放扩张趋向集约增长；环境影响由永久破坏趋向主动代偿。

表 6-1　填海城区的发展趋势

发展趋势	发生原因	主要内容	典型案例
单一功能→多元功能	最初局限于防洪和农垦，随着工程技术的进步以及城市扩张的需求，填海所获得的土地被最大程度的利用起来，进行土地的综合开发利用。	小型城镇	荷兰 Flevoland
		居住社区	旧金山福斯特城
		综合型港口码头	波士顿港
		工业新城	东京湾填海区
		机场空港	樟宜机场
		旅游度假	迈阿密海滩、棕榈岛
		综合型城市	神户人工岛
生产型→服务型	伴随 20 世纪以来发达国家大规模的产业结构剧变，由劳动密集型产业向技术密集型产业的转移，许多原来填海工业区、码头区逐渐衰退，为复兴这些衰退区，第三产业被广泛植入	生产服务型	东京湾填海区
		生活服务型	旧金山福斯特城
		综合服务型	神户人工岛
粗放扩张→集约增长	因为过度填海，导致自然海岸线被严重吞噬、海岸带生态系统严重破坏、港湾纳潮消波能力以及航运能力遭受严重影响，各国逐禁止大规模的填海行为，转而对现有填海区的集约利用和优化开发模式	限制填海规模	香港维多利亚港湾
环境破坏→生态代偿	由于全球范围内环境的急剧恶化，近海岸带灾害频发，而填海工程对近海生态环境造成的破坏不可逆，许多国家采取相应的生态代偿手段以修复和弥补遭到破坏的海洋生态系统	原填海区再开发	旧金山湾填海区

由上可见，滨海城市填海城区的发展趋向于复杂化、多元化，势必导致其人口密度和容量的增加、人群活动方式的复杂化，加之填海城区与海洋的直接连接关系，遭受潜在灾害时填海城区将受到直接影响，各国已经认识到这一危害的严重性，逐渐开始向集约增长和生态代偿转型，并开始积极探索针对这些复杂灾害的应对策略。

6.1.2　填海区的灾害及其特征

沿海地区是自然灾害高发区，具有较高的脆弱性。同时在现代化背景下，沿海地区以其在交通、资源等方面的特殊禀赋优势，也成为人口集聚、产业集中、经济和社会快速发展的核心区域，并成为各个国家的战略中心与发展重点。我国沿海地区城市承载着全国超过 1/4 的人口，创造了一半以上的国民生产总值[4]。

然而在快速发展的过程中，各类潜在隐患威胁不断增高，各类灾害相伴而生，各种原有灾害不断变异和激化，新的自然灾害也相继迸发。因为城市化导致的人口集聚原因，人为灾害的发生频率和强度也呈现出非线性增长之趋势。另一方面，多种次生灾害复杂多变，交织发生，灾害的"放大和延长"效应越发突出；由于多种灾害相互作用，进而产生的多种复合型、多变型、突发型灾害，使得滨海城市脆弱性大大升高，也增加了防灾减灾的难度[5]。

6.1.2.1 滨海城市填海城区的主要灾害

对于滨海城市填海城区这一人工工程来说，主要灾害为以海洋灾害、气象灾害等为主的自然灾害，以火灾、基础设施事故、环境污染等为主的人为灾害，以及因填海工程行为造成的生态破坏而衍生的赤潮、地面沉降等为主的人为自然灾害。

表 6-2　填海城区的主要灾害

类型	主要灾害	具体灾种
自然灾害	海洋灾害	风暴潮、海上大风、海浪、海冰、海啸、赤潮、绿潮、海平面变化、海岸侵蚀、海水入侵与土壤盐渍化、碱潮入侵、地面沉降
人为灾害	事故灾害	交通事故、火灾事故、工业事故、基础设施事故
	公共卫生事件	瘟疫
	社会安全事件	恐怖袭击、拥挤踩踏
认为自然灾害	因填海工程造成的灾害	海域物理特性破坏、海陆依存关系破坏、近海生态系统破坏

（1）自然灾害

海洋作为一个生态系统，气象因素、地质因素、生物因素等复杂多变，各种海洋灾害频发，并且对社会经济和生命安全造成巨大的破坏作用。1980—1990 年间因海洋灾害造成的直接和间接经济损失每年从十多亿到数十亿人民币不等，1990—2000 年间每年的损失则高达一百亿元以上。据有关资料显示，自 1980 年以来，因海洋灾害造成的年均经济损失增幅高达近 30%。由此可以明显地看出，海洋灾害已成为制约我国海洋经济健康增长、沿海城镇持续发展的重要影响因素[6]。

我国在 2012 年一年间的时间里，遭受风暴潮、海上大浪以及赤潮等各类海洋灾害的袭击共计 138 次，造成直接经济损失 155.25 亿元。这其中，风暴潮的破坏作用以及造成的经济损失最高，占到全部经济损失的八成以上；造成死亡（含失踪）人数最多的是海上大浪，占总死亡（含失踪）人数的近九成。"海葵"台风是造成损失最大的单次灾害，根据不完全统计，共计造成直接或间接经济损失 42.38 亿元。2012 年赤潮灾害直接经济损失 20.15 亿元，是近 20 年来最为严重的一年（图 6-1，表 6-3，表 6-4）。

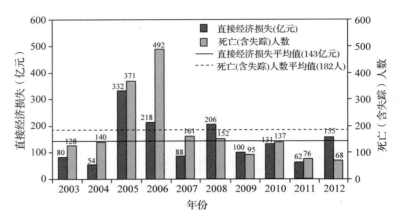

图 6-1　2003—2012 年海洋灾害直接经济损失和死亡 (含失踪) 人数

来源：2012 中国海洋灾害公报 [DB/OL]. 中国海洋信息网.

http：//www. coi. gov. cn/gongbao/nrzaihai/nr2012/201303/t20130311_ 26236. html

表 6-3　2012 中国海洋灾害统计

灾种	死亡人数	直接经济损失
风暴潮	9	126. 29
海浪	59	6. 96
海啸	0	1. 55
海冰	0	0
赤潮	0	20. 15
绿潮	0	0. 30
海平面变化	0	0
海岸侵蚀	0	0
海水入侵	0	0
碱潮入侵	0	0
合计	68	155. 25

来源：《2012 中国海洋灾害公报》

表 6-4　2012 各省主要海洋灾害统计

省	致灾原因	死亡人数	直接经济损失
辽宁	海浪、海冰	0	4. 49
河北	风暴潮	0	20. 44
天津	风暴潮	0	0. 04
山东	风暴潮、海浪、海冰、绿潮	0	34. 92

（续）

省	致灾原因	死亡人数	直接经济损失
江苏	风暴潮、海浪	0	6.24
上海	风暴潮	0	0.06
浙江	风暴潮、海浪、赤潮	13	42.67
福建	风暴潮、海浪	11	22.76
广东	风暴潮	21	17.47
广西	风暴潮	0	5.33
海南	海浪	23	0.83
合计		68	155.25

　　针对滨海城市填海城区而言，其主要灾害包括风暴潮、海上大风、海浪、海啸等气象灾害；赤潮、绿潮等生态灾害；海平面变化、海岸侵蚀、海水入侵与土壤盐渍化、碱潮入侵、地面沉降等地质灾害；赤潮、绿潮等生态灾害（表 6-5）。

表 6-5　滨海城市填海区面临主要自然灾害、其成灾机制及产生危害

灾害名称		灾害定义	成灾机制	产生危害
气象灾害	风暴潮	因为强烈的大气流的剧烈运动或扰动；注入台风、飓风等，造成的海平面升高、海浪活动剧烈的现象	海面升高加之大风的助浪作用，形成巨浪袭击海岸和内陆地区	□引起海水倒灌和土壤盐碱； □摧毁建筑物或人工构筑物； □造成人员溺亡
	海上大风	由剧烈的大气活动、产生的大于 8 级的强风	由冷空气、寒潮、温带气旋、热带气旋的出现而产生强风	□摧毁人工建筑物； □船只毁坏、航道淤积； □引发停电、洪水等多种次生灾害； □海洋养殖业受损； □人员伤亡
	海浪	由风产生的波浪，包括风浪及其演变而成的涌浪	强对流的冷热空气相遇，如温带气旋和寒潮大风引起的灾难性海浪，冲击海岸及相关工程设施	□摧毁人工建筑物； □影响海陆交通； □引发停电、洪水等多种次生灾害
	海啸	特大海洋长波袭击海上的海岸地带所造成的灾害	由海地地震、海底火山爆发、海岸山体和海底滑坡等产生的特大海洋长波，但在岸边浅水区时，波高陡涨，骤然形成水墙，来势凶猛	□摧毁人工建筑物； □人员伤亡； □引发停电、洪水等多种次生灾害； □引发海洋地质改变

（续）

灾害名称		灾害定义	成灾机制	产生危害
地质灾害	海平面变化	全球气候变暖造成的冰川消融，进而使得全球海平面上升	海平面上升，对海岸带造成毁灭性的侵蚀、淹没和破坏	□增加风暴潮成灾隐患； □增减洪水威胁； □加剧了沿海地区海岸侵蚀； □沿海低地被永久性淹没
	海岸侵蚀	海岸带长期与海水、海浪运动的相互作用，造成海岸带物理特性的变化	因海水动力和海岸带交互作用，产生泥沙、淤积的变迁和运动，进而导致不同程度的海岸侵蚀现象	□海滩减少和淹没； □人工构筑物或工程受损； □冲毁沿岸工程； □近海土地流失；
	海水入侵	因海平面升高（风暴潮或其他因素造成）形成的海水向内陆水系倒灌的现象，进而造成内陆土地过盐渍化	淡水受到海水严重污染，导致内陆水环境和水系生态圈遭到严重破坏	□恶化生态环境； □影响工农业生产； □人畜吃水困难
	地面沉降	由于内因或外因而形成的地表垂直下沉的过程与现象	地壳的重力作用，以及自然地表土壤的沉积作用，导致地壳逐步下沉，并引起地质结构不稳定状态	□严重毁坏建筑物和生产设施； □造成海水倒灌，土壤盐碱化； □引起地质不稳定变化
生态灾害	赤潮	浮游藻类等生物在水体富营养化的条件下爆发性的繁殖进而引起的生态异常现象	工农业废水以及生活污水的排放引起海水各成分平衡被打破，造成水体富营养化	□破坏海洋生态环境； □影响渔业养殖； □影响滨海视觉景观； □危害人体健康； □人畜饮水困难
	绿潮	绿潮灾害是指海洋型藻爆发性生长聚集形成的藻华现象	海水富营养化和海洋生态结构改变导致了大型海藻爆发性生长和聚集	

来源：整理自《中国海岸带灾害地址特征及评价》《风暴潮、海浪、海冰、海温预报技术指南征求意见稿》《中国海岸侵蚀危害及其防治》《我国赤潮灾害分布规律与卫星遥感探测模型》《海水入侵的危害及其防治对策》

（2）人为灾害

填海新城已不仅是原陆地城市的功能补充和空间外延，而逐步趋向于功能完备、能独立运作的综合型城区，具有综合型城市的一般属性。则其对应的人为灾害类型与一般城市人为灾害也类似，可概括为：事故灾害、公共卫生事件以及社会安全事件（表6-6）。

表 6-6　滨海城市填海城区主要人为灾害

灾害名称		灾害名称	
事故灾害	交通安全事故	公共卫生事件	爆发瘟疫
	火灾爆炸类事故	社会安全事件	恐怖袭击
	基础设施故障事故		拥挤踩踏
	环境污染生态破坏		战争、社会动荡

不同性质的填海城区，面临的主要人为灾害也略有不同，如以航运、工业为目的的产业新城，其由工业事故引起的火灾、爆炸、毒气泄漏、原油泄漏等人为灾害表现得更加突出；以安置人口为目的的综合型新城以及以旅游业为主的旅游新城，其由人口的高密度和高流动性而造成的瘟疫、拥挤踩踏、交通事故则表现的更加突出。

（3）人为自然灾害

填海工程在对海洋资源开发、海域空间利用的同时，会对海洋生态环境造成不可逆转的破坏，进而产生人为自然灾害的风险，如岸滩演变、水域污染、生态恶化等[7]。

①海域物理特性变化导致潜在灾害。

填海工程将直接对近海域的物理特性造成永久性的改变，包括海域面积减少、岸线资源缩减、岸线形式改变、海岸带地质变化、海岸湿地面积缩减等。这些改变将直接影响原自然环境下的海水流场、泥沙运动规律，尤其在"工程形态的凹凸部位"造成持续的泥沙淤积，破坏原浅谈泥沙的动态平衡[7]。大量的泥沙淤积使得近海区域浅水区消波能力大大减弱，同时加剧浅水效应的作用，进而直接对近海防洪工作造成较大的影响。

②海陆依存关系变化导致潜在灾害。

填海工程的实施必然会对海岸线形态、近海地质结构等造成不可逆的改变，原来的海水流场规律、水动力平衡亦会随之发生相应的变化，进而改变了原来自然状态下的海陆依存关系[8]。填海工程多在沿海港湾进行，大规模的填海活动将使得原港湾的纳潮空间减少，海水长时间得不到交换，在淤积型海底地段形成"蓄水库"，泥沙运动的规律被打破，海水自净能力大大削弱。同时施工期间，污染物的排放亦使得海水水质恶化，增大了环境污染突发事件发生的可能性。

③海洋及海岸带生态环境破坏导致潜在灾害。

填海工程会直接造成海洋及海岸带为依存条件的海洋生态系统的变化。填海工程会占据近海生物的生存空间，生物多样性、均匀度和生物密度降低，甚至导致原海域底栖生物的永久损失，最终导致某些物种群落完全消失或发生群落演替，由稳定、健康的群落演替为脆弱、不健康的群落。

6.1.2.2　滨海城市填海城区灾害特征

（1）人为灾害

研究滨海城市填海城区的灾害特征，从孕灾环境、致灾因子、承灾体、灾情四个方面加以论述。

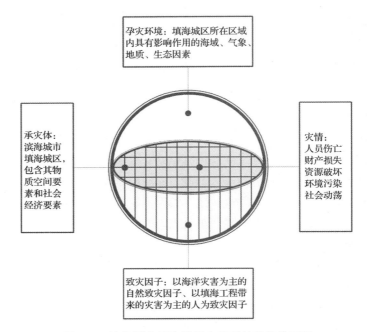

孕灾环境：填海城区所在区域内具有影响作用的海域、气象、地质、生态因素

承灾体：
滨海城市
填海城区，
包含其物
质空间要
素和社会
经济要素

灾情：
人员伤亡
财产损失
资源破坏
环境污染
社会动荡

致灾因子：以海洋灾害为主的自然致灾因子、以填海工程带来的灾害为主的人为致灾因子

图 6-2　滨海城市填海城区灾害系统结构关系图

①孕灾环境特征。

孕灾环境为造成灾害结果的所有要素的总和，包含区域地质、气象、水文、生态等自然要素，也包括人工工程、经济社会、人文习俗等非自然要素。由于这些要素相互作用，当系统内部压力突破平衡阈值时，便会产生灾害。对于滨海城市填海城区这一特定对象，其孕灾环境主要为海陆交界的区域，边缘效应显著，海陆环境共同作用表现出极大的不稳定性。

②致灾因子特征。

致灾因子是指导致灾害发生的触发因素，包括自然致灾因子和人为致灾因子。对于滨海城市填海城区，其自然致灾因子表现出种类多样性、复杂性及不可抗性；人为致灾因子则表现出增长性。

③承灾体特征。

滨海城市填海城区作为承灾体，其人口和各类资源、财富的日益集中、填海土地使用性质的多元化、建成环境的紧密等使其在面对灾害时表现出较高的脆弱性。同时填海工程本身亦会造成许多人为自然灾害，因而体现出一定的致灾性。

④灾情特征。

灾情是孕灾环境、承灾体、致灾因子综合作用的结果，对于滨海城市填海城区，在其孕灾环境、承灾体、致灾因子的共同作用下，灾情的特点主要表现为高频度、群发性、连锁性，以及高损失性等特征。

综合以上，滨海城市填海城区的灾害特征见表 6-7。

表 6-7　滨海城市填海城区灾害特征

针对对象		特性	描述
孕灾环境		不稳定性	海陆交接地区边缘效应显著，影响因子多，环境系统不稳定，并伴随体现周期性和波动性。
致灾因子	自然致灾因子	多样性	海洋灾害、气象灾害、地质灾害等众多致灾因子。
		复杂性	各种致灾因子交互作用导致灾害链式反应区域复杂。
		不可抗性	此类致灾因子是由于自然界规律使然，人类无法避免。
	人为致灾因子	增长性	因填海工程而造成的灾害数量日益增加，且灾害类型日趋多样。
承灾体		脆弱性	因填海区属人工工程，与原自然环境的属性无法达到一致，且暴露于相对不稳定的孕灾环境之中，具有较高的风险。
		致灾性	填海工程本身会破坏原生态环境，造成许多人为自然灾害。
灾情		爆发性	海啸、风暴潮、地震、赤潮、台风等灾害具有瞬间爆发出巨大能量的特征，造成巨大的破坏力
		缓发性	海水入侵、海平面上升等灾害就有缓慢作用的特性，不宜被察觉，一旦突破人工防御措施将造成难以抗拒的破坏力。
		高频性	填海城区是各类风险要素综合作用的场所，各类灾害发生频率高，填海规模与灾害发生次数呈现正比关系。
		群发性	大型灾害体现出群发性的特点，主灾发生后，往往伴随很多危害大、次数多、范围广的次生灾害，表现为短期内的持续发生或长时期内的间歇性发生。
		连锁性	填海城区作为承灾体，其密集的环境和要素间的紧密联系，使灾害发展快并易蔓延到相邻系统，形成较大的扩张范围，表现为连锁性。
		高损性	填海城区作为经济、交通、人口高度活跃的地区，使其在发生灾害时受到的损失高于灾害本身造成的损失。

6.2　滨海城市填海城区综合防灾规划的内涵

　　自人类开始进行填海工程实践以来，不论是何种目的填海工程，都不得不面对灾害的影响，可以说人类填海史中的一部分重要章节就是人类与灾害的斗争史。随着填海工程规模的日趋增加，在满足人类发展空间需求、创造新的经济增长点的同时，填海工程暴露出面对灾害的脆弱性也日趋严重，呈现出灾害发生频率增加和灾害影响扩大的趋势，如何保证填海城区安全、健康发展成为各国在填海实践中不得不重视的问题。尤其是随着现代城市的进步和发展，新的灾种不断出现，灾害链式反应日趋复杂，潜在安全隐患越来越突出，使得简单的被动防灾手段已经无法满足需求，亟待发展新的防灾理念和手段。通过重新审视填海工程和自然资源的关系，系统研究灾害的动力机制，积极探索综合性、可持续性的防灾理念与规划途径将成为保证填海城区健康发展、持续进步的关键。

6.2.1 滨海城市填海区综合防灾规划的主要问题

由于技术的限制，世界范围内大规模填海活动主要集中在20世纪中期至今，且呈爆发式发展，这种主要以利益追求为导向的扩张模式使得针对填海区的防灾建设被弱化甚至被忽视，由此暴露出不少问题，增加了填海城区的灾害风险。尤其是我国近30年来跃进式的填海活动，在综合防灾方面的考虑甚为不足，存在诸多问题。因此，从问题入手，有的放矢的制定综合防灾优化策略，以完善滨海城市填海城区的综合防灾体系，保障填海城区健康有序的发展。

6.2.1.1 灾种灾链多样复杂，防灾规划针对面窄

由于滨海城市填海城区位于海陆交接地带，其地理位置的特殊性导致其所面临的灾害种类多余一般内陆城区，不仅面临海洋灾害、地质灾害等自然灾害，一般城市灾害等人为灾害，同时亦存在因填海工程本身带来的人为自然灾害。尽管不同灾害成因、特点不同，但各类灾害之间具有相互关联性，同时单一灾害具有转移成其他灾害或多种灾害的可能性，各种灾害相互作用亦会形成复杂的灾害链式反应，进而造成复合型的损失（图6-3）。在我国现阶段滨海城市填海城区的防灾规划中，对于单一灾种的考虑较多，而综合防灾相对较薄弱。如多数填海工程中防灾规划的主要内容为防波、防洪，仅仅通过修筑防波堤、防洪堤进行被动防灾。

6.2.1.2 填海土地紧张有限，防灾空间预留不足

随着填海城区土地利用越来越趋向于集约发展，其开发强度和密度也日趋增高，相应的，其绿地、广场等开放空间的总量就会相应压缩，导致了防灾空间数量、规模均达不到基本要求，大大增加了填海城区应对灾害时的风险。以天津东疆港填海工程为例，规划中的开放空间较少、均好性不佳，且绿地率较低，仅为10%（图6-4）。如此一来，不仅无法满足灾害发生时防灾空间的使用效率，而且开放空间的匮乏将间接导加剧高密度空间带来的压力，进而增加孕育灾害的风险。同时生态保育空间，如生态海岸带、近海防护林带等空间的匮乏，使得填海城区抵御灾害袭击的缓冲空间随之减少，进而增大了填海城区暴露机会。

另外，谈到以疏散功能的防灾空间，填海城区存在局限性的硬伤：尤其对于离岸式和半离岸式的填海城区，其与陆地的交通联系难以形成网络，往往只有若干条道路与陆地城区路网相连，容易造成明显的交通"蜂腰效应"，当发生灾害时，严重影响疏散至陆地安全区域的效率。同样以东疆港填海城区为例："L"型的平面布局导致整个城区交通结构呈线性展开，在与陆地接驳的地带交通压力陡增，不利于灾时的应急疏散，大大增加了潜在隐患。

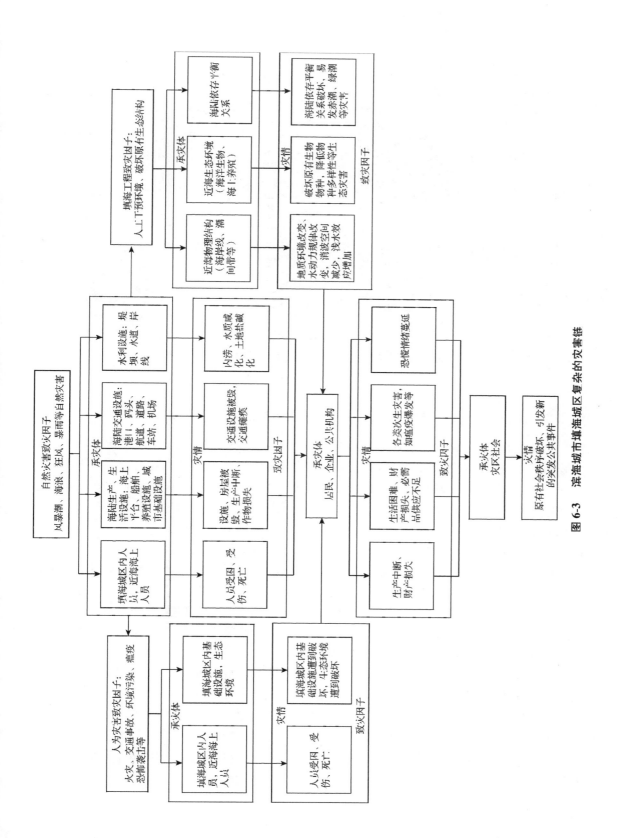

图 6-3 滨海城市填海城区复杂的灾害链

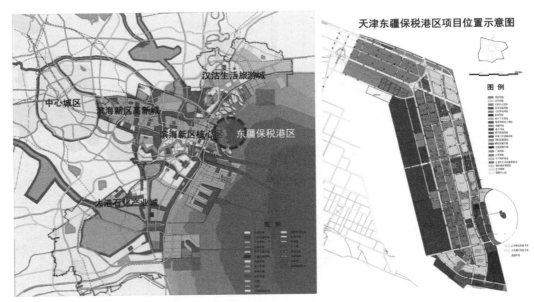

图 6-4　东疆港在天津市的位置（左）及控制性详细规划土地利用图（右）

来源：天津市东疆港港务局

6.2.2　滨海城市填海区综合防灾规划的主要内容和工作框架

参照国家海洋局 2011 年颁发的《区域用海规划编制技术要求》，可对整个填海规划的编制流程和主要工作内容进行梳理。《区域用海规划编制技术要求》中并未明确指出有关综合防灾方面的内容，仅在环境影响评价环节中提及了有关生态安全性的相关要求，可以说在综合防灾方面仍处于空白状态。前文中已经剖析了综合防灾规划在填海规划中的重要性，以下就将着重梳理滨海城市填海城区综合防灾规划的主要内容和工作框架。

6.2.2.1　滨海城市填海城区综合防灾规划的主要内容

长期以来我国综合防灾规划从属与城市总体规划中的专项规划，防灾建设与滞后于城市发展。滨海城市填海城区的发展在我国仍属于起步阶段，在许多新建填海造城项目中，有条件将综合防灾实践贯穿于填海城区危机管理的各个层次和阶段中。危机管理理论体系中，将灾害管理划分为减灾、准备、响应和恢复四个阶段，针对这四个阶段的防灾要求落实相应的防灾规划内容，即形成填海城区综合防灾规划框架体系（图 6-5）。

从上图中可见，填海城区的综合防灾规划包括工程防灾规划和非工程防灾规划，工程防灾规划主要指城市规划体系内与城市实体空间紧密相关的技术性规划手段。工程防灾手段主要是通过完善的规划布局方法设计城市肌理，优化城市环境，形成易于疏解灾害的空间，保证城市安全运营，其中又包括常态防灾规划和应急防灾规划。非工程防灾规划主要指城市规划体系外涉及管理、协调应灾活动的组织制度和相关技术手段，其中包括危机管理机制和智慧防灾系统建设两个方面。

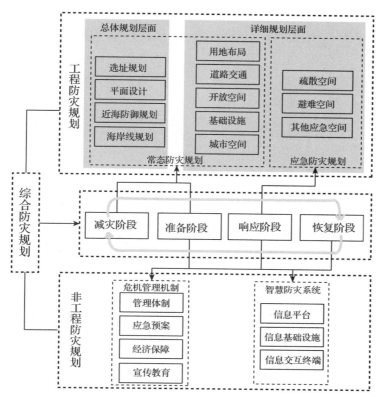

图 6-5　滨海城市填海城区综合防灾规划的主要内容

6.2.2.2　滨海城市填海城区防灾规划的工作框架

厘清了填海城区综合防灾规划的主要内容后，需进一步制定合理的工作框架和步骤，以便更好地指导规划的编制和实施。

首先，在填海城区总体规划阶段，需遵循上位规划的指导思想和原则（海洋功能区划、区域发展规划、城市总体规划及相关专项规划等），充分考虑安全要素，针对孕灾环境稳定性、潜在致灾因子等进行全面评估，并避免产生人为灾害诱因，合理制定建设选址、总平面设计、近海防御手段以及海岸线规划等，从源头上规避灾害风险。

然后，在详细规划阶段（概念城市设计、控制性详细规划、修建性详细规划阶段等）着重关注交通、开放空间、设施、城市空间形态等系统的防灾规划设计，消除或减轻城区固有的、潜在的灾害隐患，并通过相应技术手段对可能发生的灾害做好抵御措施，降低城区的风险性。同时结合灾时应急行动，规划制定相应的应急设施规划，保证灾害发生时应急行动的高效性。

最后，需建立一套高效合理的危机管理机制，在保证城区各个防灾要素配合运作的同时，能在灾害发生第一时间积极快速地做出响应。另一方面，需要大力推广信息技术在综合防灾领域的运用，以实现综合防灾体系的"智慧化"进程。

综合上述内容，滨海城市填海城区综合防灾规划需紧紧结合其总体规划和详细规划工作流程，基于此，本文对滨海城市填海城区综合防灾规划的工作框架进行初步归纳（图 6-6）。

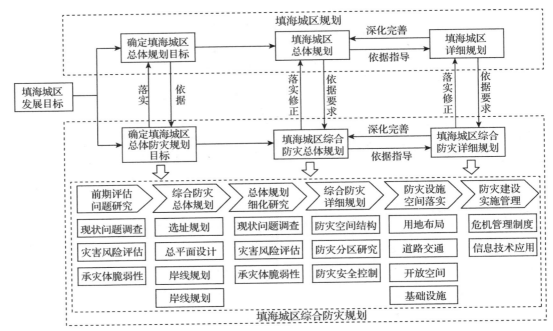

图 6-6   滨海城市填海城区综合防灾规划框架路线

6.3   滨海城市填海城区防灾规划策略

以滨海城市填海城区综合防灾规划为主要内容，从建设选址、平面设计、用地布局、道路交通、开放空间、基础设施、城市空间方面以及管理制度和技术应用方面展开研究，提出基于防灾全程化的滨海城市填海城区规划策略(图 6-7)。

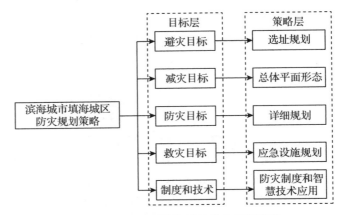

图 6-7   滨海城市填海城区防灾规划策略

6.3.1 基于避灾目标的建设选址规划

填海城区的选址是沿海地区区域规划和滨海城市总体规划的一项重要工作。在地区范围内原有的城市体系中，填海城区的建设往往成为城市新的经济增长点，城市原有经济部分从布局到结构都会相应调整。因而，填海城区选址对沿海地区和滨海城市的经济发展具有战略性意义。对滨海城市而言，填海城区的选址直接影响到其海岸线的合理利用，工业产业发展方向，运输枢纽组织，道路系统布置和城市功能分区等。因此选址是填海城区规划建设的首要任务[9]。

选址是一项综合性、多学科的工作，涉及范围很广，影响因素很多。一般从自然、技术、经济三个方面考虑（图 6-8）。自然因素着重考虑地质、地貌、水文气象、潜在灾害等因素；技术条件着重考虑填海城区的总体布置在技术上能否合理地进行设计和施工，包括防波堤、码头、填海方式等；经济条件则侧重考虑城市规划目标、区域经济协调以及运营投资等方面是否经济合理。其中自然条件是决定选址的先决条件，良好的自然条件是填海城区规划建设的基础保障。在自然条件因素中，安全性因素又是重中之重，安全有利的地理位置和生态环境，是填海城区安全生产和良性发展首要保障。

图 6-8 影响因素

因此，在填海城区规划选址阶段，对安全性考虑的核心内容便是规避灾害。其实施宗旨是首先需要在进行填海规划以前，对区域灾害时空分布、灾害强度、危害程度等进行客观分析，总结区域灾害基本规律，对建设适宜性做出可续评估，尽量避开灾害风险性较高的地区进行填海建设[10]。

6.3.1.1 区域灾害风险评估作为先行依据

我国海岸线长达 18000km，各地海洋灾害类型及所面临的风险不尽相同。为此，国家海洋减灾中心从 2012 年开始编制海洋灾害风险区划图，为海洋灾害前期防御工作提供科学依据，同时为海洋空间发展提供安全合理的指导。

由于技术手段的限制，我国在针对近海区域的灾害风险评估方面仍然处于初步阶段，未能形成统一标准的区域灾害风险评估技术标准，在这一方面急需向欧美发达国家借鉴经验。美国的 SLOSH 模型最为成熟，已被用于墨西哥湾沿岸美国的大部分地区和大西洋海岸常遭飓风袭击的区域。其创建专家开始运用地理信息系统为模型输入水深资料和地面数字高程资料，确定风暴潮灾害风险区，并开展了沿海特定区域风暴潮灾害风险评估，取得了卓越的成果，为美国海岸带发展利用和灾害防御提供了科学有力的参考基础[11]（图 6-9、6-10）。

在对区域灾害风险进行评估之后，对于填海城区建设选址阶段，须尽量避开存在灾害高风险区域，选择相对安全有利的地理环境进行建设，对于无法回避风险的地区，则须要考虑相应的防灾手段。

在此基础上，综合研究区域的资源、环境和经济社会要素特征，建立区域填海选址建设适宜性评价体系。对区域海岸的围填海适宜性给出科学的综合性评估，通过评价体系的建立，能大大促进我国围填海管理制度的规范化和系统化（表 6-8，图 6-11）[12]。

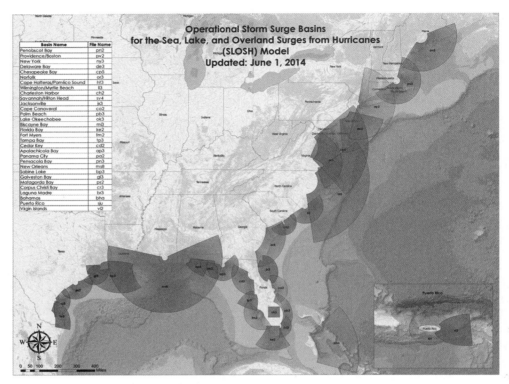

图 6-9　SLOSH 模型应用及覆盖区域

来源：SLOSH model coverage［DB/OL］. Sea, Lake, and Overland Surges from Hurricanes
（SLOSH）. http：//www. nhc. noaa. gov/surge/slosh. php

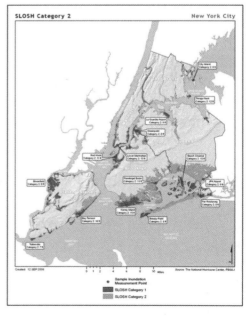

图 6-10　基于 SLOSH 模型的纽约市风暴潮风险区划（1）

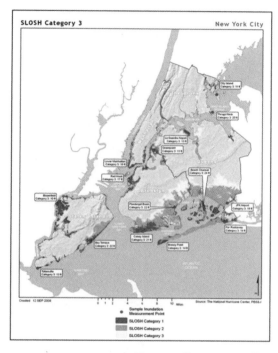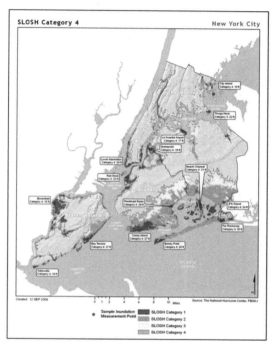

图 6-10　基于 SLOSH 模型的纽约市风暴潮风险区划（2）

来源：New York City Natural Hazard Mitigation Plan 2009. Section3 Coastal Storms：Multi-Hazard Analysis for New York City

表 6-8　围填海适宜性评估等级体系

适宜等级	等级说明
适宜围填（Ⅰ级）	（1）海洋功能区划允许改变海洋自然属性的海域，且有响应的功能区可供使用； （2）有强烈的合理的需要改变海洋自然属性的工程建设需求； （3）当地资源环境条件允许实施改变海洋自然属性的项目
较适宜围填（Ⅱ级）	（1）海洋功能区划排斥大范围或特定地区的改变海洋自然属性的海域； （2）有较强烈和较合理的改变海洋自然属性项目建设需求； （3）当地资源环境条件允许实施局部或一定程度的改变海洋自然属性的海域
不适宜围填（Ⅲ级）	（1）海洋功能区划仅允许对功能区无影响且少许改变海洋自然属性项目实施的海域； （2）有一定的需要改变海洋自然属性的工程建设需求； （3）当地资源环境条件较为排斥改变海洋自然属性项目实施的海域
严禁围填（Ⅳ级）	（1）海洋功能区划严重排斥改变海洋自然属性的海域； （2）当地资源环境条件严重排斥改变海洋自然属性项目实施的海域； （3）有关法令明确规定禁止围、填，或具有重点保护目标的海域

来源：参考文献[12]

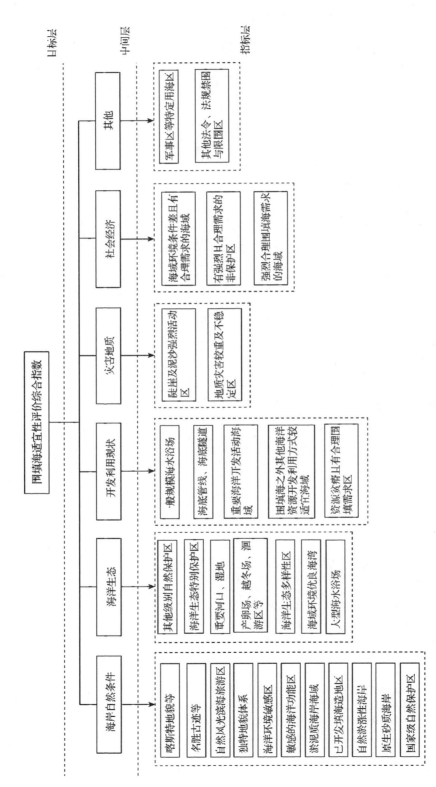

图 6-11　围填海适宜性评价体系

来源：本章参考文献[12]

6.3.1.2　地区建设适宜性评价作为决策参考

在满足区域安全性的前提条件下，在具体施工设计阶段的选址需进行更加详细的科学论证，应掌握包括地形、地质、气候、水文等自然条件的建设用数据，对各类工程的灾害影响、防灾措施和适宜性建设要求进行综合评价，避开存在潜在灾害隐患的要素，选择最有利于防灾的地点进行填海工程。在此阶段，具体需考虑的安全性要素如下[13]：

①建设区域需要具有良好的天然掩护（岛屿、港湾等），并有足够的围填面和深水岸线。如果天然掩护条件较差，至少能够借助工程量不太大的防波堤工程，有效活获得人工安全空间。

②沿岸流的上游侧无较大的泥沙活动量或强烈的侵蚀岸段，沿岸泥沙运输转移强度不大。如果沿岸泥沙流较强，至少能借助防波堤、凸堤工程有效拦截或使泥沙运输转移。

③填海选址岸段岸滩比较稳定，无严重冲刷或者淤积，而且在未来周边区域自然或人为的环境变化不至于严重影响填海选址岸段的冲淤动态。

④填海选址所在海域受大风、暴雨、风暴潮、海雾和海冰严重影响的日数应在允许范围之内。

⑤填海选址所在地区地质构造稳定，历史上为发生 6 级以上的地震。对于有可能出现地震烈度Ⅵ度的地区，工程的抗震烈度需相应提高。

⑥对于专业化的填海功能区，如危险品码头、堆场应与陆地城区之间有足够的隔离空间，且不宜处于上风向。

综上所述，在填海城区具体施工设计阶段的选址过程中，有的总体建设环境较优，有的则相对较差。即使对于填海建设条件较佳的总体环境也会出现某些条件的不足，需要采取相应工程措施加以克服和弥补。

6.3.2　基于减灾目标的平面形态规划

填海城区的平面形态需综合考虑各种社会经济因素和自然环境因素，前者属于工程必要性问题，后者属于工程的可行性问题。在社会经济因素尚未成熟的情况下，即使有安全、良好的自然环境条件，填海工程也只能停留于远景规划考虑中。在社会经济发展背景已经成熟的情况下，安全、稳定的自然环境因素就成为工程实施可行性探讨的主要问题。

2008 年，国家海洋局颁布了《关于改进围填海造地工程平面设计的若干意见》（国海管字〔2008〕37 号文件），文件强调，在沿海地区快速城市化、工业化的背景下，对海洋资源的开发利用强度越来越大，填海规模也不断扩大。但在现今围填海实践中，对于填海造地工程的平面设计并不重视，围填海的方式仍然较为粗放：多以直接延伸、裁弯取直等对近海生态环境破坏较大的方式。这不仅会大大减少自然岸线的利用率、破坏自然海岸景观，也会引起近海水动力失衡，近岸海域生态环境破坏，以及海域功能严重受损等人为自然灾害，进而对填海区的健康有序发展带来严重的安全隐患。所以，必须高度重视围填海造地工程的平面设计，优化改进围填海造地工程的平面设计理念与方式，最大限度地减少因平面设计不合理而造成的潜在危害。

所以，科学合理的填海城区平面设计对于降低灾害风险，尤其是因填海工程本身带来的人为自然灾害有着非常重要的意义。本节就将着重讨论基于减灾目标的填海城区平面形态规划策略。

6.3.2.1　基于减灾目标的总体平面形态规划策略

（1）填海工程对于近海水动力的影响

围海造地所造成的直接影响是近海域的纳潮消波空间随着填海规模的扩大而减小，同时原自然近海地质物理结构亦会遭到不同程度的改变。这些变化将会引起一系列的水动力改变，如潮流流速减小或流向改变、海湾污染物的水体降解能力即水环境容量下降，以及由水动力变化而引起的海床滩槽地形的冲淤变化等[14]（图6-12）。这些变化将进一步增加某些人为自然灾害发生的可能性，如赤潮、绿潮、海浪侵蚀人工工程等。因此在填海工程总体平面形态设计阶段，需要慎重考虑水动力平衡这一重要因素，通过合理科学的平面设计将工程对原水动力平衡影响作用降至可控范围之内，保证水体物理运动的通畅，维持海洋自净能力以及海域水环境质量，进而降低人为自然灾害发生的可能性。

图 6-12　因填海工程产生的近海冲淤变化：2004 年天津东疆港卫星图（左）2013 年天津东疆港卫星图（右）
来源：google earth

在海岸水动力环境中，波浪和水流是最主要的要素，其中还包括海岸泥沙特征，沙质海岸、淤泥质海岸的地貌结构和演变特征，以及填海工程与动力地貌的相互制约和互动适应关系等[15]。海岸动力因素除了直接对工程建筑物产生作用外，还通过其对泥沙的启动、搬运和沉积引起地貌冲淤演变，影响工程的功能和稳定性。孙志霞在《填海工程海洋环境影响评价实例研究》[16]中以海阳港填海工程为研究对象，采用基于 MIKE21 流场算法的二维数值模拟方法，针对不同规划方案，计算和模拟了其水动力作用和冲淤环境，并从模拟结果中做出进一步的推断：填海工程将造成海岸线缩短、破坏海岸动态平衡、改变潮流特性，改变海洋冲淤环境等影响（图6-13、6-14、6-15）。

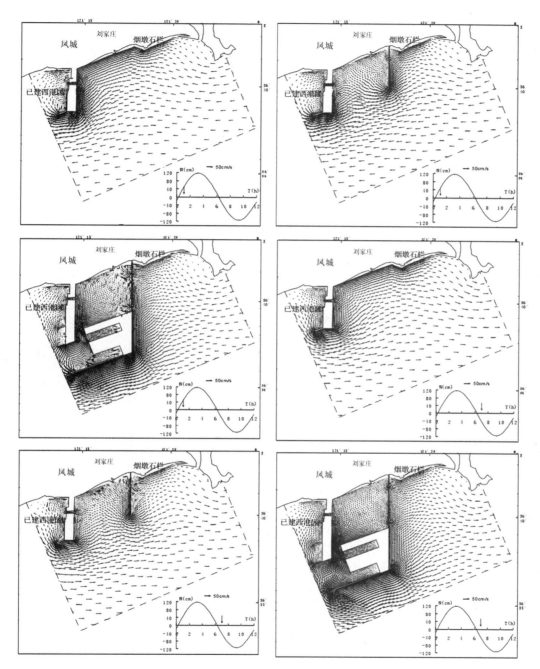

（上左）现状潮流场模拟（涨潮中间时）；（上右）道路路建成后潮流场模拟（涨潮中间时）；（中左）最终潮流场模拟（涨潮中间时）；（中右）现状潮流场模拟（落潮中间时）；（下左）道路建成后潮流场模拟（落潮中间时）；（下右）最终潮流场模拟（落潮中间时）

图 6-13 实验结论：规划港区填海包围的区域内，近岸处流向变化很大，涨潮中间时水流成为入港流，而落潮中间时成为出港流，与港区建成前水流趋势几乎呈相反的态势。

来源：本章参考文献[16]

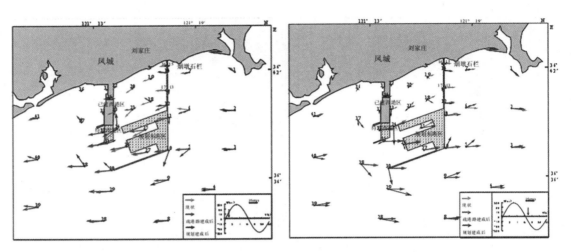

(左)流速对比(涨潮中间时);(右)流速对比(落潮中间时)

图6-14 实验结论:港内流速均减小,离岸越近减小幅度越大,除港区南端海域流速增大外,其余方向流速均不同程度减小

来源:本章参考文献[16]

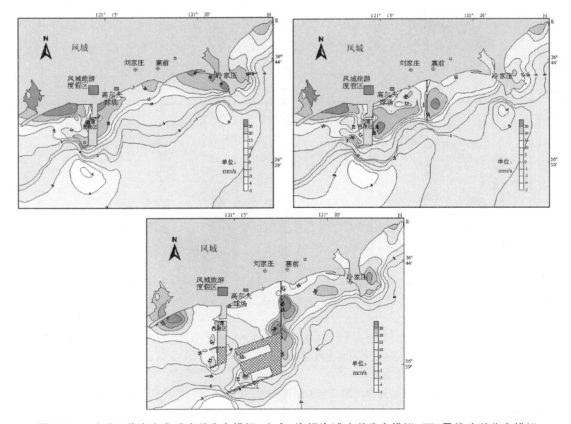

图6-15 (上左)道路建成后冲淤分布模拟(上右)海堤海域冲淤分布模拟(下)最终冲淤分布模拟

实验结论：填海工程对该海域冲淤环境会产生显著影响。整体上冲刷区向南移动，淤积严重区也随着新人工岸线的建造发生位移，淤积程度减轻的是原淤积速率较大的近岸海域地区。

（2）减少水动力平衡影响的填海城区平面形态优化策略

①离岸式填海方式作为优先考虑。

离岸式填海方式是指在离开原有海岸线一定距离的近海区域内进行围填的填海工程，通过这种填海方式，能够保证新建的填海工程成为一个相对独立的单元，沿岸水流能顺畅通过，是对近海水动力属性影响最小的填海方式之一。胡殿才（2009）在其硕士论文《人工岛岸滩稳定性研究》中指出针对离岸式填海方式，以原海岸线为参照基准，当填海工程的内缘与其对应的海岸线之间的距离较近时，填海区后方绕射波波高逐渐递减，周边流沙将逐渐在其掩护区内沉积，如此一来，由于其对应的下游区域泥沙流量将会减少，进而在破碎波浪和沿岸不稳定流场的共同作用下，加速对岸线的冲刷侵蚀[17]。谢世楞[18]院士针对填海工程研究了水动力环境改变和岸线冲淤程度的相互作用关系，其中一项重要的参考指标就是离岸距离和填海区的尺寸的比值，首先设定填海区内缘的离岸距离为 L，填海区域尺度（外侧防波岸堤长度）为 d，通过计算和相关的实验，得出当 L/d 的值小于 6 时，填海区域将对岸线冲淤产生相应的影响。而当 $L/d \approx 1$ 时淤积体在冲淤的作用下将形成连岛沙坝（图 6-16）[19]。

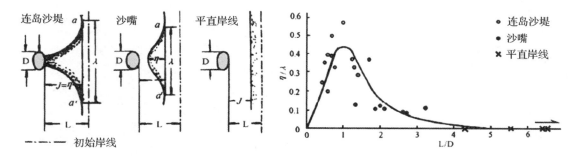

图 6-16　离岸填海区域与岸线间冲淤变化的关系

来源：本章参考文献[19]

谢世楞的相关研究仅为粗略估算，并未针对不同海陆环境、不同工程条件进行一一分析，仅作为普适性的参考研究。对于离岸式填海工程具体应把握在多大的离岸范围之内，仍需针对具体的海陆信息基础资料进行系统的汇总研究以及对工程条件进行严格的模拟计算。在美国陆军海岸工程研究中心编制的《海滨防护手册》中，有一个人工岛初步设计的实例，其中通过外海波浪的计算、近岸波浪的变形和折射分析以及其他水动力因素的模拟验证，对人工岛形状选择和总体布局、人工岛对海岸线影响、人工岛对波浪折射绕射、人工岛周围局部冲淤影响等相关方面的研究有着独到之处[20]（图 6-17）。

②多斑块组合形式作为优先考虑。

以日本为例的发达国家填海工程已经逐渐摒弃大面积、整体式围填海方式，而逐步转变为多区块方式、组团式方式以及人工岛式围填海。这类填海方式，在改善填海区水动力循环方面具有明显的优势[21]。（图 6-18）葛玥在《城市河口形态绘制及其填海特征分析》[22]中，运用 map-

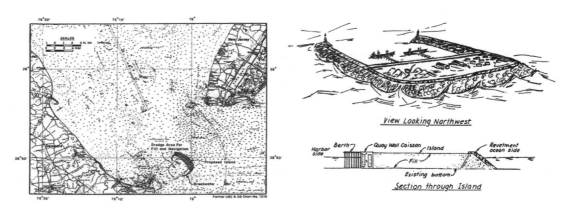

图 6-17 （左）人工岛水动力影响图（右）人工岛鸟瞰意向图及坡面意向图
来源：《Shore Protection Manual》，本章参考文献［20］

ping 手段，对大量工程实例进行绘制研究，从滨海河口地区由于填海行为造成的潮间带侵蚀现象进行了量化比较，确定了填海工程形态与该地区生态影响（潮间带退化测度）的关联，并进一步指出多个斑块较单个斑块的填海方式对海岸带物理环境、生态环境破坏较小。

多区块、组团式、人工岛式围填海方式，在尊重近海自然形态特征的前提下，以模拟自然岛屿的方式最大程度的减少人工工程对原有海洋物理规律、生态平衡的影响。虽然在工程造价和施工难度上均比平推、外延式填海要高出许多，但是通过这种方式，一方面能实现填海区在生态补偿方面自我调节之作用，避免因不简单粗暴的填海方式带来的人为自然灾害的风险。另一方面，多水道的平面形态可以增加填海区域的纳潮消波空间，平衡泥沙收支，延长波浪的流动距离，减弱波浪的破坏能量，进而削减海上大浪对人工工程的直接打击以及对海岸线的侵蚀作用。同时，人工岛群与近海防御工程相结合，在近海地带与陆地城区之间能构筑有效的防护屏障，形成缓冲区，起到保护陆地城区的作用。

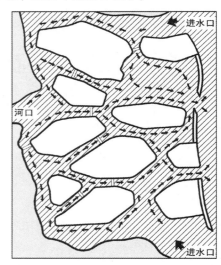

图 6-18 多区块填海方式水体循环示意
来源：本章参考文献［21］

此外，多斑块式的填海方式除了在减灾方面有着显著的优越性之外，对于岸线资源的利用也大大增加，一方面创造出丰富的岸线形态，形成多层次的滨水空间，营造出灵活多变的滨水景观，为滨海特色空间塑造提供更大的弹性空间，另一方这种灵活、多变的形态组合方式在实现功能混合、强化空间结构，提升土地价值方面也有着明显的优势（图6-19）。

图 6-19 （左）东京湾的多区块填海模式（右）东京港卫星图

来源：東京湾埋立情報［DB／OL］． 東京湾環境情報センター．

http：／／www.tbeic.go.jp／kankyo／mizugiwa.asp#

③流线形设计作为优先考虑。

需要明确的是，在自然状态下，由于长期的、规律的海水流场作用和冲淤过程，海岛、潮间带、沙质海岸将呈现出与海岸动力相适应的自然形态[19]。而填海工程是在相对非常短暂的时间内由人工建设形成的人造地貌结构，并不能完全模拟自然状态下岛屿或海岸构造的形态，所以会破坏全区域的海水动力平衡和泥沙冲淤规律。那么，在填海城区总体平面设计阶段，何种填海形态能够尽量接近自然水动力作用下的稳定状态，同时不严重破坏原水动力活动规律是需要深入研究的内容。

根据流体力学的相关内容，水流在流动过程中遇到障碍物后，其流动模式即会发生相应的改变，且改变的方式与障碍物接触面的形状、大小、质地有直接关系。对于填海工程而言，当水流遇到工程构筑物时，水流原运动状态被打破，并伴随产生涡流等现象，对填海区岸线及周边海底的稳定性会产生不利的影响（图 6-20）[23]。

图中可以看出，当定向水流作用于基本的几何形态的障碍物时形体时（仅以平面形体及表面水流场作为研究），原本顺畅的流场会因为与障碍物表面的作用而发生流向和流速的变化，尤其在几何形体的转角部位，会形成流速较高的涡流现象，且随着几何形体的边数的减少，涡流现象越明显，当基本几何形障碍物的变数趋近于无穷，也就是呈圆形时，仅在障碍物的背面会形成较小的扰动。由此可初步确定，曲线形的平面形态对水流长的影响最小，这也是自然岛屿多呈流线型的原因——在水流的长期冲刷下，流线形态是最适应水流动力的基本形态。那么，在填海城区的平面设计当中，采用流线型的设计优于直线型或折线形的设计。

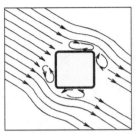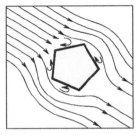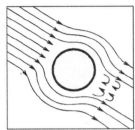

图 6-20 不同填海形状对水流产生的影响示意

来源：本章参考文献［23］

从水动力条件来看，填海区既有潮流动力的影响也有波浪作用的影响，其中潮流动力决定了填海区建成后的冲淤分布，波浪作用则影响填海区迎波面的岸滩稳定性。陈新在运用先进的水文模拟软件 MIKE21 分别对圆形、正三角形、正方形、正六边形的理想人工岛模型进行了波高分布模拟，人工岛周围波高分布的规律以及不同形态、不同迎波方式（迎波倒置或正置）的人工岛对波高分布的影响，通过对比研究得出相同条件下圆形的人工岛平面形式的迎波面波高最小的结论［24］（图 6-21、6-22、6-23、6-24）。

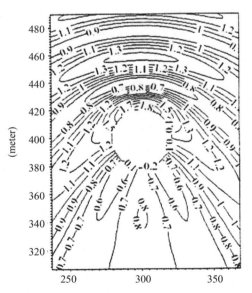

图 6-21 （左）Dc=1L，圆形人工岛正置波高值；（右）Dc=1L，圆形人工岛倒置波高值

来源：本章参考文献［24］

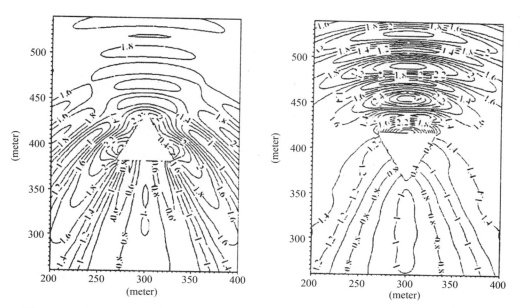

图 6-22 （左）$D_c = 1L$，三角形人工岛正置波高值；（右）$D_c = 1L$，三角形人工岛倒置波高值
来源：本章参考文献[24]

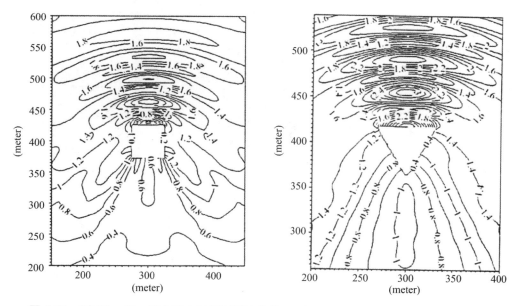

图 6-23 （左）$D_c = 1L$，正方形人工岛正置波高值；（右）$D_c = 1L$，正方形人工岛倒置波高值
来源：本章参考文献[24]

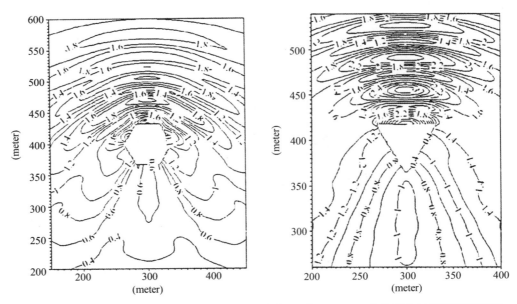

图 6-24 （左）Dc＝1L，六边形人工岛正置波高值；（右）Dc＝1L，六边形人工岛倒置波高值

来源：本章参考文献［24］

综上所述，在填海城区总平面设计阶段，需尽量采用最大程度模拟自然岸滩的曲线形的平面形式，避免过多拐角的出现，以达到减小对原水动力平衡的破坏之目标；同时应尽量避免过长的迎波面，以减小波浪对工程实体的冲击作用（图6-25，表6-9）。

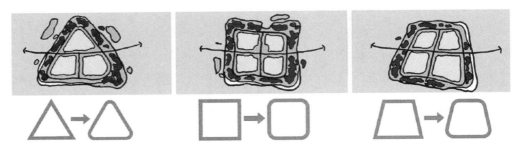

图 6-25 圆角设计优于折线形或直线型设计

来源：本章参考文献［23］

结合以上三点叙述，总结出表6-9。

表 6-9 填海城区总体平面设计需遵循的原则

原则	具体描述	示意
优先考虑离岸式	在离开原有海岸线一定距离的近海区域内进行围填的填海工程,通过这种填海方式,能够保证新建的填海工程成为一个相对独立的单元,沿岸水流能顺畅通过,是对近海水动力属性影响最小的填海方式之一。	
优先考虑多斑块组合模式	多斑块、多水网、河道分割的填海方式是对自然岛屿形态的模拟,在改善填海区水动力循环方面具有明显的优势;多水道的平面形态可以增加填海区域的纳潮消波空间,延长波浪的流动距离,减弱波浪的破坏能量。	
优先考虑流线型平面形态	填海城区的平面设计当中,采用流线型的设计是一种模拟自然的方式,能大大减小对水动力平衡的破坏。	

④基于减灾目标的填海城区总体平面设计管理优化策略。

首先要明确平面设计的评估审查在海域使用申请和审批过程中的重要作用,尤其对填海工程的安全性、合理性进行严格评估。平面设计初步方案以及相关的可行性研究、合理性评估需作为申请人提出填海项目申请时的必须材料。在正式的使用审查与评估过程中,更应该建立严格的平面设计方案评审机制,要求设计单位利用相关计算机技术辅以安全性评估、风险模拟等步骤。另一方面,需建立科学完善的填海工程平面设计评价体系和规范化的规划编制要求,以促进围填海工程的平面设计的科学性与合理性。通过这些手段和途径,能最大限度地减少围填海工程本身作为致灾因子而引发的各种安全隐患,提升填海城区整体安全系数,降低灾害脆弱度,保护有限的近岸海域资源,提升围填海新增土地的经济价值。

索安宁等从填海强度、填海岸线冗亏度、亲海岸线营造、自然岸线利用程度、水域面积预留、水动力平衡等方面构建了填海工程平面设计合理性的评价体系[25],该评价体系从一定程度上能够指导填海工程平面设计向离岸式、多区块式和人工岛式方向发展(表 6-10)。

表 6-10 填海平面设计评价体系

评价内容	具体要素	公式表达	公式意义	指数值	指数意义
离岸程度	围海强度	$I=\dfrac{S_0}{L_0}$ $(km^2 \cdot km^{-1})$	I 为填海强度指数;S_0 为评价区域填海总面积(km^2);L_0 为评价区域填海工程占用海岸线长度(km)	0~50	填海强度极低
				50~100	填海强度较低
				100~200	填海强度中等
				200~300	填海强度较高
				300	填海强度很高
				人工岛	对于不占用岸线的人工岛
	岸线冗亏度	$R=\dfrac{L_n}{L_0}$ $(km^2 \cdot km^{-1})$	R 为填海岸线冗亏指数;L_n 为填海工程新形成人工海岸线长度;L_0 为填海工程占用原有海岸线长度(km)	<L_0	填海岸线长度亏损,岸线资源浪费
				1.0~2.0	填海岸线冗余度较低,岸线节约利用度底
				2.0~3.0	填海岸线冗余度总等,岸线节约一般
				3.0~4.0	填海岸线冗余度较高,岸线节约利用较好
				>4.0	填海岸线冗余度很高,岸线节约利用很好
				人工岛	对于不占用岸线的人工岛
组团化程度	亲海岸线营造	$C_n = \dfrac{L_n}{S_0}$	C_n 为填海岸线冗亏指数;L_n 为填海工程新形成人工海岸线长度;S_0 为填海工程占用原有海岸线长度(km)	<1.0	填海岸线长度亏损,岸线资源浪费
				1.0~2.0	填海岸线冗余度较低,岸线节约利用度底
				2.0~3.0	填海岸线冗余度总等,岸线节约一般
				3.0~4.0	填海岸线冗余度较高,岸线节约利用较好
				4.0	填海岸线冗余度很高,岸线节约利用很好
				人工岛	对于不占用岸线的人工岛

（续）

评价内容	具体要素	公式表达	公式意义	指数值	指数意义
组团化程度	水域面积预留	$A_w = \dfrac{S_w}{S_0}$	A_w 为水域容积率；S_0 为围填海工程总面积（km²）；S_w 为填海工程范围内水域预留面积（km²）	<0.05	水域面积预留很少，亲海水域贫乏
				0.15~0.05	水域面积预留较少，亲海水域一般
				0.15~0.25	水域面积预留充足，亲海水域丰富
				0.25~0.35	水域面积预留较充足，亲海水域较丰富
				>0.35	水域面积预留很充足，亲海水域很丰富
水动力影响	水动力通畅度	$H_w = \sum\limits_{i=s}^{n} W_{si}$	H_w 为水动力廊道指数；W_{si} 为填海预留的第 i 调潮汐通道最窄处的宽度	0	填海区没有预留潮汐通道，水动力过程不通畅
				0~30	填海预留的潮汐通道窄于 10m，只有高潮时水动力过程较为畅通
				30~60	填海预留的潮汐通道在 10~30m 之间，低潮是水动力较为通畅
				60~100	填海预留的潮汐通道在 30~50m 之间，低潮时水动力很通畅
				>100	填海预留的潮汐通道大于 50m，低潮时水动力极通畅

来源：根据参考文献[25]整理

6.3.2.2 基于减灾目标的近海防御规划策略

在填海实践过程中，往往受到经济因素或城市发展方向的综合考量，在选址阶段无法完全避开灾害风险较高的区域，在总体平面设计阶段亦无法有效减弱灾害的影响，此时，则需要通过人工构筑以海堤、防波堤等近海防护措施来减弱灾害对填海区的直接作用。近海防护工程时人类抵御潮、浪漫淹和吞蚀陆地、保护生命和社会财产安全的有效手段。它包括海堤及对自然岸坡的护岸、护脚、护滩工程[13]。

（1）海堤的类型

海堤与江(河)堤有较大的差别，首先海堤保护的对象呈现出多样化的特点，填海工程的开发目标有多种，相应的填海工程中海堤防护对象也是多种多样的，不同性质的填海工程对海堤的要求和工作条件也有所不同。如对于一般围垦工程，海堤主要用于挡潮防浪，而对于海涂水库的海堤同时还要起到水库大坝的作用(图 6-26)[26]。

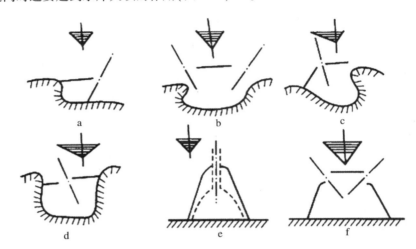

a. 单突堤；b. 岛堤；c. 岛堤与突堤组合；d. 双突堤；e. 合抱式双突堤；f. 双突堤与岛堤组合

图 6-26　海堤布置的基本形式

来源：本章参考文献[26]

海堤工程主要由堤基、堤心、护面层和护底结构组成。根据海堤的功能和管理、使用需求，可设放浪墙、消浪平台或交通平台等。按海堤的断面形式，有斜坡式、陡墙式和混合式海堤。习惯上把迎水坡坡比 $m>1$ 的海堤成为斜坡式，坡比 <1 的成为陡坡式。采用何种结构形式，取决于堤基高程、土质情况、风浪大小、材料供应和施工条件等因素[27]。

（2）海堤的设防标准

海堤防御标准是指海堤应具有的防御潮水(或洪水)和波浪袭击的能力，通常以设计潮位(或水位)和设计波浪(或设计风速)的重现期表示。在我国以往由于潮位、波浪资料短缺，也常采用当地的历史最高潮位和某一特定风力级别作为防御标准。在一般情况下，当实际发生不大于防御标准的潮位和波浪(或风力)时，海堤及其防护对象应该是安全的[13]。

在确定海堤工程防御标准时主要考虑下列因素[13]：

①海堤工程根据其防护对象和开发目标的重要性和规模，保护面积等划分等级，不同等级采用不同的设防标准。

②考虑风暴潮等海洋灾害情况、工程投资及其效益、经济条件等因素。一般来说，社会经济地位重要，灾害频发损失大，投资效益高，经济条件又允许的情况应该选用较高的标准杆，反之则选择用较低的标准。

③考虑填海区域发展形势和海堤的使用年限。例如，在淤涨型海岸兴建填海工程，有的岸段海堤建造后，由于堤外滩涂加速向外淤积，淤积近期内可再度填海，而使得原有的海堤退居二线，原先的海堤将成为年限使用较短的过渡性海堤，两者相比在使用年限和设防标准上应该也有一定的差别。

由于建造海堤的主要目的是保护后方陆域及陆地建筑物在风暴潮等在还期间免受海水侵蚀和海浪破坏，海堤工程的等级首先取决于受保护陆域的社会经济重要性和规模，现行国家《防洪标准》(GB50201-94)和《滩涂治理和海堤工程技术规范》(SL-2007)中规定了海堤工程的等级和设防标准(表 6-12、表 6-13)

表 6-11　城市的等级和防洪标准

城市等级	重要性	人口规模 （万人）	防洪标准 （重现期(年))
I	特别重要的城市	≤150	≥200
II	重要的城市	150~50	200~100
III	中等城市	50~20	100~50
IV	一般城市	≥20	50~20

来源：《防洪标准》(GB50201-94)

表 6-12　海堤工程设防标准

建筑物级别	设计重现期(年)		安全加高(m)
	高潮位	波浪	1.0
I	≥200	≥200	1.0
II	200~100	100	0.8
III	100~500	50	0.7
IV	50~20	20	0.6
V	20~10	10	0.5

注：1. 根据防护区内工业密集及乡镇企业发达程度等多种情况，考虑淹没后果，选择重现期的上下限。

2. 近期内在本期工程堤外拟再度填海的，现建海堤属于过渡性海堤，设计重现期中可取下限。

3. 对于 I~II 级别的建筑物，如果按照设计重现期确定的设计高潮位地域当即历史最高潮位时，宜采用历史最高潮位。

来源：《滩涂治理和海堤工程技术规范》(SL-2007)

6.3.2.3　基于减灾目标的海岸线规划策略

李钊指出城市规划视野下，海岸线不同于地理学的海岸线，城市规划角度定义的海岸线是一个空间概念，包括一定范围内的水域和陆域，其陆域范围多数以滨海道路为界，海域界限一般以低潮线向外延伸 200~500 米等高距为界[28]（图 6-27）。岸线是海洋和陆地直接接触的第一道界面，其遭受以风暴潮为主的海洋灾害的作用也是直接的。可以说，海岸线是保护陆地免遭或削弱灾害影响的主要屏障，合理的岸线规划能大大增强填海城区的御灾能力，有效减弱灾害的破坏性作用。

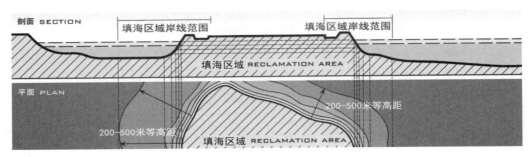

图 6-27　填海区域岸线界定范围示意

来源：本章参考文献[28]

　　我国在大量的填海工程项目中采用钢筋混凝土的硬质岸线工程，并提高其防御等级，但是这种方式的岸线设计虽然能被动的抵御风暴潮等海洋灾害，但是其人工建设过程亦导致了各种负面影响严重的人为自然灾害，同时这种人工岸线的养护成本往往非常高昂，从长远来看并不具有可持续性。日本、欧美等填海实践历史较长的发达国家，早已意识到人工硬质岸线的弊端，开始积极探索基于生态补偿理念的岸线修复策略。20 世纪 60 年代，为了控制填海工程在旧金山湾的过度蔓延、避免海湾生态系统造成不可逆的破坏，成立了一个 NGO 组织——旧金山湾保护欲发展委员会，改委员会致力于从生态、经济、土地、能源等各个方面协调旧金山湾的资源保护与可持续发展。经过多方努力，严格控制了填海规模，尤其是新增的填海项目。同时，采用各种生态工法恢复了大面积的退化湿地，保证了这一地区的物种多样性[29]。

　　在美国旧金山湾的海岸线综合修复计划中，旧金山湾保护和发展委员会提出了针对气候变化影响的海湾发展策略方法（Strategy Development Method）（图 6-28）。该方法基于生态与经济的

图 6-28　旧金山湾发展策略方法（Strategy Development Method）示意图

注：经济影响因子（低：限制经济重要性和发展；高：高经济活动）生态影响因子（低：限制生态系统多样性；高：多样性高的生态系统）

来源：根据 San Francisco Bay：Preparing for the next level 相关内容整理绘制

动态关系制定出四种针对性各不相同的岸线发展策略：被动御浪型发展策略（Tidal Denying Development）；经济驱动型发展策略（Economic Driven Development）；主动迎浪型发展策略（Tidal Embracing Development）；生态驱动型发展策略（Ecology Driven Development），这一套方法构建了一个独立于政治倾向的概念性的行动框架，运用于特定条件下岸线发展模式的决策，具有极高的自组织性（图 6-29）。当然，决策的制定基于对整体近海环境指标、相关基础资料的科学系统的整理和分析所得出的。

（左上）：被动御浪型发展策略；（右上）：经济驱动型发展策略

（左下）：主动迎浪型发展策略；（右下）：生态驱动型发展策略

图 6-29　旧金山湾岸线发展策略方法示意

来源：同上

这一方法理念的实践，从旧金山湾的填海城区福斯特城（Foster City）的岸线规划中有着充分的体现。通过综合分析与考量福斯特城采用主动应浪型的发展模式（Tidal Embracing Development）（图 6-30），岸线规划中不仅设计了大面积的生态湿地、丰富的湿地植物种植、宽阔的潮间带，同时也结合城市综合功能营造出大量的滨水生活空间，兼顾了城市建设和生态保护的双赢。在减灾方面具有极高的优越性和可持续性。自然岸线空间由陆地到海洋有着丰富的植物带、海岸、滩涂、湿地、潮间带等，这种设计方法保证了充足的缓冲空间，能大大削减海浪的冲击作用。同时这种生态柔性岸线与人工刚性岸线相互结合，构筑出多层次的绿化体系。这种模拟自然的设计方法一方面大大减弱了人工工程对海洋生境的破坏，另一方面能充分发挥自然岸线的生态优势，对岸线空间环境起到优化作用（图6-31）。

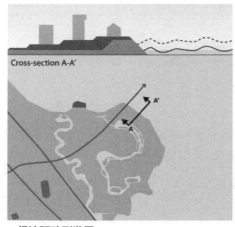

经济驱动型发展：
大型海堤结合城市高密度开发

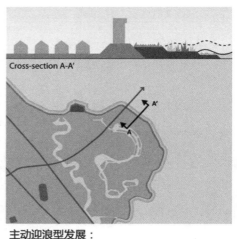

主动迎浪型发展：
梯田式海堤，结合公园、湿地的立体化开发

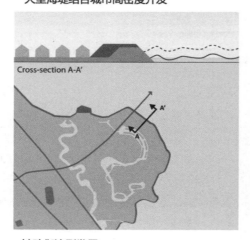

被动御浪型发展：
大型海堤保护内部城区

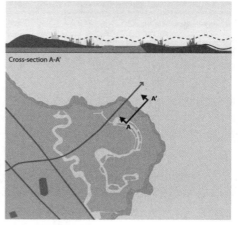

生态驱动型发展：
生态湿地的完全保育

图 6-30   基于发展策略方法（Strategy Development Method）分析的福斯特城岸线规划比较
来源：同上

（左下）：生态化的城市开发；（右下）：营造良好的生物栖息地
图 6-31　左上：大面积的人工湿地；右上：生态化的滨海岸线
来源：Foster City．[DB/OL]．谷歌图片．http：//images.google.com.hk/

　　由福斯特城的成功实践案例不难看出生态化的岸线设计在减灾方面的优越性。基于此，在滨海城市填海城区的岸线规划中，应尽量构建多层次的防御性生态体系，海堤内建议设置300米以上的第一层防护林带，以微丘树林等立体种植方式抵御台风等近海主要灾害，防护林内侧再设置100~200米的滨海生态防护林带[30]。同时在堤岸外侧保留或人工制造足够规模的潮间带(沙滩、生态湿地等)，为近海区域的生态修复奠定基础，以保证填海城区留有充足的缓冲空间(图6-32)。

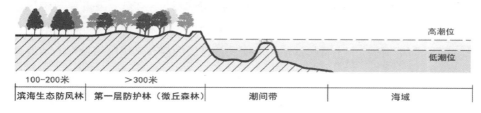

图 6-32　填海城区多层次生态防护体系示意
来源：本章参考文献[28]

6.3.3　基于防灾目标的详细空间规划

《周易·既济》中道："君子以思患而预防之。"唐代陆贽在《论两河及淮西利害状》中道："非止排难於变切，亦将防患於未然。"清代程麟在《此中人语·成衣匠》写道："善於治家者，尚其防患於未然哉。"亦作"防患于未然"。由此可见，自古以来"防患未然"的思想根植于中国哲学里，而这一哲学理念恰与当今城市综合防灾规划的本质相吻合。对应于城市规划科学当中，"防患"是目标，可理解为防止灾害的发生或防止灾害造成过大的生命财产损失；"未然"表达状态，可意会为在灾害发生之前。综合来理解，"防患未然"即表达常态防灾之意：将忧患意识贯穿于城市规划的各个层次和阶段中，根据对城市特质空间的分析，通过完善的规划布局方法调整城市肌理，优化城市环境，形成易于疏解灾害的物理空间，提高城市的适灾性，促使城市健康有序的发展，并保证城市在灾害发生时具有较高的抗性。金磊（2005）指出城市安全的常态建设比应急建设更有效，许多损失重大的灾况并不是因为应急救灾的力度不够，往往是由于常态防灾建设的薄弱，积重难返，导致应急救灾也杯水车薪[31]。

针对填海城区来说，尤其是拟建的工程项目，做好常态防灾规划是实现可持续发展的关键环节。常态防灾规划落实到具体操作内容和实施途径主要包括：以安全性为基础的合理科学的用地布局，高效安全的道路交通系统，缓冲灾害作用的开放空间体系，保障生命线运作的基础设施系统，以及适应灾害的城市空间形态。将常态防灾的理念融入这些规划内容，消除或减轻城市潜在的灾害隐患，并避免产生人为灾害诱因；同时通过技术措施对可能发生的灾害做好抵御措施。最后在此基础上，常态防灾建设也应作为应急建设的基础，为应急规划中的疏散通道和避难场所的规划设计留足弹性空间。

6.3.3.1　基于减灾目标的土地使用规划策略

常态防灾是建立在合理的土地使用规划的基础上的，根据填海城区不同功能分区的特质，综合考量其防灾特性，并据此进行整体安排组合，制定相应的防灾要求，才能确保填海城区常态防灾效能的最优效果。

土地使用规划是多维度与多目标的决策过程，在满足地方经济社会发展需求的同时，还需以建立安全的城市发展环境、适应灾害的城市物理空间。若土地使用不当则有诱发和扩大灾害的可能性[32]。反之，科学合理的土地使用规划，在防灾建设中起到至关重要的作用。土地使用规划在减缓灾害风险的功能上，必须从减少灾害敏感地区的暴露程度或脆弱度着手，可达到满足常态防灾需求的目的。下文就将从城区层面和社区层面探讨基于防灾目标的填海城区土地使用规划策略。

（1）城区层面——保证土地兼容安排，制定防灾功能分区

在填海城区总体土地利用规划阶段，针对常态防灾目标的考虑，需从以下几点入手：

①综合整理灾害信息、梳理城区各功能板块之间的关系，分析其风险水平和相互影响程度，并合理安排其总体布局，构建安全的城区空间结构；

②根据灾害潜势特征，控制城区灾害风险程度，提出管制标准和开发程序；

③对灾害潜势较高的地区，采取更加严格的土地使用管制；降低潜在灾害发生的几率，规定限制危险源的空间布局，提供防护措施。

在填海城区开发实践中，综合功能已经成为大趋势。如日本的环东京湾填海区域中，填海用地中包含了各种工业产业、居住地产、文化娱乐、渔业养殖等（图 6-33）。如何安排各个功能板块的布局，并保证其安全合理的生产与发展，是常态防灾工作中需考虑的重点因素（图 6-34）。

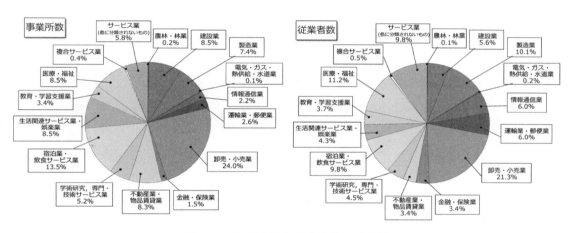

图 6-33　东京湾填海区域功能组成比例

来源：東京湾埋立情報．［DB/OL］．東京湾環境情報センター．http：//www. tbeic. go. jp/kankyo/mizugiwa. asp#

从东京湾填海城区的实例不难看出，综合开发是其土地利用规划的最大特点。在其多种功能综合开发的过程中，从安全角度充分地考虑了不同性质的土地之间的兼容问题，例如，危险性较高的化工产业与对环境稳定程度要求较高的居住区之间的隔离关系，尽量避免在安全兼容性上冲突的功能区块相邻。根据这一原则，在填海城区土地利用规划的过程中需首先考虑危险源的负面影响，综合考量各种性质土地的安全兼容性，以便合理安排不同功能区之间的空间布局关系（表 6-13）[32]。

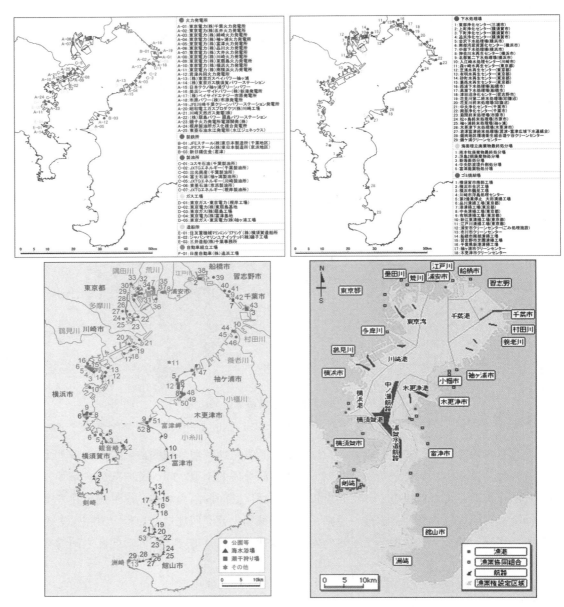

图 6-34　东京湾填海区分布(左上)东京湾填海区工业产业分布(右上)东京湾填海区基础设施分布(左下)东京湾填海区娱乐设施分布(右下)东京湾填海区渔业养殖分布

来源：東京湾埋立情報. [DB/OL]. 東京湾環境情報センター. http://www.tbeic.go.jp/kankyo/mizugiwa.asp#

表 6-13   填海城区典型土地使用危险源一览表

危险源分类	土地性质	具体职能	危险因子	致灾后果
一般危险源	公用设施营业网点用地（B）	加气加油站（B41）	可燃物泄漏；易燃、易爆；	火灾、爆炸导致人员伤亡财产损失
	公用设施用地（U）	供电设施（U12）	易燃、易爆；发生漏电；	火灾、爆炸导致人员伤亡财产损失；
		供热设施（U14）	易燃易爆	
		供燃气设施（U13）	易燃、易爆；	
		环卫设施（U22）	环境污染；孕育瘟疫；	污染环境、诱发瘟疫，造成人员感染；
	物流仓储用地（W）	一般性仓储设施（W1）	易燃	火灾导致人员伤亡财产损失；
	工业用地（M）	货运码头（M2）	工业事故、大型机械倒塌、重物坠落等	人员伤亡、财产损失
		造船厂（M2）		
		一般制造车间（M1）	易燃、易爆；工业事故、大型机械倒塌、重物坠落等；	人员伤亡、财产损失
重大危险源	公用设施用地（U）	垃圾、污染物处理、填埋厂（U23）	环境污染；孕育瘟疫；有毒物扩散；毒化土壤、水系	污染环境、诱发瘟疫，造成人员伤亡、感染或中毒；
	物流仓储用地（W）	危险品仓库（W3）	易燃、易爆；有毒物扩散等；	火灾、爆炸、有毒物扩散导致人员伤亡财产损失
	工业用地（M）	化工厂（M3）	易燃、易爆；放射性物质泄漏	火灾、爆炸、放射物泄漏等造成的人员伤亡和财产损失
		电厂（M3）		
		核电站（M3）		

来源：本章参考文献［32］

针对这类典型的危险源其常态防灾对策应做到[32]：

①生产安全。分析各个防灾分区内的危险源数量和空间分布特征，严格控制危险源的潜在

风险。规划建议包括严格控制新建化工企业的数量，并保证其安全防护隔离带达到安全标准。对于工业生产集中区域需要适当提高滨海岸线的设防标准，强化近海防御工事的建设。

②优化危险源布局。首先需针对现有危险源的布局进行优化，保留改造无污染和潜在风险小的企业，严格隔离或远期搬迁高风险的企业，降低重大危险源对城区的不利影响；另一方面需要加强新建危险源的选址论证，新建危险源应该集中布局到离居住、商业区较远的位置，并保证处于下风向，如果区域内有流域，则保证这类危险源在流域下游。

③降低危险源的危险概率。对危险源建筑物、构筑物的防灾设防标准进行严格管理和控制，并根据危险源种类、现状抗灾能力、对城区的影响等，适当的提高部分危险源建、构筑物的设防标准。

④完善隔离区(带)的布局和建设管理。化工集中区或化工生产及仓储企业的防灾隔离带，按照不同的企业类别的灾害影响范围分析结论及相关的行业规范，取较大值布置隔离带，并且保证在隔离带内不设任何居住、医疗、教育、商业等对灾害敏感的建筑和设施。

对于这类危险源与其他功能用地的关系，必须采取严格的隔离措施。而对于非危险源的其他功能用地如：居住用地、商业用地、娱乐用地、城市绿地等建议采用混合布局和综合发展的模式。土地混合利用在防灾方面具有显著的优越：一方面较为均匀地疏解居住人口、工作人群，避免因功能单一、功能区的机械划分导致的人口分布不均或者出现局部人口过密的情况。另一方面，混合的用地模式可以营造出多种多样的街区形态乃至建筑外部空间，构造出多种城市外部空间的组合方式，在塑造多层次的城市空间景观和丰富的生活环境同时，多样的空间组合有利于提升城市面对灾害的应变能力；在灾害发生时通过形态、尺度不同的空间介质进行灾害承接，可以视为多层次、多种类的灾害缓冲空间，有利于阻止灾害的蔓延，减轻灾害的破坏作用。同时也能形成多样的、具有互助机制的防灾分区，便于常态防灾建设的统筹管理(图 6-35)。

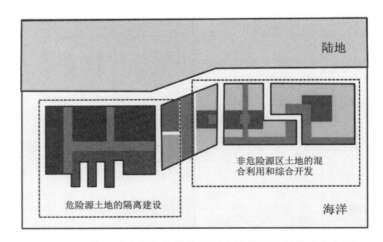

图 6-35　基于防灾目标的填海城区土地利用规划模式意向图

在填海城区土地利用规划制定完成后，为便于日后常态防灾的系统管理，还需制定相应的防灾分区，即从城区常态防灾的角度出发，将规划区按照一定的依据划分成若干分区，各个分区之间形成有机联系的空间结构形式，合理的防灾分区有利于城区防灾资源的高效整合与分配[33]。

首先从城市防灾功能入手进行城区常态防灾分区划定，有助于形成主动应灾的空间格局，便于综合防灾的日常管理服务，便于灾时避难、应急与救援工作的开展。其次可以在考虑城区不同功能区的灾害风险之基础上，科学核算防灾空间设施和容量，从而对其进行均匀合理的布局和控制，实现防灾空间的有机组织，提高城市空间的利用效率。最后通过防灾分区划分的研究，形成于城区总体土地利用规划的反馈与协调机制，强调防灾分区规划与城区土地利用规划的一致和同步，从而增强综合防灾的可操作性。

防灾分区的划分标应该与填海城区的规模相适应，不同规模和类型的填海城区再防灾分区的划分标准上也不尽相同（表 6-14，图 6-36）[32]。

表 6-14　填海城区各级防灾分区划分标准和配置表

项目	一级防灾分区	二级防灾分区	三级防灾分区
管理层级	设置填海城区区指挥中心，全区统一协调，区级负责管理	设置区块级指挥中心，工业园区管委会、街道管委会负责管理	设置街道指挥中心，社区个居委会、各企业自主负责管理
面积（参考）	>50km²	20~50km²	5km²
防护与隔离	天然分割（岛屿，水道）及大型道路、防护隔离绿地	主干道、绿带	次干道、绿带
避难场所	中心避难场所	固定避难场所	紧急避难场所
疏散通道	救灾干道、（步行1小时）可到达中心避难场所、直升机停机坪	疏散主干道、到达固定避难场所（步行30分钟）、直升机停机坪	疏散次干道、到达紧急避难场所（步行小于10分钟）
供水	具备应对巨灾情况下的供水保障	具备应对大灾、中灾情况下的供水保障	具备应对中灾、小灾情况下的供水保障
医疗	巨灾下的紧急医疗用地，三级医院	灾害发生的紧急医疗点，二、三级医院	社区医疗服务中心、诊所
通信	卫星电话	卫星电话	
消防	大型消防站	消防站	消防水池、消防栓、灭火器等
治安	公安局和公安分局	派出所	派出所
物资保障	明确物资储备用地、物资运输和分发对策	明确物资储备用地	明确物资配合协作手段

来源：参考文献[32]

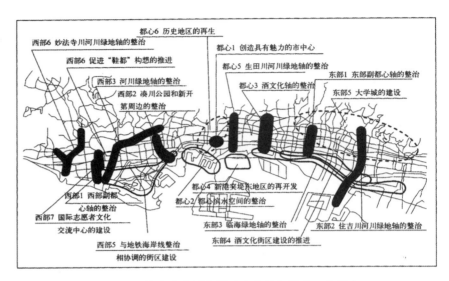

图 6-36 神户滨海城市带防灾分区与防灾工作重点

来源：本章参考文献 [32]

（2）街区层面——提倡安全街区理念，提升片区防灾能力

在填海城区街区规划层面，需提倡安全街区的理念。防灾安全街区是指在每个防灾分区内，将与该分区相关的防灾据点设施集中于设置于一个街坊内（类似于公用设施岛），服务规模在 60~100 公顷左右，该街坊被称为"防灾安全街区"。基于这种理念的社区在防灾设施的集中管理、一体化建设上具有明显的优势（图 6-37、6-38）。

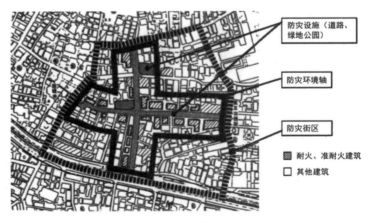

图 6-37 防灾街区示意

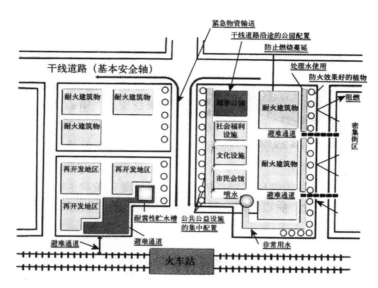

图 6-38 某火车站地区防灾街区示意
来源：都市安全課参考资料. 国土交通省，http：//www.mlit.go.jp/index.html

（3）社区层面——制定防灾社区计划，全民提升防灾意识

防灾社区是基于地方特性，强调以社区民众为主体，建立社区组织，通过对社区民众的动员、集中培训学习训练，凝聚社区共识与力量，并通过改善、优化居住环境，推动减灾和预防力度的增强。1989 年的首届事故与伤害预防大会中，世界卫生组织提出了"防灾社区"的概念，并强调建立一个由政府、非政府组织、社工、志愿者组织、地方企业共同参与的协调型非盈利组织，在达成共识的公约之基础上，充分发挥自身的优势和可利用的资源共同为社区的安全服务。

在填海城区规划中，应强调安全型防灾社区的建设，针对其特点，应细分安全社区层次，建立区级、街区级和单位级别（公司或住区）的并防灾单元，建立自上而下、多层次的应急管理体系和应急预案，强化市民参与和共同面对危机的意识，实现安全社区的可持续发展。

6.3.3.2 基于防灾目标的道路交通规划策略

城市的正常运转、遭遇灾害、灾后重建等均依赖于人和物的运转与输送，与城市交通系统有着直接关联[34]。合理的交通网模式，一方面有助于形成安全科学的用地布局形态，提供防灾分区划分的依据和常态防灾建设的脉络骨架；另一方面也有助于灾时人流的疏散、救灾物资的运输、抢险车辆的移动。

填海城区地理位置及功能特征，导致其道路交通模式有别于一般城区，并暴露出一些通过传统交通解决手段难以处理的安全问题（表 6-15）。

表 6-15 填海城区交通特征及其主要安全问题

交通特征	具体描述	主要安全问题
交通混合度高	因填海区多种功能混合，导致不同属性的交通流混杂：货运交通、生活通勤、旅游交通以及海陆接驳交通等。	各种类型的交通相互干扰，增大了交通压力，加大了交通管理难度，提高了交通管理成本。
交通时段性强	填海区的生活居住区多为二套房产，加之旅游开发，导致节假日容易出现明显的交通"潮汐"现象。	节假日过大的交通量容易导致填海城区交通压力的陡增，从而引发安全隐患。
交通单向性	填海城位于陆地尽头，在整个区域交通网络中位于尽端位置，造成流通流向明显的单向性。	疏散方向单一，面对灾害时的逃生避难路线易与应急救灾路线发生冲突，造成过大的疏散压力。
交通蜂腰现象明显	尤其对于离岸式的填海城区，与陆地交通网络相连的路线过于单一，会产生严重的交通"蜂腰"现象。	对于离岸式的填海城区，在紧急事件发生时，填海城区与陆地的联系道路将承受巨大的交通压力。

针对上述主要问题，基于填海城区的安全发展目标，提出如下几点道路交通的优化策略：第一，明确交通属性，规划分流型交通网络；第二，避免交通蜂腰，建设综合化交通方式；第三，提高交通冗余，保证交通生命线运转。

（1）明确交通属性，规划分流型交通网络

满足城市交通运输的要求是道路网络系统规划的首要目标，为到达这一目标，规划的道路网络系统必须"功能分清，系统分明"[35]。上文中已经总结出，填海城区由于多种城市功能集中于相对较小的土地上，造成交通组成的相对复杂，进而可能引起潜在事故、灾害发生隐患。针对填海城区这一特征，需从两个层面对其道路交通系统进行合理规划。

首先，需要针对填海城区外部交通的分工职能对填海城区与陆地的交主要通联系廊道进行合理配置，生活服务性道路应与生产服务性道路严区分，避免不同性质的交通组成之间相互干扰，形成分流型的交通网络骨架。在该层面的道路交通规划中，需紧密与填海城区功能分区规划相结合。

然后，在进行填海区内部交通组织规划的过程中，应在考虑各个交通片区容量、通行量的基础上，合理分配交通资源配置，形成层级明确的道路等级结构：主干道应便捷联系填海城区各个功能区，形成城区的主要交通走廊；次干道和支路形成对交通走廊的补充，以通行公共汽车、小汽车、自行车为主，以解决片区内部交通，保证组团内部可达性为目标。一个高效协调的交通运输系统，不仅能最大程度的较少交通拥挤现象，能在灾时提供快速灵活的交通响应，有利于快速疏解避难，同时合理的道路交通骨架也是综合防灾建设中防灾轴的重要依托对象，是进行防灾分区划分的重要依据（图 6-39）。

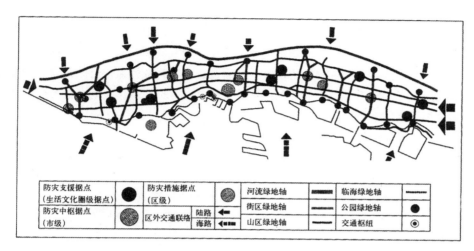

图 6-39　神户市依据道路骨架的防灾轴布局

来源：都市安全課参考资料. 国土交通省，http：//www.mlit.go.jp/index.html

在填海城区道路交通系统规划受到填海城区平面布局形态的影响较大。顺岸式和补岸式等海岸线平推方式的填海，因其与陆地有着较长的接壤界面，道路网可是陆地城区道路网的直接延伸，比较容易形成分流式交通，在安全疏散功能上也具有一定的优势；对于离岸式的填海城区，由于与陆地相离的缘故，导致其内部路网与陆地路网的联系接口较少，往往仅有一条跨海桥梁或隧道，难以形成高效的分流式交通系统，所以针对这一问题，在经济情况允许的条件下，可将跨海大桥或道路设计成双层客货分离式的立体化道路，以解决分流问题(图 6-40)。

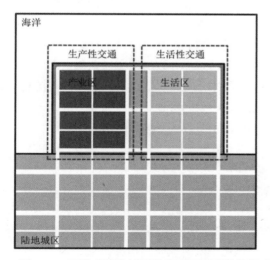 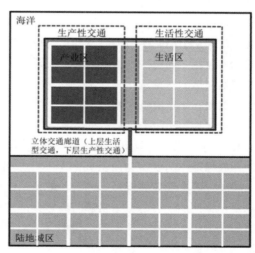

图 6-40　平推式填海城区道路网可形成较好的分流模式（左）与离岸式填海城区道路网可通过立体化的跨海大桥解决分流问题(右)

(2)避免交通蜂腰，建设综合化交通方式

对于离岸式填海城区的道路系统，单交通廊道极易造成严重的交通蜂腰现象，虽然上节中提到的立体化分流手段在一般情况下能解决一部分交通蜂腰问题，但在紧急情况下，由于交通量的瞬时陡增，仍无法避免严重的拥堵现象，进而造成救灾疏散的最佳时间延误，而建设多条跨海大桥、道路或海堤隧道又会大大增加投资成本和日常养护成本，故笔者提出采取海陆空结合的多种紧急情况下的交通解决方案。

①陆上交通：紧急事件中，保证单交通廊道的正常运转，保证重要车辆的通行，尤其是市民疏散车辆、救灾专业特种车辆和物资运输车辆通行的保证对一般车辆进行严格限行；

②海上交通：常态防灾建设中需常备专业应急用船只，如救生艇、救生筏等用于灾时难以通过陆地交通实现疏散撤离的灾民或重要物资的营救转移工作；

③空中交通：根据人口规模和防灾需求，设置永久的直升机停机坪或停机空间，用于灾害时的空中营救和人员转移。

(3)提高交通冗余，保证交通生命线运转

1994年的洛杉矶大地震中，大量的城市道路遭到严重破坏，在瞬间造成大量人员伤亡的同时，使得城市交通系统大面积瘫痪，导致灾中营救行动受阻，灾后重建行动更加困难（图6-41）。由此可以看出，交通设施本身在面对灾害时暴露出较高的脆弱性，且成为一系列负面连锁反应的导火线。在这种情况下，城市交通系统能否保证在灾时的稳定运行，是交通系统常态防灾规划的重点。故在城区交通规划中引入冗余度的设计思想是保证城市交通生命线正常运作的关键所在。

就城区道路交通系统而言，专门建设用于灾时的专用道路是成本及其高昂的。所以在常态防灾理念下，通过合理的路网规划设计及高效的交通管理模式，并结合冗余设计的思想，适当提高重要道路，尤其是主要疏散通道的容量等级和设防标准，增加高密度、高风险区域的路网密度，在保证道路系统整体容量和灾时稳定性的同时，合理的规划组织城市道路间功能转换和交通负荷分配。通过这种方式，即使灾时局部路网遭到损毁而导致局部交通瘫痪，而不会影响重要交通廊道的正常运作。在重要的防灾交通廊道的规划建设中，需以道路及其两侧的空间和设施为对象，制定有针对性的防灾计划，包括道路两侧的公园绿地、建筑物等，进行一体化规划；灾时作为阻燃带、隔离空间、紧急车辆通行路以及消防设施、应急用水的据点等。

6.3.3.3　基于防灾目标的开放绿地规划策略

开放绿地作为城市物质空间的基本组成要素，时至今日，开放绿地的研究已经形成了生态、经济、可持续发展等多元的价值体系。在城市防灾领域，开放绿地亦被视为及其重要的研究对象；绿地的建设是城市常态防灾建设的重要内容；开放绿地本身不仅能从物理结构上提升城市的抗灾能力，减弱城市灾害脆弱性，保证城市系统自身的健康运作。同时面对灾害，开放绿地又能够起到隔离灾害影响、控制灾害蔓延、提供避难安全空间的积极作用。

但是在填海城区绿地开放空间的建设往往有着客观因素的限制：因为填海用地的规模有限，填海土地使用非常紧张，在经济利益的驱使下，填海城区土地利用越来越趋向于集约发展，其开发强度和密度也日趋增高，相应的，其绿地、广场等开放空间的总量就会相应压缩，导致了防灾空间数量、规模均达不到基本要求，大大增加了填海城区应对灾害时的风险。针对

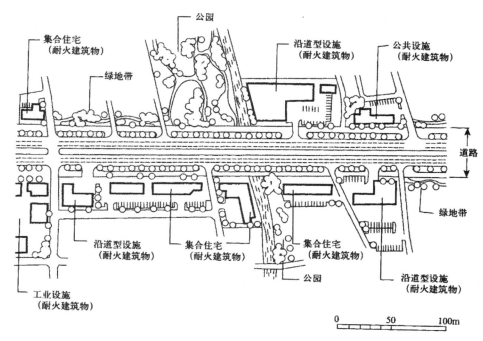

图 6-41 基于冗余设计的主要交通生命线规划示意图

来源：都市安全課参考資料．国土交通省，http://www.mlit.go.jp/index.html

这样一问题，采用纤维化发展模式是填海城区开放绿地实现提升利用效能的有效途径。

（1）结构系统化

应塑造合理有序的开放绿地系统，形成从宏观到微观，点线面相结合的网络化体系，确保绿地系统的服务覆盖率。可将整个绿地系统形态与人体的经脉系统相比拟：主动脉如规模较大、服务能级较高的城市级公园绿地，是整个系统的核心和关键；点状的小尺度街头公园、口袋公园如散布于人体各处的毛细血管，具有各不相同的服务功能和服务范围，各司其职；线性的绿廊、绿岛则如同各种等级的经脉连接着主动脉和成千上万的毛细血管一般，紧密地将各种不同尺度、不同服务功能的开放绿地链接起来，形成一个连续完整的系统。

（2）尺度小型化

开放绿地"纤维"系统的主旨以尺度较小的绿地取代大型的集中式绿地，小尺度的开放绿地形态灵活度、投资建设、运营管理等方面都具有大型集中绿地不可比拟的优势。大型开放绿地的规划建设往往对土地资源、土地容量、基地因素有着较高的要求，而小型开放绿地则可以突破规模及其他客观条件的限制，塑造灵活度更高的具有特色的绿地空间。通过对基地现有资源，如河道、废弃工厂、老旧道路、废弃地等城市负空间的合理改造更新，重新创造具有活力的绿色场所，在设计自由度上更加广阔；同时多个小型绿地的维护成本和管理成本往往比一个大型绿地还要少。纽约在城市建设的许多边角狭缝空间塑造了许多面积小、数量多而方便利用的口袋公园，这些公园在城市中呈现板块散落或隐藏于城市结构中，分布更趋离散，但却成为城市中最具活力的开放空间[36]。

在城区环境改善方面，小型绿地的高渗透性、高可达性以及更高的使用效率，在调节社区、街区微气候等作用更加的直接有效，随处可见的小型绿地对城市环境美化更能展现出田园城市的理想愿景。在防灾作用上，小型绿地的高可达性以及高数量能很好地满足灾时第一时间灾民的避难需求，不至于使得灾民为找寻合适的避难场所而浪费宝贵的逃生时间。

（3）边界柔性化

对于大型开放绿地，无论是否设置围墙或栅栏，始终都会具有明显的边界感和独立感，从而在某种程度上间介导致了使用效率的降低。从场所理论角度出发，异质边界的交错和耦合往往能够催生出超出预想的活力地带[37]。相对于大型集中绿地，分散化的纤维绿地由于在形态上高度的灵活性更容易创造出较长的柔性边界，能很好的渗透进城市的狭缝空间并形成耦合，进而增强绿地的开放性和可进入性。同时柔性边界的存在，也促进了各种城市活动的交融与碰撞，大大增加了开放绿地的使用效率。另一方面，由于这些小型绿地创造出连续的柔性界面，在城市灾害发生时对各建筑、建筑群乃至街块之间进行分隔，可起到防止灾害扩散，限制灾害规模，减小灾害损失的作用。

（4）耦合共生化

绿地和城市空间耦合是绿地空间存在与城市中的基本方式，从田园城市理论到新城市主义再到生态都市主义，绿地和城市空间耦合一直贯穿于规划理论和城市营建思想，城市空间形态决定着绿地空间形态，绿地与城市空间的耦合度可从空间形态、内容模式、空间关系三个方面进行测度[38]。

（5）多维立体化

传统的开放绿地建设中面临与城市其他用地争夺优先土地资源的冲突，由于经济客观因素的作用，绿地空间常常被过度侵蚀。而开放绿地"纤维"系统则可以突破传统的二维平面形式，向第三维方向拓展空间，以立体绿地的巧妙形式争取了一种新的绿地生存模式，化解了因填海城区土地紧张所造成的空间争夺冲突。

另一方面，立体绿化在生态安全、景观、防灾方面的作用日益凸显，成为改善城市生态环境的有效方式。通过绿色屋顶可吸收或储存雨水，达到减少径流量的效果。根据美国保卫河流组织最近的一项研究表明，一个40平方英尺的绿色屋顶每年可以捕获810加仑的雨水，减轻暴雨灾害的负面作用。英国剑桥大学的可持续发展中心通过实验数据证实，通过绿色植物覆盖的建筑围护体系，其热能损失将得到有效的控制，如能有效减少取暖耗能的近1/42，进而降低城市热岛效应。

6.3.4 基于救灾目标的应急设施规划策略

本章基于避灾、减灾、防灾三个目标探讨了填海城区常态防灾策略，本节将探讨灾时紧急情况下基于救灾目标的填海城区应急设施规划策略，与常态防灾策略形成互补，实现针对灾害全程化的工程防灾体系的完整构建。

我国台湾"9·21"地震研究中指出城市应急空间需具备适应性和安全性。一方面，在灾时能提供安全有效的疏散通道和避难空间；另一方面，能满足灾后灾民善后安置、集中管理以及城市恢复重建的需求。《东京都都市复兴说明（199715）》中强调在灾时紧急状态下，对于救援物资的保障和供给、避难通道的高效运行、避难场所、临时屋的管理和建设这四项工作需要作为整个应急工作的重点，各级政府需要高度重视。可见紧急情况下，救灾的效率和方式是保证灾害损失最小化的关键要素下文将针对填海城区的特征，探讨基于救灾目标的疏散空间、避难空间以及其他应急设施的规划策略。

6.3.4.1 基于救灾目标的疏散空间规划策略

由于填海城区属于构筑于自然海床之上的人工工程，非自然地质，其自身的稳定性相对较差，不适于作为灾时长期避难所，需强制疏散至陆地安全区域，所以通畅的疏散空间是保证填海城区灾时应急反应的重中之重。

（1）地上救灾道路系统

①救灾道路职能类型。

灾时地上道路系统的主要功能是运输与疏散，兼具一定避难与隔离作用。前文已经探讨过常态防灾工作中要做好主要疏散道路系统的防御保护工作，避免因灾害造成道路结构的破坏，进而致使疏散道路系统瘫痪，影响救灾行动。在灾时救灾行动中，应明确道路的应急功能，避免疏散道路和将救援物资道路的下相互冲突，同时，还应该规划一定数量的替代性道路（表6-16）。

表 6-16　填海城区救灾道路职能分类

道路属性	功能描述	注意要点
疏散道路	灾时灾民的紧急疏散、逃生； 分为专业疏散通道和平灾结合型的疏散道路； 以地面道路为主，地下道路和海底隧道不宜作为疏散道路；	需联系各级避难场所，保证至少有两条道路与避难场所相联系，并形成不超过步行1小时的距离； 需为市民日常生活较熟悉、宜发现的路径； 导向性明确，方向辨识度高； 交通量最大的疏散道路应设较宽的人行专用道
救援道路	灾时满足救援物资的运输，专业车辆的通行，以及救援队伍的通达；	路网结构需满足救援半径，保证救援的可达性； 消防通道需保证消防车辆的通行和作业；
隔离道路	满足特殊运输品（传染病人、危险物品、有毒物质）的相对隔离的专用道路；	保证较高的独立性和隔离程度，避免危险运输品造成不必要的损害； 需考虑较短的运输时间和较便捷的运输路径；
代替性道路	在主要防救灾道路遭破坏或堵塞时起到应急作用的道路；	有较强的紧急应变能力； 基于平灾结合理念规划设计；

来源：根据本章参考文献[38]整理

②救灾道路分级体系。

确定各级救灾道路的，构建服务等级、服务范围明确的救灾道路网络体系。依据道路灾时救灾功能和通行能力分为区域级、城市级、区级以及社区级的层级关系，便于灾时疏散救灾的高效管理（表6-17）。

表 6-17 救灾道路的分级体系

道路等级	宽度	服务半径	作用	规划要点
区域级	20m 以上	2000m 以上	灾区与安全区、各个防灾分区、各主要防救据点的联系通道	提高道路服务及联通桥梁耐震等级;优先保持畅通,进行交通管制。
城市级	15m 以上	2000m 以内	转移灾民、物资、设备的运输道路	灾害初期对人员与车辆也需要实施通行管制。道路两旁要防止落下物,设置防火安全植栽,保证消防水源充足。
区级	8m 以上	500m 以内	联系各个应急避难场所	首先需要满足消防车、消防梯等消防设备的基本操作空间,此外亦需要保证道路网达到规范要求的消防半径。
社区级	8m 以下	300m 以内	满足消防需求	紧急避难路径沿线的建筑物高度、耐震能力及广告等悬挂物应制订必要的限制规定。

来源:参考文献[39]

③救灾道路有效宽度。

道路有效宽度是影响救灾工作的主要因素。道路在灾害中可能会因外力作用发生过变形、坍塌、断裂、淹没等短时间难以修复的损坏,或者因电线杆、树木、建筑物残骸、街道构筑物的倾倒致使道路通行能力受限。因此针对这些情况,需要重点考虑救灾道路的有效宽度。所谓有效宽度是指在紧急情况发生时,如道路坏损、交通拥堵、障碍物阻挡状态下仍能够保证车辆通行的宽度。道路的有效宽度接近与两侧建筑物总高度的一般,通过公式 $D = (A1 + A2)/2 + B$ 可以进行估算,其中 D 为道路总宽度,A1、A2 分别为道路两侧的建筑高度,B 为倒塌范围以外的道路宽度,并保证 $D \geqq 6m$。吕元针对这一计算公式提出了修正意见,认为若因少量高层建筑的存在而导致道路宽度的增加显然是不合理的,故在公式中增加了修正系数 r:$D = (H1 + H2)/2 \times a + B$,需要特殊指出的是,如果道路两侧的建筑物为砖混建筑的话,$a \approx 1$;若以钢筋混凝土结构为主的话,则 $a < 1$。具体 a 的取值应在物理数值模拟计算后确定[40]。

(2)海上救灾运输系统

前文针对填海城区道路系统常态防灾建设策略的相关内容中,已经指出系统由于填海城区道路系统本身单廊性、单向性的特点,造成灾害情况下通行能力大幅降低,因此对于填海城区而言,增加海上救灾运输路线可以作为陆上交通的补充。日本海洋灾害防治中心(海上灾害防止センター)规定填海化工园、工业园需根据其规模配备相应的消防船、紧急救生船、物资打捞船等特种船只;针对综合型填海城区需根据其人口规模配备一定数量的救生艇、救生船以及难民搜救船只。

(3)空中救灾交通系统

对于特种救援车辆、船只难以接近的灾区现场,需通过空中救援力量作为必要补充。日本阪神大地震中，虽然动用了 8 架救援直升机前来增援，但是由于缺乏直升机停机坪和合适的停机空间，导致空中救援无法发挥作用，在重建过程中当地政府加强了直升机停机空间的建设，以保证灾时空中救援的顺利实施。针对填海城区，需在大型公共建筑屋顶、主要开放绿地中设置直升机停机坪，但是需要保证直升机的起降不会造成其他负面影响，以此实现灾时空中救援的有效性。

6.3.4.2 基于救灾目标的避难空间规划策略

（1）临时型、短期型避难场所作为填海城区避难空间的主要选择

由于填海城区属于构筑于自然海床之上的人工工程，非自然地质，其自身的稳定性相对较差，在巨灾发生时暴露出较大的脆弱性，属于高风险地带，因此对于填海城区的避难空间规划应主要关注临时型和短期型的避难场所，中长期避难应以陆地城区的避难空间为主。一方面避免巨灾情况下填海城区自身的高风险性带来的损失，另一方面，避免了因建造大型避难场所而造成的土地使用压力。

基于此，填海城区应重点考虑灾害发生第一时间、灾害发生初期和中期的避难空间规划。结合前文中探讨的填海城区开放绿地"纤维"化体系，构建临时型、短期型避难场所，并考虑与救灾行动相关的配套设施，以保证灾害发生短期内灾民的自救、政府部门的应急营救行动的正常运作（图 6-42，表 6-18）[41]。

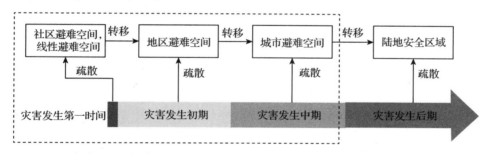

图 6-42 灾害不同时段填海城区避难路径选择（红框表示填海城区需着重考虑的时段）

表 6-18 填海城区临时型、短期型避难场所及其设施配置

等级	种类	功能	规模	服务半径	必要设施
城市避难场所	大型城市公园；城市中心广场；体院场馆；大型停车场；大专院校；大型游乐园	灾害中期灾民集中避难与管理的场所，为疏散至陆地安全区域做好疏散管理准备	10hm² 以上	2km 以上	·防火缓冲林带 ·避难广场、草坪 ·耐震性水槽 ·紧急电源 ·储备仓库 ·引导标志、广播设备 ·应急照明 ·厕所

(续)

等级	种类	功能	规模	服务半径	必要设施
地区避难场所	中小学；中小型公园；城市中小型开放空间；寺院；园林；中型停车场	提供灾害发生前期的灾民集中避难和安置，为疏散至陆地安全区域做好疏散管理准备	1hm²以上	1km以上	·防火缓冲林带 ·避难广场、草坪 ·引导标志、广播设备 ·应急照明
社区避难场所建筑屋顶开放空间；	街头绿地；口袋公园；建筑外部开放空间	提供灾害发生第一时间灾民自救逃生的场所，一般具有较高的可达性和较均匀的分散程度	1hm²以下	500m	·引导标志、广播设备 ·应急照明
线性避难场所	急避难道路	提供灾害发生第一时间灾民自救逃生的场所，主要针对道路上的行人和车辆中的灾民的临时避难	宽度根据道路等级而定	根据道路等级而定	·引导标志、广播设备 ·防火植被
	林荫绿带；道路林荫带；城市绿廊、绿道	提供灾害发生第一时间灾民自救逃生的场所			
工业园区避难缓冲带	防护林带；防护隔离绿地	提供灾害发生第一时间灾民、企业工人自救逃生的场所	30m~50m	1km	·引导标志、广播设备 ·防火植被

来源：本章参考文献[41]

（2）浮体避难所

考虑到灾时填海城区紧张的土地并不能充分满足临时避难需求，日本科学家近年来开发了一种基于巨型浮体结构的"浮体避难基地"，能在紧急情况下支援填海城区的避难行动，提供安全的避难场所，且具有较好的机动性和灵活性，可以看成是避难场所和救灾运输船的结合体。这种浮体避难基地可以具有三种主要功能：确保紧急情况下的大宗物资运输；确保紧急情况下的人员疏散和转移；提供灾民临时的避难场所。这种浮体避难所在常态时可用于作为小型码头、滨海公共开放空间，甚至可在其上建造临时型的主题乐园（图6-43）。

图 6-43　大阪湾的浮体避难基地

来源：浮かぶ防災基地 .［DB/OL］. 大阪湾の埋立 .

http：//www. pa. kkr. mlit. go. jp/kobeport/＿ know/p6/html/p-4-1. html

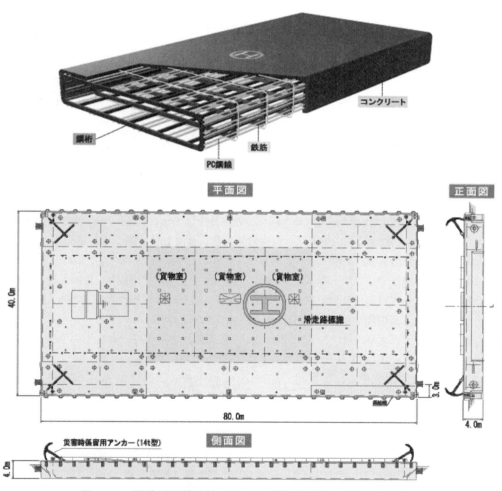

图 6-44　浮体避难基地的结构 (上) 浮体避难基地的平立面 (下)

来源：浮かぶ防災基地［DB/OL］. 大阪湾の埋立 .

http：//www. pa. kkr. mlit. go. jp/kobeport/＿ know/p6/html/p-4-1. html

参考文献

[1]胡斯亮．围填海造地及其管理制度研究[D]．青岛：中国海洋大学，2011.

[2]孙丽．中外围海造地管理的比较研究[D]．青岛：中国海洋大学，2009.

[3]杨春．填海区域平面形态规划特征要素及其类型分析[C]．// 中国城市规划学会．多元与包容——2012中国城市规划年会论文集(04.城市设计)．中国城市规划学会：中国城市规划学会，2012：10.

[4]许世远，王军，石纯，颜建平．沿海城市自然灾害风险研究[J]．地理学报，2006(2)：127-138.

[5]殷杰，尹占娥，许世远．沿海城市自然灾害损失分类与评估[J]．自然灾害学报，2011，20(1)：124-128.

[6]于保华，李宜良，姜丽．21世纪中国城市海洋灾害防御战略研究[J]．华南地震，2006(1)：67-75.

[7]刘磊，蒋贵响，吴松华．围填海工程施工工艺及对周边海洋环境影响评价[J]．中国新技术新产品，2012(20)：48.

[8]蒋磊明，陈波，邱绍芳．围填海工程对防城港湾及其周边水动力条件环境变化的影响分析[J]．广西科学院学报，2009，25(2)：116-118.

[9]科研成果汇编组．现代海港城市规划[M]．哈尔滨：黑龙江人民出版社，1985：182.

[10]刘宁，孙东亚，黄世昌等．风暴潮灾害防治及海堤工程建设[J]．中国水利，2008(5)：9-13.

[11]应仁方．美国SLOSH飓风暴潮预报模式[J]．海洋预报，1987(S1)：16-29.

[12]于永海，王延章，张永华等．围填海适宜性评估方法研究[J]．海洋通报，2011，30(1)：81-87.

[13]贺松林．海岸工程与环境概论[M]．北京：海洋出版社，2003：154.

[14]何杰．填海工程对半封闭海湾水动力环境的影响分析[C]//《水动力学研究与进展》编委会、中国力学学会、中国造船工程学会、山东大学、台湾海洋大学、台湾大学．第二十一届全国水动力学研讨会暨第八届全国水动力学学术会议暨两岸船舶与海洋工程水动力学研讨会文集[C]，2008：6.

[15]喻国良，李艳红等．海岸工程水文学[M]．上海：上海交通大学出版社，2009：225.

[16]孙志霞．填海工程海洋环境影响评价实例研究[D]．青岛：中国海洋大学，2009.

[17]胡殿才．人工岛岸滩稳定性研究[D]．杭州：浙江大学，2009.

[18]谢世楞．关于人工岛设计中的几个问题[J]．港口工程，1988(5)：7-11.

[19]吴宋仁．海岸动力学[M]．北京：人民交通出版社，2000：175.

[20]美国海岸工程研究中心．梁其荀，方钜，译．海滨防护手册卷1[M]．北京：海洋出版社，1988：462.

[21]王新风．耦合水体循环系统的围填海区域规划研究[J]．天津大学学报(社会科学版)，2009，11(5)：415-419.

[22]葛玥．城市河口形态绘制及其填海特征分析[D]．天津：天津大学，2012.

[23]杨春．基于可持续理念的城市填海区域平面形态规划设计研究[D]．天津：天津大学，2012.

[24]陈新，刘明．应用MIKE21对人工岛周围波高分布的数值模拟[J]．中国水运(下半月)，2012，12(3)：60-63.

[25]索安宁，张明慧，于永海．围填海工程平面设计评价方法探讨[J]．海岸工程，2012，31(1)：28-35.

[26]陈吉余，戴泽蘅，李开运等．中国围海工程[M]．北京：中国水利出版社，2000.

[27]陈吉余．中国围海工程[M]．北京：中国水利水电出版社，2001.

[28]李钊．滨海城市岸线利用规划方法初探[J]．安徽建筑，2001(2)：41-42.

[29]秦华鹏，倪晋仁．确定海湾填海优化岸线的综合方法[J]．水利学报，2002(8)：35-42.

[30]李洁．沿海滩涂围垦区生态控制思路研究[J]．山西建筑，2009，35(21)：26-28.

[31]金磊．城市公共安全与综合减灾须解决的九大问题[J]．城市规划，2005(6)：36-39.

[32]戴慎志．城市综合防灾规划[M]．北京：中国建筑工业出版社，2011：242.

[33]顾林生．城市综合防灾与危机管理[J]．中国公共安全(学术版)，2005(2)：41-46.

[34]云美萍，杨晓光，刘杨．基于减灾的城市交通系统规划设计与管理[J]．城市交通，2008(5)：5-10.

[35]王炜，徐杨涛等．城市交通规划理论及其应用[M]．南京：东南大学出版社，1996.

[36]张文英．口袋公园——躲避城市喧嚣的绿洲[J]．中国园林，2007(4)：47-53.

[37]刘健．回归城市规划的根本——由《美国大城市的死与生》引发的思考[J]．北京规划建设，2006(3)：102-103.

[38]刘滨谊，贺炜，刘颂．基于绿地与城市空间耦合理论的城市绿地空间评价与规划研究[J]．中国园林，2012，28(5)：42-46.

[39]王崎，曾坚．高密度城市中心区的防灾规划体系构建[J]．建筑学报，2012(S2)：144-148.

[40]吕元．城市防灾空间系统规划策略研究[D]．北京：北京工业大学，2005.

[41]李繁彦．台北市防灾空间规划[J]．城市发展研究，2001(6)：1-8.

第 7 章　海岛综合防风策略

　　海岛城市的城市规划与防灾减灾工程，近年来随着海南岛国际旅游岛建设、浙江舟山群岛新区建设等战略的实施也越来越受到各方面的重视，随着人流、物流的聚集，海岛城市规划与防灾正成为亟需解决的科技问题。

　　21 世纪以来，全球地理、气候条件不断恶化，西太平洋区域海洋灾害频发，印度海啸、印尼海啸、日本"311"等大型灾害都对地区及全球的稳定造成了极大破坏；小型灾害几乎每年都有发生。我国台湾、海南地处西太平洋沿岸，受灾频率较高，两广、福建、浙江沿海也波及其中。这些区域中，海南岛的状况又较为特殊，本节将以此为研究对象展开探讨。

　　在区域角度，海南岛自成体系；规划角度，受外界影响较小，故其有独立研究价值。海南岛作为我国北回归线以南第一大岛，处于亚热带与热带交界处，热带属性明显，其东、南沿岸多受地震、台风、风暴潮等自然灾害影响；其腹地，尤其是中部山区热带雨林覆盖区域，多发由干旱以及"刀耕火种"引发的火灾。1988 年海南建省以来，海南岛东部环岛城市带进入大规模建设时期，在取得巨大城市建设成就的同时，伴随产生了许多破坏性严重的人为灾害，主要包括海岸线污染与腐蚀、地面沉降、破坏性干旱等，防灾减灾已经成为其城市规划的主要议题[1]。

7.1　海南岛特征及重要灾害

7.1.1　海南岛宏观概况

　　海南岛是我国在面积上仅次于台湾岛的第二大岛，也是国内唯一最具备热带海洋气候的岛屿，位于北纬 $18°10'04''\sim20°9'40''$，东经 $108°36'43''\sim111°2'31''$，北回归线以南，地处东亚热带北缘，岛屿土地总面积 $33920.53km^2$。

　　地理区域上，海南岛北近东亚大陆南缘，位于北回归线以南，北与中国大陆隔琼州海峡相望；西部濒临北部湾相对越南；东北濒临南海可守望台湾；东南濒临南海及西太平洋；南近赤道，海疆与菲律宾、文莱和马来西亚为邻。海南岛地处南中国海，特殊的交通区位也使得海南省在国家战略上具有十分重要的地位。由于东南亚岛链的存在，对海南岛形成了有效地防护屏障，使得台风、热带气旋等海洋源头灾害多起于海岛东南西太平洋，海南岛东岸线成为海岛主要受灾区域。

　　经济区域上，海南省地处沿海，是我国沿海经济带的重要组成部分以及经济脉冲的主要接受地。由海口到三亚一线的海南岛东岸是我国主要的区域性旅游经济产业带，承担着"国际旅游岛"的各项主要职能。处于珠三角经济发展圈的辐射范围，是经济圈外延和内涵的结合地，在国家的区域经济发展战略中有独特的地位和作用。由于区位原因，历史上与东南亚各地都有较为普遍的联络。

　　行政体制上，经过多次的行政体系变革，海南省所管辖的范围包括海口和三亚 2 个地级市，洋浦经济开发区，也包括定安、屯昌、澄迈、临高 4 个县，儋州、五指山、文昌、琼海、万宁东方 6 个县级市和琼中、保亭、白沙、昌江、乐东、陵水 6 个自治县。

　　人口发展沿革，海南岛过去人烟稀少。14 世纪末(明洪武年间)全岛人口约 30 万，平均人口密度为每平方公里 8~9 人。17 世纪末约 217 万人，沿海人口密度每平方公里约 64 人。近百余年，尤其是 1949 年以来人口迅速增长，1949 年总人口 248 万，平均每平方公里 73 人。至 1985 年总人口增至 590 多万人，每平方公里 174 人[2]12-13[3]。2005 年 11 月 1 日零时，海南常住人口为 826.31 万人，每平方公里 244 人。

7.1.2　海南东部环岛城市带典型灾害区划

海南岛内，根据自然灾害影响程度不同，《海南省自然灾害与区划》将全岛分为 5 个区域，东部环岛城市分布在Ⅰ、Ⅱ、Ⅲ区域，分别为：

东北部严重灾区，主要灾害有台风、地震、风暴潮、洪涝、地面沉降等，包括海口、文昌、定安 3 市县；

东部重灾区，主要灾害有台风、地震、土地沙漠化等，包括琼海、万宁 2 市县；

南部次重灾区，主要灾害有台风、风暴潮、干旱、赤潮等，包括三亚、陵水、保亭 3 市县（图 7-1）。

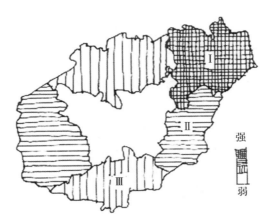

东北部严重灾区（Ⅰ）；东部重灾区（Ⅱ）；南部次重灾区（Ⅲ）

图 7-1　海南省自然灾害区域示意

来源：据《海南省自然灾害与区划》自绘

7.1.3　海南岛东海岸带自然条件分析

海南岛外轮廓为不规则椭圆形，可认为，其东北至西南向为其长轴，长约 290km；西北至东南为短轴，宽约 180km。环岛海岸线总长为 1528km，其间有大小港湾 68 个，环岛大陆架上，海平面下 5~10m 的等深区域（海底）达 2330.55km²，相当于全岛陆地面积的 6.8%。海南岛全岛从地质构造上讲，为一自海底隆起的穹形山体，中部突起，四周偏低。在中部向四周分别由山地、丘陵、台地、阶地、平原和海岸线次第构成，形成竖向层面层状垂直分布和横向层面环状水平分布带，生态系统结构层次较为明显且结构完整，因海岛特质，自成体系（图 7-2），热带特征至高山寒地特征都有所体现。地理位置使海南岛拥有充足的日照、丰富的热量及充沛的雨量。因先天原因，岛内动植物资源丰富，单位面积生物含量高，繁殖生长迅速。且海南岛开发较迟，城市化进程较为缓慢，受外来影响较少，造成其原始生态结构的系统性尚未溃散，自然演变的连续性亦有规律可循[4]①。

图 7-2　海南岛西—东向剖断面示意

来源：《海南岛生态环境变迁研究》

7.1.3.1　地理概况

（1）地形、地质特征

海南岛的地形呈中高周低的环状结构，其山地集中于中部偏南，占全岛面积 1/4。这种地形可直接影响热量和水分的再分配，进而对海南岛寒害、水旱灾害的分布和频次有明显影响[2]7-8。台风的影响力及扩展力也受中部山区生态状况影响。

海南岛 500m 以上的山地迎风坡面，湿润空气爬坡上升的过程中，受地貌阻挡，形成地形雨。其中，中部山区与岛东南沿岸的山地丘陵地区，南北向、或东北-西南走向的山脉，在阻挡东南季风的暖温气流过程中，构成地形降雨形成条件，因。该区域东南季风影响时间较长，造成雨日、雨量较多。西部和西南受五指山山地的阻挡，且海南岛基本无西向、西南向来风，故雨量减小，灾害特征不明显，本文不予过多关注。

海南岛 100m 以下区域中，约占全岛面积的 61.3%，尤其是其东南沿岸，主要有台地、阶地和平原等地质形态，土壤类型以砖红壤为主，土地肥沃，较为适宜农业耕作；海拔 20m 以下的近海平原、阶地，则多为滨海砂土、燥红土和冲积土（主要是水稻土），这种地质条件透水、保水能力差，东部流域下游地区也因此原因，易发生地质性旱灾。地形、土壤对其他灾害也会产生严重影响，如土壤保水能力差，易配合台风雨、风暴潮等形成洪灾、泥石流等。

随着社会经济的发展，大量原生态植被遭不可逆的破坏，特别是保水量大、空气调节性强的热带雨林，因开发退化为次生林、灌丛草地，或成为胶园和旱地，对生态种群的破坏严重，且防洪抗水能力差，成为灾害多发的潜在因素。如下图所示，海南岛东海岸较为适宜经济作物生产，且城市化程度较高，现代化多带来的诸多生态、地质破坏也较为严重。

（2）诱灾孕灾的地理要素

海南岛由火山喷发和地壳挤压隆起形成，中间厚，四周薄。东海岸线上，海口、三亚等大城市主要地处海积冲积平原，这也是古人城市选址的充要条件，文昌以花岗岩地质为主，地质条件较为优越，其他地区多为丘陵地带。因地处海陆交界，且多条地质断裂带通过，东部海岸线是承受地震和海底地质环境变化能力最弱的区域[5]。

首先，东部环岛区域北端（即琼北地区，含定安、海口、文昌等）处于地质板块交界处附近，所以其地质条件极差，土质中含大量沙质土与潮沙土（可参见图 7-5），位于其中的海口市是我国 12 个重点抗震救灾的地区之一，曾在 1605 年（明万历二十三年）爆发破坏力惊人的"琼山大地震"，影响波及湖广；

其次，东部环岛城市带上，尤其是海口周边，分布多处活火山，尽管现在多为观光旅游地，但火山活动会造成海岸线地质形变频发，稳定性不高，给城市带建设带来极大隐患；

第三，上节中提到的地质性干旱是东部环岛城市带最长出现、范围影响最广的自然灾害之一。东部环岛城市带多山地丘陵，缺少洼地，而且土壤含大量沙质，蓄水能力差且不宜建设大型水库（水库因易受台风攻击，地质稳定性较差），地下水开发成本偏高，开采时易形成地漏，引起海水倒灌。河流，尤其是小型河流水资源大多奔流入海或因高温蒸发，利用率不高。

（3）海南沿海矿山分布对防灾减灾的影响

海南岛矿产资源分布丰富，东海岸因遍布大量地质断裂跌，故分布众多钻石矿等非金属矿，中部山区有多处镍矿、铁矿等金属矿。

金属矿产与非金属矿产在产出形式上通常有原生矿和砂矿。原生矿往往存在于各类岩石中，而砂矿则是存在于松散的砂砾中的矿产。滨海矿砂种类繁多、分布广泛、储量丰富。它们大多是陆地上的岩石或矿体，经过上千万年的风化剥蚀、碎裂分解，在风和流水等自然力的搬迁下，堆积在入海河口、海湾和浅海地带而逐渐形成的。海岸线上的矿产开发所产生的残渣势必会造成海洋污染，挖掘所产生的空洞会造成海陆生境变化，造成海水倒灌、岸线侵蚀、地面塌陷等灾害。中部山区的开发，除去污染，还会造成河流上游生态的破坏，上游产生泥石流、下游造成河流淤塞等灾害。

7.1.3.2　气候概况

由于受到热带海洋和东亚季风的双重影响，海南岛的气候具有海洋热带性季风气候的鲜明特点，这在国内是独一无二的。这种气候条件既具有优越性的一面，也有其明显不利的一面。海南岛全年高湿高热，雨量充足，常风较大，热带风暴和台风频繁，气候资源多样。受岛地理特征影响，东南向登陆的暖湿气流受中部山脉的阻隔，致使全岛雨量分配不均，以中部山区为界，因上文中提到的地质原因，中部和东部沿海为湿润区。全岛年平均降雨量在 1600mm 以上，多雨中心在中部偏东的山区，年降雨量约 2000~2400mm，西部少雨区年降雨量约 1000~1200mm。由于台风、热带气旋等多集中于夏秋季节，故降雨季节分配不均匀，冬春干旱，夏秋雨量多。夏秋雨量较多，每年 5~10 月是雨季，降雨总量约为 1500mm，占全年降雨量的 70%~90%；旱季自 11 月至翌年 4、5 月，长达 6、7 个月；雨源有锋面雨、热雷雨和台风雨等，其中以台风雨带来雨量最为充沛，也是本文所最为关注的雨源。

海南岛年太阳总辐射量约 110~140 kCal /mm²（千卡/平方厘米），日照率为 50%~60%，年日照时数为 1750~2650h。日照时数按地区分，西部沿海最多，中部山区最少，东部沿海因雨季较多，日照时间相对较少，每的雨季，更是对本文研究区域的旅游经济造成重大损失；按季节分，依夏、春、秋、冬顺序，从多到少。年平均气温在 23~25℃ 之间，全年无冬，1~2 月为最冷，平均温度 16~24℃，中部山区，平均极端低温大部分在 5℃ 以上，还在寒灾的可能性；夏季从 3 月中旬至 11 月上旬，7~8 月为平均温度最高月份，在 25~29℃。海南岛全年湿度大，年平均水汽压 23 hPa（百帕）（琼中）~26 hPa（三亚）。

7.1.3.3　水资源

海南岛中高周低的地形地势，形成了许多大小河流，基本所有河流干流及大型河流基本上都发源于中部五指山区，部分小型河流或支流则发源于山前丘陵或台地，由此形成发射状的海南岛水系。据统计，全岛大小河流共计 154 条。其中集雨面积大于 100km² 的有 39 条，占全岛面积的 84.4%；集雨面积小于 100 km² 的河流 115 条，只占全岛面积的 15.6%[2]8-9。三大河流中的南渡江、万泉河流域位于海南岛东部区域。

表 7-1　海南岛主要径流分布表

流量（km²）		径流名称	所在区位	备注
7033.2		南渡江	自海口入海	三大江河流域面积占海南岛面积的 47%
5150		昌化江		
3683		万泉河	经定安自琼海入海	
1000~2000	1131	陵水河	陵水	海南第四大河
	1020	宁远河	自三亚入海	
500~1000		朱碧江		
		望楼河	西岸乐东	
		文澜河	源于岛西北部儋州经临高入海	
		北门河		
		太阳河	万宁	
		藤桥河	三亚	
		春江		
		文教河	文昌东部	

从上表归纳可知，多数大型河流自海南东部环岛地区地区入海，河流作用为该地区带来了优良的生产用地，也因河流的本地特性造成一定的洪涝灾害。

岛内的大量河流源流短，坡降陡，汇流快，未经调蓄工程的河流，大量的水资源未被利用流入大海，受地质影响下游则有大片台地及平原灌溉用水没有保证，易生地质性旱灾。遇大雨易暴涨暴落，洪峰高，持续时间短，一些沿河低洼地区由于排水不畅，常成洪灾内涝。

另外，河流洪枯径流量非常悬殊，汛期 6~10 月径流量占全年的 80% 左右；其中 9~10 月可占 40%；各河洪水期流量约为枯水期的 4~6 倍[6]，枯水季节流量很少，出现气候性旱灾。其次，受气候变化影响，尤其是热带季风的影响，河流径流年际变化大，亦不均匀。

7.1.3.4　生态环境

海南岛属于南海热带海洋生态大系统，在全球海洋生态系统中属于太平洋的一个子系统。海南岛是南海中一个比较完整和相对独立的热带海岛性区域生态系统。但由于大部分地区处于热带北缘，其热带区域生态系统也相应地具有一定程度的脆弱性[7]。

（1）生物资源

海南岛生物资源丰富，发育并保存了我国最大面积的热带雨林及丰富的生物多样性，是我国极为重要的生物基因库，也是我国唯一的热带基因库，在全球热带雨林与生物多样性的保护中具有特殊的意义。在《中国环境保护纲要》中也将海南列为中国21世纪重点环境保护区域，中国生物多样性保护行动计划将海南中部山区列为中国生物多样性保护九大热点地区之一。据史料分析，人类大量开发之前，海南岛几乎全为原始森林所覆盖，覆盖率达90%以上。伴随着人类开发的不断深入，森林覆盖率1956年降至25.5%，1964年降至18.1%，1987年降至7.2%，到20世纪末仅为4%[4]23。

海岸带特有的生态系统，国内自南向北有珊瑚生态系统、红树林生态系统、芦苇生态系统等。珊瑚礁是热带浅海特有的生物礁，分布基本上在北回归线以南，其生产力较之邻近海域高数百倍，生活其间的鱼类种类众多；对波浪有强大的消能作用，是天然的护岸屏障，也是消减风浪的优良岸段。南海诸岛多数由珊瑚礁构成，海南岛大部分海岸的珊瑚礁属于侵蚀型，尤以岬角突出、海岸暴露的地方所受侵蚀最强。这种类型的岸段的水下斜坡大于15°，斜坡上有许多直径达1~2m的礁块，坡脚下分布着莹白的珊瑚碎屑和珊瑚沙。除南海诸岛，海南岛是我国珊瑚礁海岸发育最好的区域，珊瑚礁湿地占整个海南岛湿地的3.13%，主要以文昌至琼海（东海岸）、儋州至临高（西北海岸）、三亚（东南海岸）等岸段较多。

红树林分布于低纬度的河口与内湾，生长在潮间带的泥滩上。以低盐、高温和淤泥底质为其有利生长的三因素，具备优良的防风固沙能力。林中鸟类昆虫种类众多，鱼、虾、蟹、贝丰富，也是高生产力生态系统。受热量和雨量的影响，组成树种自南往北渐趋单纯，植株高度减低，从乔木逐渐变为灌木群丛。海南沿海各处具有红树植物分布，尤其是东寨港和清澜港红树林集中连片生长，树木高大，树木高大，东寨港更是我国7个国际重要湿地中唯一的红树林湿地。我国约有红树林16科19属29种，其中海南岛约有27种，海南岛东北海岸文昌一带红树植物仅有11科18种，树高可达12~13m。

（2）湿地

湿地在狭义上一般被认为是陆地与水域之间的过渡地带；广义上则被定义为"包括沼泽、滩涂、低潮时水深不超过6m的浅海区、河流、湖泊、水库、稻田等"。《国际湿地公约》对湿地的定义是广义定义，本文偏重广义的概念。

南中国海范围内中国已有7块湿地加入国际重要湿地，其中海南有东寨红树林自然保护区（位于海口市）。城市湿地对城市气候调节，洪水调蓄、城市排水、生态保障等方面影响巨大，故城市湿地是城市防灾的关键要素。海南岛东部河湖水系遍布，各大流域交叉，城市多选址于三角洲地带，城市选址地本身应湿地、池塘数量众多。但现代化的城市建设中，罕见对城市湿地的保留甚至是暴雨池塘的设置，海南地理特征决定台风、风暴潮、台风雨易多灾并发，这种情况下城市内涝越来越成为城市防灾的主题。

海南有丰富的湿地类型及资源。海南的湿地以近岸及海岸湿地（即滨海湿地）为主，占湿地总面积的50%，其中浅海水域占总面积的25%（表7-2）[8]。

表 7-2　海南岛东海岸湿地分类汇总表

	海口 （含琼山）	陵水	琼海	三亚	万宁	文昌	合计
河口水域	52.26	1.23	23.85	3.76	1.50	43.46	160.28
潮间带	17.15	5.44	0.00	18.35	7.42	31.18	397.73
泻湖	0.00	30.77	50.53	9.16	59.37	95.45	245.29
浅海水域	101.37	24.72	19.48	72.96	47.95	94.00	933.13
基岩海岸	0.27	1.44	0.00	2.80	3.84	0.23	12.98
合计	171.06	63.61	93.87	107.02	120.08	264.34	1744.40

　　城市中的湿地今年来成为各种势力追逐的利益高地，建设方与管理方对经济利益的追逐为城市的可持续发展留下了巨大的隐患。一直以来，海南岛的建设思维过于大陆化，城市公共服务设施，尤其是市政设施的配置多采用以北方干旱地区为基础设定的标准，对地域特色，气候特点加以忽略，为下水系统的北方化、城市湿地逐步丧失，树立了政策基础（表 7-3）。

表 7-3　我国城市和港口开发对海岸湿地影响示意

行为	作用	结果
城市和港口开发	海岸湿地面积减少	生态环境脆弱
	湿地被隔离成小的生境斑块，湿地间联系被隔断	
	工农业废水及船舶溢油加剧湿地环境污染	
	干扰生物正常迁移	
	护岸工程改变原有海洋水动力平衡，加重堤外湿地侵蚀	
	人类活动致使外来种入侵，原有湿地营养网链可能被打破	

来源：据谷东起等，2003

7.1.4　海南岛重要灾害

　　在诸多的自然灾害中，台风无疑是海南岛最常见的灾害以及致灾要素。从海南岛有详细的灾害文字记载以来，台风是海岛大多数灾害的源头，如海上的飓风骇浪，陆上的恶风潮爆，内陆的狂风暴雨、江河洪涝，乃至地震与火山喷发都与其有或多或少的联系。所以台风灾害并不是单一的风灾，而是由台风直接或间接引起的灾害的统称。

7.1.4.1　原生次生灾害的影响

　　（1）台风灾害概况

　　台风经过时常伴随着大风与强降水等强对流天气。风向在北半球地区呈逆时针方向旋转（在南半球则为顺时针方向）。台风中心为低气压中心，以气流的垂直升降运动为主，风浪较为平静；台风眼（通常在台风中心平均直径约为40km的圆面积内）附近为漩涡风雨区，伴随大风大雨的出现。在气象图上，台风的等压线和等温线近似为一组同心圆。由上可见，台风主要有四大并发灾害：风、浪、风暴潮、台风雨。

海南东部环岛城市带台风多发，近年来，表现出爆发次数多，影响时间长的常态，且伴随大暴雨等强降水的情况出现[9]。登陆海南岛的台风中75%左右在"文昌－琼海－万宁"一带东部沿海地区登陆，其中以文昌最多，有"台风走廊"之称；西部沿岸地区还没有台风直接登陆的记录。台风风害的影响，各地有很大差异。按历年台风风力≥8级大风出现的次数看，东部、东北部和西部沿岸多，年平均1次以上，中部山区少，年平均在0.5次以下；从累年台风平均最大风速看，同样以东北部和西部沿岸最大，平均>30m/s，中部山地<20m/s。海南岛风害区域线大致是以琼海－文昌的中点为圆心的弧线，重风害区为东部和东北部。西部沿海的东方一带可能由于地理位置和地形的关系，也是重风害区之一，风害程度北部偏东地区次之，北部偏西地区和东南部再次之，西南部较轻，中部山区最轻①。

①风害。

台风具有强大的气压梯度和旋转力，周边产生巨大的空气对流，引起极大的风速。且台风源于海上，风经过海面，引起海水蒸发，进一步降低中心气压，即台风登陆前的路径上，台风会不断增强的简要原因。台风所过之处，房屋倒塌，通信线路损坏，供电供水中断，破坏力极强。由下图可知海南岛东海岸所受风害频率远高于岛内其他地区。

②海上风浪。

台风在海上引发巨大风浪，风是原始驱动力，浪与潮为次生驱动力，又可以反作用于风场，构成复合灾害。严重阻碍海上交通，是台风灾害的首要影响；经济高速发展的今天，因台风造成的海空，甚至是陆上交通的不畅对东部环岛城市休闲旅游经济有巨大影响；

台风浪是台风作用海面的另一种效应，伴随风暴潮发生。当风波由向岸移动的台风产生时，波的传播受到台风场的作用变得异常复杂，波的传播方向和波高的强弱不仅受风速和风向的制约，还受到天文潮和风暴潮的综合潮波传播的影响，特别是堤前滩地的综合潮位的影响[10]。

③风暴潮。

风暴潮指台风发生时，尤其是登陆前期，由于强烈的大气扰动，而引起的海面异常升高现象。风暴潮有两种类型，一种是由台风引起的台风风暴潮，另一种是由温带气旋引起的温带风暴潮。风暴潮灾害主要是由大风和高潮水位共同作用引起的，是局部地区的强烈增水现象[11]。

风暴潮是台风的主要并发灾害，原则上由海水直接作用造成的灾害统称为风暴潮灾害，严重的台风风暴潮灾害通常是由风暴潮与天文大潮相遇、同时叠加向岸大浪造成的（表7-4）[12]。由台风、风暴潮引起的灾害性海浪的破坏力是惊人的，拍岸浪对海岸的压力可达到每平方米30~50t，巨浪冲击海岸时能激起60、70m高的水柱（广东地方志记载），这种力量对防波堤的破坏及海岸的侵蚀非常严重。

风暴潮是由台风或温带高压中心引发的如寒潮等灾害性天气所引起的，大风影响下的海面异常升高，增水值超过1m以上。当与天文大潮叠加时，潮位一般暴涨3~6m，导致海水漫溢，同时与相伴形成的狂风、巨浪、暴雨配合而形成大灾。大多数情况下，强风暴产生的波浪使沙

① 海南行政区地方志编撰委员会办公室，海南岛自然资源[G]，1986：35~36.

质海滩产生侵蚀，一次大风暴的侵袭，海岸可能后退几米至几十米。强台风和大潮汐相结合造成的异常高潮位对海岸的破坏力极大[13]14-15。

表 7-4　风暴潮极易酿成的后果

风暴潮阶段	酿成后果
风暴潮的主振阶段	风暴潮与天文大潮相遇、同时叠加向岸大浪，会使风暴潮登陆地区在沿海，尤其是港湾出，产生大范围内增水值超过当地警戒水位的现象，防患不利时，向陆地涌入，形成严重灾害，并易引发城市灾害。
风暴潮的余振阶段	最危险的情形出现在风暴潮高峰恰与天文潮高潮相遇时，此时完全有可能形成的实际水位（即余振曲线对应地叠加上潮汐预报曲线）超过当地的警戒水位，从而形成新一轮灾害（类似地震中德余震）。由于事发突然，当地防灾状态较为疲惫，反而易于造成更大灾难。
当风暴携带风暴潮的运行速度接近当地的重力长波的波速时	会发生共振现象，共振所产生的后果是导致异常的高水位，同时波阵面极其陡峭，极易成灾。

本研究区域是传统的台风登陆岸线，常受台风直接冲击，台风风暴潮形成的灾害潮暴，在风力与浪潮的作用下深入岸线，淹没港口甚至城市低洼区域，可造成工程设施破坏、海岸湿地生态系统的破坏、盐水入侵、海滩侵蚀等。风暴潮引起的海水入侵，使地下水受污染，土地盐碱化，破坏当地的生态平衡。凡发生过特大潮灾的地方，大都在地势低洼的河口三角洲地区，在地势低平的海湾凹入部分及平原河口地区，海水利于堆积而难于扩散，尤其是在呈漏斗状的河口地区往往是洪水与风暴潮叠加而加重潮灾，若此时和天文大潮高潮叠加更易造成灾难性的后果。海南东部沿海基本处于三角洲地带，经济发达，承灾体日趋庞大，自然人为因素相互叠加，使列入潮灾的次数增多。尤其是琼北地区的海口与文昌等地是传统工业基地与港口要塞，海岸带中的海陆污染均很严重且城市中地下水超采严重造成地面沉降、形成漏斗等灾害，风暴潮瞬间破坏力易加速城市海岸线岸线侵蚀、地面塌陷、海水倒灌等隐性灾害的爆发。

④台风雨。

台风具有充足的水汽和强烈的爬坡上升能力，在研究区域内，遭遇山地、丘陵亦或是高层或大体量建筑时，易形成暴雨。影响和登陆的台风一般都能造成暴雨和大范围的降水，海南岛全岛性降雨今年来也颇为常见，其中 95% 可造成大暴雨（日降雨量>100mm），约 60% 更是可形成特大暴雨。1953~2011 年登陆海南岛所有台风产生的降水总量的平均值达 83~106mm，近两年的降水量基本可取上限处理。

同时，台风雨是台风并发灾害中，与海南岛城市规划与市政建设联系最为紧密的灾种，台风雨是台风主要陆上灾害，长时间的狂风暴雨对城市水土破坏严重，易引起地质坍塌与滑坡；随降雨量加大，可引起洪涝灾害，同时并发滑坡、泥石流等灾害。台风雨引起城市内涝，是与城市生活最为密切的灾害，相关市政设施研究与规划也需注重高强度降雨、强风方面等地域性条件的影响，需与常规方法区别对待。

⑤复合灾害。

海南岛受热带气旋的影响，台风频发，台风登陆一般都会带来降水，常造成风灾、洪涝灾、潮灾或山崩等灾害群发[2]16-19。海南东部丘陵、河谷、三角洲遍布，城市多选址于平原低洼地段，其自然条件叠加气象条件，使该地段成为一个复杂多变的综合体，当综合体中某种要素发生重大变化乃至对人类造成灾害时，往往会引起其他要素的变化，造成其他灾害，形成灾害群发。

（2）台风灾害评估

在台风多发地区的城市规划中，台风灾害的评估是城市规划与城市防灾重要依据。灾害损失评估，是指在统计归纳详细的灾害历史资料与数据资料的前提下，对灾害预计造成、正在形成或已经造成的人员伤亡、社会、经济、文化等多方面的损失进行定量的评估，从而较为客观、准确地把握灾害损失基本特征的一种灾害统计、分析、评估方法[15]。台风灾害的评估，具有很大的不确定性，因路径及沿途发展状况的变化，极易发生改变，造成灾前预警、灾中报告和灾后观测的过程存在着一种动态的连接性，过程与过程之间密不可分[16]。因此从灾害评估的时间与发展过程角度来看，可将台风灾害评估分为 3 个阶段：灾前预评估，灾中跟踪评估，灾后评估。

①预评估。

是在灾害发生前充分利用风险理论对其可能造成的损失进行预测性评价，使台风的防灾工作得以有针对性地开展；

②跟踪评估。

是指在灾害发生过程中，对灾害造成的损失进行快速评估，从而为判断救灾人员、物资的配备等救灾决策提供依据，并对合理的应急措施作出建议；

③台风灾后评估。

是指灾害发生后，对其造成的实际损害后果进行详细归纳总结，并以记录材料的形式保存（后期可在年度志书中进一步完善），目的是客观、准确地反映灾害损失的程度，为进一步确定减灾对策及下一步针对性的防灾规划提供依据。其中台风灾前预评是城市规划的最主要考虑的评估。

影响台风灾前预评的因素有：台风灾害强度与发生频度及其概率统计的准确性；研究区域历史上的成灾率统计；台风影响区域的人口密度、经济发达程度及防灾抗灾能力；防灾区域内防灾知识的普及程度与防灾措施的实施程度等。

台风的破坏力固然强大，但仅仅考虑台风灾害过程中的气象状况是远远不够的，更多的应该考虑受灾对象即承灾体。因此，台风多发地区通过城镇规划手段处理产业的区域布局、建筑物的区域布局、道路及运输设施的设置、城市工程的安排，非常重要。其中，城市建筑群抗风与防灾的规划以及防风御灾的配套建设尤为关键。

7.1.4.2　衍生灾害形成的主导因素

海南岛东部环岛城市带中的城市基本都位于河口海岸，由上文可知，在台风兴起时，易同时遭受多种灾害的侵袭，产生叠加放大效应。现有城市化手段的结果之一，就是降低海岸带的承灾、御灾能力，增强海岸带的刚性，降低海岸带的弹性，使得海岸带的缓冲能力下降。对城市而言，次生灾害因其成灾地点与人类生活地点相邻较近，对人们自身生活的影响往往较大。

（1）生态破坏

自然环境的破坏是建设与防灾的主要矛盾，初级城市化即占有非城市建设用地来完成，这个过程破坏了原有地段地理地貌，破坏了自然原有生态环境。在自然灾害原有基数不变的情况下，地段承载能力明显下降。同时全球性的自然环境破坏，导致自然灾害尤其是极端自然灾害发生频率上升，进一步导致自然生态破坏的速率，并且造成不断地恶性循环。

①1949 年以来，尤其是 1988 年海南建省之后，经过数轮理念思路均不连贯的大规模建设开发后，海南岛沿海建设地区的原始生态环境几乎损失殆尽，环岛海防林，尤其是原生林断带严重，自然生态下的红树林与珊瑚礁即将损失殆尽，抵御自然灾害能力已明显下降，本文研究区域作为政府和开发商关注的建设重点区域，现实状况更加恶劣。城市海岸线同时还受工业三废、民用生活污染、旅游垃圾等多种污染，遭受了基本上不可逆的侵蚀和破坏。在如今的发展速度下，20 年内东部海岸带将基本丧失自然生态原始的防灾与自我修复能力。至今海南沿海基干林带已下降到不足 30 万亩；红树林资源锐减到 6 万亩；全省海防林断带 229km，占全省宜造林海岸线的 20.7%[4]。海南岛的岸段有珊瑚，除观赏性珊瑚有专业船大批采捞外，约 80% 的珊瑚礁因过量采挖用以制造工艺品和烧制石灰、水泥等而遭受不同程度的破坏，部分岸段已频临绝迹[17]。

②赤潮是海南东部环岛城市沿岸甚至我国主要城市沿岸，一种重要生态灾害，赤潮是海洋中某些微小的浮游藻类、原生动物或细菌，在一定的环境条件下爆发性繁殖（增殖）或聚集而引起水体变色的一种有害的生态异常现象。海水富营养化是赤潮发生的物质基础和重要条件，由于接纳了大量陆源污水，使水体中的营养物质富集，主要是氮、磷营养盐类，这些营养物质引起藻类大量繁殖，水体溶解氧下降，水质恶化，造成海域富营养化。海南海水水体交换较好，一般不易形成大面积赤潮，但港湾内小面积赤潮却时有发生。海南省赤潮多发生在 2~5 月间，水体富营养化较高的水域容易发生。其中以海南东岸为甚，海口、文昌沿岸因分布诸多化工产业，赤潮影响连年上升，2006 年 4 月海口市出现几条砖红色的赤潮带。赤潮海岸线长约 50km、距岸 50m，面积约 2.5km^2 的海域受影响，之后随城市化的不断深入，赤潮几乎年年发生。三亚的城市海岸线上 21 世纪以来，赤潮屡屡大规模爆发，影响天数连年来也呈上升趋势。

③旅游垃圾，因破坏原有生态环境，造成海水富营养化，也是影响海岸安全的重要因素。

（2）地质变化

地质变化不同于自然灾害，属缓慢而长期地变化过程，成灾致灾都需要缓慢的时间段，而且地质变化的可逆性弱，一旦致灾，修复过程则更加漫长甚至不可修复，防治需配合循序渐进的可持续城市发展规划与长远的宏观战略。城市海岸线发生地质变化的诱灾因素主要有如下方面。

①河流中上游过度采砂及海下采砂。

河流中上游过度采砂，造成河流输砂的减少，破坏了海岸线的物质条件和生态环境的平衡性；沙质海滩特大高潮线以上多为长草的沙丘或沿岸沙堤，日常条件下受海浪冲刷较少，是滩涂与城市建设用地之间重要的过渡带。人工水下采沙造成海滩水下海浪动力与泥沙供应间的动态平衡的破坏，海洋动力必然需要再从岸滩系统中获取一定的沙源补充，以形成新的动态平衡，即导致上部海滩遭受冲刷破坏，近地面区域形态上表现为沙滩岸线的后退或海岸线下侧滩面侵蚀[18]。此区域构成了地质断带，造成城市地质的脆弱性，从而承受大灾能力的逐步降低。

②地下水开采过度。

地下水开采过度会引起海水倒灌及地面沉降等灾害。风暴潮入侵过程中，咸水会借助潮势挤占因地下水位下降留下的淡水空间，城市地基安全状况恶化，待大潮退去地基腐蚀度进一步增加，城市建设条件进一步退化。双重影响下，地面沉降加剧，自 2004 年起，海口全市地下水位以每年 2~3m 的速度下降，沉降速度已严重威胁城市安全，隐藏了巨大的城市风险。

③大型建设中孕灾要素。

大型工程的建设会导致灾害或者诱发灾害已成为业界的共识，海南本处海岛，承压进深就低，大规模的城市建设及大量河流之上的水利建设，致使沿海地带成为承压的发泄区，本身规模不大的灾害，会因蝴蝶效应逐步引发大型灾害。建设中以水库修建的影响最为显性。修建水库增加了水体对岩层的压力，可能改变原有的岩体与应力的平衡，触发地震。我国广东的新丰江水电站建成后，就引发了许多地震，最大的震级达 6 级。

在海口、三亚的近期规划中，已有多处超高层建筑进入筹备阶段，在这些特殊区域、地段，尤其是海岸地段，要特别关注地基动土的影响范围，做好防灾预期及预警。

④水土流失。

城市水土流失指的是城市化建设中，人为活动如建设用地开发、采石、开矿、筑路、架桥、引水和排水设施及城市垃圾处理等基本建设行为引发（包括形成、诱发和激发等）的水土流失[19]。其危害主要表现在城市生态失调、资源衰退和城市基础设施遭受破坏。严重的水土流失对城市的社会经济可持续发展构成威胁。《全国生态环境建设规划》要求水土保持投资占生态环境建设总投资的 60%。海南岛东岸，城市水土流失的增加，造成三角洲河流输砂的增多，破坏了海岸带的生态环境。造成航线的变动，灾时应灾条件变动，造成灾害破坏的扩大。

（3）海平面变化

海平面上升可加重海岸侵蚀和海岸线的变化（图 7-3），增加了海岸线开发规划的难度；海平面变化可以是短期的（规则的或是偶然的），也可以是长期的、缓慢的变化[20]。短期的有规则的变化是日常的半日潮或全日潮周期，短期偶然的剧变是风暴潮、海啸等突发事件引起的，这种变化产生的作用时间很短，但造成异常的海面抬升，对海岸的影响及破坏是灾难性的。长期变化是指地质时期的海面变化，是由于地壳构造运动，海底扩张，以及第四纪气候变化引起的冰期和间冰期交替所构成的海面升降，其变化幅度大，经历时期长[13]14-15；当代的海平面上升主要源于地球的"温室效应"，南北极冰川融化所致，全球工业化大发展不断促进海平面上升的速度，与沿海城市不断加剧的地面沉降相互叠合，致使海平面上升的成灾周期不断缩短，不再是传统意义上的缓慢效应，甚至可以称为地质条件的剧变。外在环境的不断变化，势必造成海岸承载能力的急剧下降（图 7-3）[13]19。

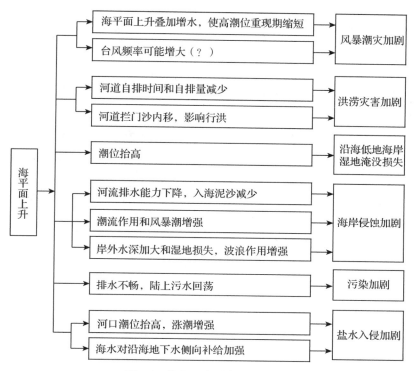

图 7-3　海平面上升带来的灾害

来源：据季子修、施雅风，1996

7.1.4.3　其他灾害

除以上灾害以外，海岛的城市建设还应对不断极端化的全球气候条件有所防备。

（1）海冰

现实条件下，海南产生海冰的条件并不存在，但在海冰灾害不断南移的现实情况下，城市建设要有所预期。例如，大型港口可常备破冰设备；除冰设施还可与部队联合配置，还可配合部队调防需要；政府预案中可简单涉及海冰灾害救援，可与防寒措施相互结合。

（2）寒害

海南岛寒害多产生于中部山区，东部地区很少受灾，但还应对地质条件进行分析，以便做应急处理及应急预案。地形对寒害有一定影响。海南岛冬季，由西北向有强冷空气或寒潮侵入，引起剧烈降温，造成寒害。受地形影响，各地寒害也不同。琼北地区(海口、文昌、定安等地)台地、阶地、平原区地处山岭之北，冬季冷空气南侵时首当其冲，冷空气受阻停积于山前，使山前北坡造成寒害，部分谷地甚至可形成"冷湖"。东部安定以南无高大山岭，寒流南下不致停积；西部则有多列山脉阻挡冷空气停积下来，故寒害在西部比东部严重。三亚等山区以南地区，地处山体南部丘陵台地区，寒潮受到高大山体的阻挡，至此地，地形零碎配以潮势减弱，寒流只造成降温不再成为寒害，故为无灾害区。尽管东部环岛城市带基本不受寒害影响，但由于城市建设的不断加剧，地形地貌不断发生变化，寒害的发生也可进入预期。

（3）沙漠化

海南岛东岸降水量充沛，但部分流域，蒸发量过大，蓄水能力差，外加受城市化影响，土地硬化加剧，部分地区已呈现出偏荒漠化状态的沙漠化。沙漠化对东岸的影响包括：水旱调节力下降，造成水旱灾轮换发生；自然生态地退化成为荒漠，城市与自然之间的过渡带消失；风暴潮、泥石流等涌入时间加快，城市的灾害反应时间减少。

（4）海上溢油

大型海洋溢油事件有上升趋势，形势严峻。海上溢油灾害主要是海上作业和航行过程中的溢油造成的海上污染灾害。海上溢油，一方面直接污染海水，另一方面漂浮在海面的油体，阻挡了海洋与大气之间的物质和能量交换，造成海水的"沙漠化"，使海洋生物窒息死亡[11]。海上溢油在国内已多次发生，康菲事件等造成的环境、社会影响数十年不会消退，中国南海石油资源丰富，开采方众多，预防海上溢油也是海南岛东部海域防护的重要方面。

7.2 新兴技术在海岛综合防灾中的应用

建立质量高、信息全和更新及时的台风灾害风险区划图对提高防范台风的效率有重要的作用。更新的方法是将最新采集的信息以加权的形式添加到旧区划图中[21]。随着国内计算能力的急剧提高和信息技术的飞速发展，先进的数值预报模式和信息管理系统使新区划图的建立无论在更新频率和精确度上都有着巨大的发展空间。准确的台风路径、强度和风暴潮预报可以使城市在防风和防潮工作中采取的措施更有针对性和效率。基于海量历史数据的信息管理系统和公共信息平台的建立，使台风灾害防范信息的发布更为快速和及时，能够有效减小台风造成的损失。同时，对台风灾害信息的统计分析能够快速发现城市在规划和防风措施中的不足，科学地建立城市防风标准。而流体力学模拟的出现能够在细节上有效地指导小区的规划和建筑物的设计，其对风场的数值计算允许在设计之初就达到降低能耗和提高居住环境的目的。

7.2.1 海岛城市灾害数据库的创建

台风是人类尤其是沿海地区遭受的最致命和代价最惨重的自然灾害之一。在一些情况下，大量降水引发的城市洪涝是造成人类大量死亡和财产损失的主要原因。不幸的是，台风引发降水的定量化，尤其是在山区，还很难得到准确的预报。但是从历史上看，台风以及风暴潮造成的损失和死亡，还有台风风力记录是比较齐全的。这可以使人们建立台风与风险评估之间的关系，从而达到预报的目的。所有的评估技术都是基于台风路径和强度的。这些数据一般包含台风中心的位置和强度评估，包括最大风速和中心气压。早期的风险评估把一个标准的分布函数，例如，对数正态分布或者威布尔分布[22]，用来拟合到所有距离城市一定距离之内历史台风最大强度的分布。根据这种分布和目标台风的结构、移动速度及登陆信息，得到城市的风险评估。这种方法的明显缺陷在于高强度事件的评估频率的估计敏感于分布形状的尾部，因为此时历史积累的数据非常少。这种缺陷在稍后的一些工作中得到了部分弥补[23]，他们使用了相对强度（真实和潜在强度之比）的经验分布。因此，城市灾害数据库的建立对台风预估是非常重要的。

台风的一些基本信息，如移动路径、移动速度、最大风速和最大风速半径等能够从海洋观测卫星及全球大气模式中得到，图 7-4 描述了 2001 年 7 月台风尤特移动过程中的风场情况，其为 6 小时一次的海表面风场，风场数据来自于 CCMP（Cross-Calibrated Multi-Platform），为多个卫星观测平台交叉订正的观测数据。风场资料空间分辨率为 0.25°×0.25°，时间分辨率为 6 小时一次。CCMP 的风场时空分辨率相对较高，能够较好的捕捉台风过程。因此，城市灾害数据库可以及时记录这些风场信息，作为估计台风风险的资料。

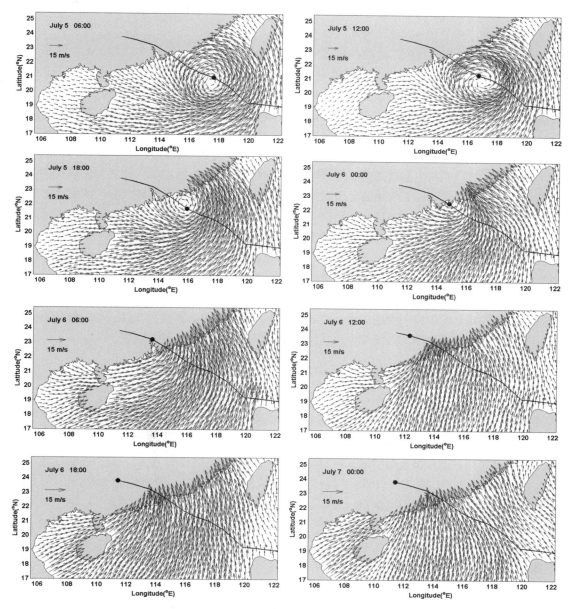

图 7-4　2001 年 7 月台风尤特移动过程中的风场分布图
来源：中国海洋大学海洋环境学院

城市规划同样需要灾害数据库的支撑。沿海城市的重要区域，如商业区和旅游景点等，一般位于沿海地带。它们在一个城市的发展中有着重要的作用，但同时面临着台风和其导致的风暴潮的严重威胁。而基于台风造成灾害历史数据的分析，能够使城市在规划中选择一些历史上较为安全的沿海地域作为高价值或者危险性较高的产业园区。目前，我国开始在一些沿海省份兴建核电站，其在规划时必须要考虑到台风可能造成的影响，而灾害数据库的建立此时能够提供有效的信息支撑。同时，台风带来的强降水对一个城市排涝系统的设计和建造是一个严峻的考研。对历史灾害数据的分析能够有效和迅速地发现城市排涝系统的不足，提高排涝系统的科学性和完备性，减少下一次台风灾害的损失。

随着科技的进步，台风信息的来源越来越多，如飞机、卫星、雷达和浮标观测。使用最新的遥感卫星图像处理软件如 ENVI，可以将台风信息从卫星光学或者合成孔径雷达图像中提取出来。合成孔径雷达的分辨率较高，但是其观测区域较小。而卫星光学图像如 MODIS 其分辨率较低，但一次可以观测 2500km 宽的区域，能够保证每天一次的信息更新速度。将两种信息来源结合起来，可以保证台风信息的精确性和及时性。将这些卫星数据和其他现场观测数据整合起来，进行多源信息的自动化提取、分析和归类，可以实现对台风信息的实时监测及更新。同时使用 GIS 工具集和关系数据库，将台风信息和灾害信息形成数据库。建立方便快捷、布局合理的可视化操作界面和智能化的台风灾害预报模型，可以极大提高准确预报台风灾害的可操作性。将特定城市的实测灾害数据和预报信息及时进行合理对比，可以迅速将台风灾害预报模型用于实际运用，并方便以后更精确地预估台风灾害[24]。

为了适应不同城市的地域差异性，沿海城市可采取共建等方式建立本地区的海洋预报机构，提供海洋灾害预报和警报服务，共建的灾害预报、警报系统在历年的海洋防灾减灾中也发挥了重要作用[25]。同时，将空间信息技术收集的基础数据和监测结果同数据库技术、计算机技术相结合并建立专家应用模型，最终使分析的台风预测预报达到可操作性，得出结论后迅速利用电视台、短信或网络及时发布台风预警，转移群众并尽量减少财产损失。

7.2.2　数值模拟在海岛城市防风中的应用

防风减灾工作组专家可运用先进的空间探测系统实现对台风的及时发现和观测，进而利用气象海洋数值计算对其和其导致的风暴潮进行科学地模拟和预报。首先，利用国内的风云系列气象卫星和国外的 Moderate Resolution Imaging Spectroradiometer（MODIS）等观测平台（图 7-5），台风在生成阶段就能够被及时发现，并得到充足的台风的预警时间。其次，利用遥感技术（Remote Sensing）、地理信息系统（Geographic Information System，GIS）、全球定位系统（Global Positioning System，GPS）、实时监测（Real-time Monitoring）技术、雷达影像（Radar Image）、光卫星影像（Optical Satellite Image）以及航空摄影（Aerial Photography）等技术将台风预警空间信息集成，并将台风预警决策支持模型与空间分析结合，为台风预警的科学决策提供资料；第三，在此基础上结合气象和海洋观测资料，使用专业的气象数值模式如 PSU/NCAR mesoscale model（MM5）或 Weather Research and Forecasting（WRF）和海洋数值模式如 HYbrid Coordinate Ocean Model（HYCOM），精确预测台风可能的移动路径、最大风速、降水以及海洋风暴潮。

图 7-5　2009 年台风芭玛在琼北附近登陆时的 MODIS(250m 分辨率) 图像
来源：中国海洋大学海洋环境学院

　　台风作为一个低压天气系统，其较低的气压和较高的风速会使海水水位升高。当考虑天文大潮的叠加时，台风抬升的水位很可能会对沿海的设施有较大的威胁，是台风对城市危害最严重的因素之一。基于数值模型的计算机模拟可以实现对自然灾害的模拟和预报。在台风导致的风暴潮方面，在机制、理论研究与数值预报方法上，国内和国外相距不大。但是，国内以往在大规模计算能力上的落后、欠缺适用于风暴潮数值预报的台风信息和现场观测网，对国内风暴潮的预报技术发展有较大的影响[26]。自 1950 年代开始发展的风暴潮数值模拟，先后使用手工和电子计算机对一些风暴潮实例进行了数值实验。经过长时间的发展，风暴潮的数值模拟在国外的应用已经比较广泛，已经有一些比较成熟的、应用于实际业务预报的计算模型，如英国的自动化温带风暴预报模型"海模式"(Sea Model) 和美国国家气象局(NMS) 与国家海洋大气管理局(NOAA) 在 1980 年代联合开发的 SLOSH 模型。通过输入必要的要素，如台风路径、强度、前进方向和速度等，SLOSH 模型可以预报风暴潮的潮高，其在美国的风暴潮预报中使用已比较广泛，且开始被引入我国并在上海市的防洪指挥系统中得到应用[27]。SLOSH 模型的输入场包括台风的气压、大小、预报路径和最大风速。同时，精确的地形、海湾和河流的走向以及天文潮也是精确预报风暴潮的需要输入的要素。模型的输出场提供各个区域的最大水位。同时，为了消除台风预报和路径估计不确定性的影响，通常情况下会同时进行多个数值试验，输入不同的参数以获得最高水位。考虑到台风疏散的重要性，一系列不同强度、风眼半径和运动速度的台风会输入潮模型中，以获得最恶劣情况下的水位。数学方程可以近似描述海洋和大气运动，随着技术的飞速发展，台风数值预报的准确性也有了较大的提高。美国国家大气和海洋局地球流体动力学实验室（GFDL）发展的业务化台风路径和强度预报系统能够嵌套三层网格，其外围区域网格间距约 30 英里，而重点海域网格间距只有 5 英里，能够更精确地预报海洋活动。同时，此模式将大气和海洋模式有机地耦合起来，有效地模拟了台风经过时海面温度降低对台风发展的影响。尽管目前最新和最复杂的气象模式也不能够准确预报台风强度的变化，但是对海洋和大气活动精确的模拟更加有利于台风强度的估计。

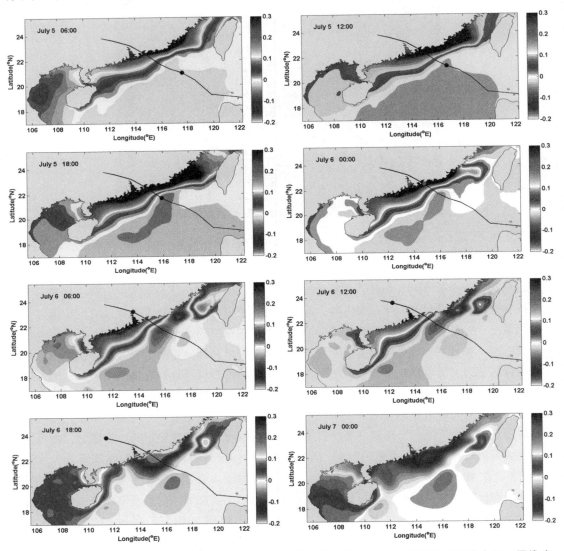

图 7-6　2001 年 7 月台风尤特登陆过程中水位变化的数值模拟结果，其中颜色变化区域水位，黑线为台风路径，黑点为台风中心位置

来源：中国海洋大学海洋环境学院

进入 21 世纪后，海洋—大气耦合模式的出现，和大范围、系统的现场观测的实施进一步提高了台风预报的准确性。我国在纬向上的跨度较大，且海岸线绵长，既需要考虑温带风暴潮的影响又要考虑台风风暴潮的影响。而受风暴潮影响较多的东南沿海地区，其经济较为发达，容易造成较大的经济损失，其逐渐成为我国危害最严重的自然灾害之一。自 1950 年代，我国开始发展风暴潮数值计算，并在 1980 年代后取得较为迅速的发展。同时，国际上一些区域海洋模式的出现如 Regional Ocean Model System（ROMS）或 Finite Volume Coastal Ocean Model（FV-COM）等的引入使对风暴潮漫滩的预报更为准确，能够有效提高城市的抗风措施的针对性，使防灾工作可以针对重点地域和重点时间加强防潮措施，并及时对危险区域发出预警。基于 FV-COM 的数值模拟，图 7-6 给出了 2001 年 7 月台风尤特在登陆过程中造成的水位变化。在开边界上采用中国近海大区模式计算的调和常数作为潮汐驱动，气压场来自于 6 小时一次的 National Cholesterol Education Program（NCEP）再分析数据，风场采用 6 小时一次的海表面风场，如图 X 所示。计算结果显示，在台风在登陆的过程中，广东沿岸海域水位的增长超过了 0.3m，而海南东部海域的水位增长在 0.1~0.2m。但进一步提高国内台风预报的准确性，还需要加强台风观测中的成熟性，并通过组织实施一些重大、先进的现场观测积累经验。例如，西方国家通过飞机投放的 Expendable Bathyhermograp（XBT）、海面浮标观测和雷达等收集各种海洋和气象要素，并将其近实时地同化到高分辨率的海洋—大气耦合模式，可以得到更为精确的台风路径、强度和影响范围预报。

7.2.3　城市规划和防风防潮标准的科学建立

尽管国内台风与风暴潮灾害风险评价指标体系、风险管理系统还很不成熟，但在台风与风暴潮灾害的防治方面已有了一些突破性进展，在防灾减灾工程方面取得显著成效。首先，在城市规划过程中，利用基于 GIS 的台风灾害风险预测与管理的系统将不同时期的资源、环境、土地利用规划等资料整合，初步建立台风灾害数据库与先进的公共信息平台，绘制出较为精确的数字高程模型[28]；第二，对沿海地区台风与风暴潮情况开展系统的调查，获取资源、环境、成灾背景、灾害历史和社会经济等方面数据，通过数据收集得到城市人口的增长情况和分布区域，以及城市公共设施和建筑物的分类统计，得到不同要素的台风危害风险损失概率曲线，以服务于国家风险灾害基础标准库的建设和台风防范智能辅助系统的科学构建；第三，对有历史记录的台风灾害进行统计，得到沿海区域和特殊年份台风发生的强度和发生频率特征及，并重点对特殊区域如沿岸城市带进行研究，对不同强度和发生概率的台风风险进行分析，以得到重点区域台风灾害风险区划图，为应急预案做出详尽的灾害模型，开展沿海台风灾害预测与风险管理。

台风影响下的高水位对海岸工程是一个重要的设计参数，对于实际的工程设计工作中，可以根据机制定律得到的确定性结果和根据长期观测得到的统计概率性结果。但是，城市规划和防风防潮标准的建立需要长时间的预报结果。在这种情况下，使用确定性方法过于复杂和繁琐，因此唯一的途径是建立基于历史结果的概率和统计规律。防范台风风暴潮的有效方法是建立警戒水位，即当验潮站的水位超过某一位置时，必须提高警惕并防备潮水。而一般来说，警戒水位的高低是建立防潮设施的标准，而它的建立需要长期的历史数据统计分析。刘德辅等根据多维复合极值分布理论建立了一个双层嵌套多目标的联合概率预测模型,以将其应用于针对台风的灾害区划研究和防潮标准的建设[29]。使用台风的低大气压、台风路径及移动速度和方向角,台风风眼半径、城市距台风中心的距离作为变量,同时考虑台风出现的频率、登陆的位置和消亡时间,构建联合概率分布函数,取为第一层模式。根据这个结果,以目标台风的特征为输入变量并选择合适的区域,进行联合概率模式下的灾害因素模拟。

7.3 海岛孕灾环境的生态修复

7.3.1 通过设置生态林带构建层级式防护体系

由海岸带延续至岛核心区的层级生态林带的设置,是有效控制城市的无节制蔓延、保护植被原生地狱、降低自然灾害对城市破坏及城市风险的重要手段,同时对逐级减弱风害、形成良好的城市风环境有重要价值,对城市生态环境的构筑,如涵养水土、养护植被等也有积极作用。汤仲之在《关于海南岛的自然生态问题》一文中也指出森林对水量、气候有调节作用。例如,我国海南热带树种根系发达,树木生根后盘绕土中,停、蓄雨水极强,降雨时可以减少流量,防止水流直冲,缓冲径流速度,即使突发暴雨,山水流势也可较为缓和。

下文以我国海南岛东部环岛城市带为例,具体说明通过生态林带构建层级防护体系的策略。

自海南岛东海岸线至中部山区距离一般在90~150km之间,此例研究的东部环岛城市带的主要建设用地处于这个区域,为限制城市蔓延,有效保护海岛生态环境,保留自海岸至中部山区的绿楔通道。在这个区间内设置"二环""三环"林带来实现城市带生态目标,"三环"绕中部山区布置,作为原生林与人工林之间的缓冲;"二环"北部沿东线高速布置,南部在海岸至中部山区中间区域设置。依现实状况分析,防护林带宜取值5~10km之间,可有效防治城市蔓延。生态林带设置,可与防护林及全岛公园规划结合布置。环岛林的栽植要与2010年初"海南中部生态功能保护区规划"相配合,做到自生态保护区至环岛林最终到海防林"立体化生态系统"的构建(含植被种类与海拔等多重涵义)。体系建构后可逐级减弱风害,对河流上游的水库等设施的维护有积极意义。

7.3.2 契合生态建设的城市防风策略

(1)构筑沿海绿色生态屏障

海南东线海岸带地处热带台风密集区,作为保护海岛免受台风袭击的"第一道绿色天然屏障"的海防林可以在相当程度上防卫海岸线,加大海防林投入力度是保证城市安全的重要手段。对于海岸带上地质薄弱区域,则采取绝对性保护以红树林为代表的自然防灾林,规避城市建设,保留原始生态的自然恢复能力。

首先,保护稀有的热带珊瑚、红树林等自然生态系统,严格控制过度开发破坏生态环境,涵养被破坏的海防林断带争取恢复原有面貌,同时将保障自然防风能力纳入城市防风体系。在近海海疆,通过人工手段珊瑚礁系统系统的自然生长与恢复,重新建构海岸带外围生态防护体系。

其次，在海防林选种时需采用乡土树种培育混交林，混交林地上地下部分结构都比纯林复杂，可弥补纯林在涵养水源、保持水土、防风固沙等方面的不足；造林树种方面应以木麻黄为主并广泛应采用海南乡土树种，如椰子、琼崖海棠、重阳木、黄槿等，并可将混交林营造经验运用于旅游开发区，培育出独具特色的景观海防林；治理风沙方面，可在海岸沙丘带布置木麻黄为主的防风固沙林带，可基本无虞[30]。

第三，构筑海南岛沿海绿色生态屏障，借助台风受到陆地丘陵山体的阻碍风速较小的特点。以海口为例，在海口湾、白沙门等空旷地带建设防护林带，并将防护林带与万绿园等滨海园林绿化建设相结合，将防风林带延伸至城市坊间，建构多层次的城市防风体系。

第四，严格对围海造田区域进行限制，尽量选取地质条件良好及生态系统自我恢复能力较强地区进行填海。需着重说明的是，在关注建设的同时，需努力营造新的生态系统，可通过植物撒种、人工移栽等手段进行骨架培育，经过数年发育后，通过科技化手段进一步与原生态体系对接，使填海区域生态具有自我繁育与恢复能力。

（2）基于生物气候条件的绿色城市设计

海南岛地处热带，自然环境与产业结构迥异于大陆，21世纪以来实际上也树立了以旅游休闲产业为主的发展模式，实际状况与发展理论表明，海南地区的城市自身灾害远小于大陆同层级城市，所以在新的城市规划中，需要更为生态、更为低碳的城市规划理念来指导城市建设，并同步形成良好的城市防灾体制，防治自然灾害的侵袭，规避次生灾害的扩大。

城市承灾能力与城市规模息息相关，从单一层面来讲，城市规模越大，防灾体系需求的资源越多，在城市层面需占有的土地与人流物流就越多，城市就被迫继续扩大，往往造成恶性循环。在并非中国各类中心且自然景观独特，自然生态系统脆弱的海南岛，随经济增长而扩大城市规模的理念并无意义。将城市严控在一定范围与规模内，减少城市对城市湿地的填埋，在土地资源尚有余量的基础上，避免大规模填海造田，意义重大。

绿色城市设计对海南东部城市防灾有着重要的现实意义，在热带高台风的海南东海岸，绿色与生态的观念应深入整体城市设计[31]。在城市设计角度，注意开敞空间与城市绿地建设相结合，为城市保留防风缓冲区，减轻台风进入城区后连续的城市内生灾害，并为重灾时的城市撤离保留空间；在建筑设计的角度，规避北方厚重敦实的建筑形式，建筑内部与建筑之间注意通风透气，同时避免易形成"风影"的板楼出现，规避复杂的城市内生"城市风环境"；在建筑细节方面，可采用楼顶绿化或设置蓄水池的方式，避免楼宇与台风的硬接触。在高湿高热高风的海南东部城市，设计的每一个细节都要注重远期的防灾效用。

7.3.3　全岛性统一的河湖水系规划

海南岛不同于中国大陆，台风进袭的过程就是风力消解的过程，每次风灾起，东岸至中部全境受灾，地理上没有缓冲的空间，风能造成地质条件的异动，进而造成河湖水系无规律的涨落，保障河流安全，为下游城市避免新灾，统一的河湖水系规划至关重要。

海南岛的灾害风险中，东北部和东部沿海危险性高于其他地区，这是由于台风季节，台风雨所带来的超常规降雨导致的区域水灾危险程度增高。同时，城市地处流域、出海口等洪涝、潮灾多发区，雨洪状况的安全度本身就不是很高[32]。

(1)东部环岛城市水系的利用与保护

从第二章可知，城市自然水系、湿地合理利用是中国古典城市防洪的重要手段，决定着城市的雨洪安全。1980年开始，中国各地开始了轰轰烈烈的城市建设，造成城市中湿地丧失且无水不污的状况，继而水系淤塞，城市排水全面管道化，雨洪来临，地面径流速度加剧、排水不畅，屡屡酿成大型洪涝灾害。故因地制宜构建地下排水系统、理顺城市水系脉络、恢复湿地池塘，是防御台风、特大雨洪等灾害的有效措施。具体手段如下。

首先，中部山区的生态得失决定了全岛的生态环境质量，需加强全岛生态核心的中部山区生态保护、原生植被维持，水土保持涵养等工作。中部山区是海南岛几乎全部大型河流的源头，水土流失会导致下游河道淤积、提升河道，阻塞出海口等，持续暴雨，会引发崩塌、泥石流等次生灾害。同时，在河流中上游应配合中部山区的生态保护，加大天然林的恢复和保育力度，以涵养水土，避免水土流失，特别是面源性的水土流失。生态涵养区周边，限定非建设区域，加大监督力度，提高人民法制意识，规避非规划性建设，多管齐下。

其次，保护现有城市及其周边湖泊、小型河流、湿地(含沼泽)，争取恢复、辟建原有城市原有湿地，以作为城市生态缓冲用地。在使用相应建设手段以维系生态平衡的同时，加强历史数据调研，做出湿地发展退化趋势图；努力调整和恢复城市河流原有弹性范围，规避硬性河道，增加河流漫滩内，小型池塘、沼泽等，寻求湿地资源持续利用的优化模式，以充分发挥湿地所应有的削减洪峰、蓄纳洪水、调节径流的功能[33]。旧有建成区，以生态恢复为主；新建区域对流域内的河流要充分尊重自然规律，保障行洪通道，留有洪泛空间[6]。

第三，淡水资源是任何人类聚居区生存、发展、壮大的必要条件，本文研究区域内，城市需做好对地表水、土壤水、地下水系统的维持与养护，避免不达标水体进入自然水体，以强制标准保护自然水体。这不仅是城市生存的基本需求，也是区域功能的基本要求。一方面保证城市用水的自供应，采取多类水源，利用多雨气象，注重雨水收集，健全水利用系统，避免地下水超采造成的地面沉降，并最终形成补给与供应相对平衡的态势。

(2)河口

河口地处江河入海口，河、海交汇区域，属于海岸带重要组成部分，是陆海相互作用最频繁的区域。因淡水、海水的含盐量不同，形成典型的过渡性生态系统空间。因交通便利、土地肥沃等原因，河口区域历来是人类社会经济发展的黄金地段[34]。海南岛东岸几乎所有市镇都处于入海口，省会海口地处南渡江入海口，如海南大学等重要单位更是地处三角洲的海甸岛，入海口的安全对海南岛的稳定至关重要。地处枢纽，入海口、河口的建设则需更加谨慎。

首先，尽量避免三角洲地带的填海，城市建设中，海口海甸岛、三亚凤凰岛等地大量填海，对城市排水系统的稳定极为不利，近年经常发生的城市内涝与此息息相关。其次，开辟沿岸过渡带，定时清淤，恢复自然生境，自沿岸起配置多层次植被系统，为风暴潮的防护构筑多层次的缓冲空间。第三，河口禁止批建超高层等形体突兀建筑，如需建设亦选址被风海湾，避免过分改变风潮环境，形成地域性恶劣环境。

(3)水库

水库方面的防灾要首先从其选址方面判断隐患根源。水库坝址及引水工程的区位选择主要考虑 3 个方面：第一，宜选择峡谷地段；河流较窄处或盆地、洼地的出口；干支流汇合处（表 7-5）。第二，选在地质条件较好的地方，避开断层、喀斯特地貌等，防止诱发水库地震。第三，考虑占地搬迁状况，尽量少淹良田和村镇。

表 7-5　水库选址状况分析

地理位置	选址选取原因
峡谷地段	水平距离窄，工程量小，落差大，水能丰富
河流较窄处或盆地、洼地出口	工程量小，工程造价低，库区为盆地地形，蓄水量大
干支流汇合处	水量丰富

2010，2011 年连续两年"十一"期间，台风均自海南东岸登陆，全岛几乎所有水库受损。台风带来雨量过大，水库、河流均满溢，水库超越日常承载力受损，能量积聚甚至局部引发小型地震；强风破坏人工地质，造成水库受损。由此可见，水库修建并非必要行为，大型人工工程必然易导致大型灾害，解决海南河流蒸发率高的问题，可通过生态建设、地质改良等其他柔性手段逐步解决，水库新建之于海南需慎之又慎。水电建设尤其是中部山区，需拉开距离，给予生态缓冲恢复距离，灾时不致灾应是建设的最低要求。

7.4　海南岛东部环岛城市综合防风规划策略

7.4.1　海岛城市布局与建筑选址

7.4.1.1　新建选址需着重考虑台风影响

海岛城市大多台风状况复杂，情况多变，例如，我国海南气象部门资料显示影响琼岛地区的台风 50% 的路径是东南风直线登陆出琼，50% 是东南风由琼东北岸线登陆经琼北转向北最终出琼（图 7-7），那么通过下图可知，海南岛东部为重风灾区。如果这类海岛城市再集结大量高层建筑与全岛性主导工业，那么防风条件更加恶劣。一些海岛城市多向受风，来风方向预测困难，风荷载变化迅速，对建筑防风影响巨大。历史上经常出现台风出境后掉头重新登陆的情况，这就进一步增大了城市整体防风的复杂性；其次，受地理位置影响，海岛城市的海防林不可能兼顾各个方向的台风，城市建筑接触的大多是未衰减的台风荷载，对建筑的直接冲击较大；第三，一些海岛地区多山地、丘陵，地形复杂，台风进袭时，易引起微环境上的风向变化，造成复杂的城市"风环境"。受上述情况影响，海岛城市高层建筑与大体量建筑集中易形成建筑风洞，新建筑选址要避免在城市风口布置大体量、高层、重要职能建筑，以确保建筑安全与城市职能的运行通畅；在城市建设中保证建筑退线，即可避免建筑之间的间距过小产生建筑风洞还可满足建筑卫生间距。

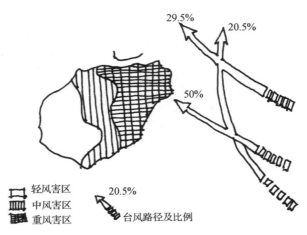

图 7-7　海南岛东部地区台风路径图

7.4.1.2　保证海岛城市的建筑基底安全

一些海岛城市海滨地质条件不佳，多属滨海砂土与潮砂土且地处断裂带，稳定性极差，风暴潮与台风雨引起海水倒灌、咸潮入侵，沿海地区地下水位整体升高，造成沿海建筑物地基承载力下降，场地砂土地震液化加剧，严重影响城市建筑物安全。由此城市在制定国土规划与土地利用规划时，要明确规定禁止建设区、限制建设区、适宜建设区，限定建设工程强度并杜绝在灾害发生时由选址失误造成的人为灾害；受台风的影响，城市不宜建过多高层建筑，高层建筑宜控制在 16~20 层，在建设高楼和各种塔台、杆柱时也要充分考虑到台风影响，城市市政管网设施亦尽可能在地下敷设；在沙质层覆盖较厚的海滨地区，建筑地基要有足够的挖掘深度，找到连续完整的岩石层；围海造田的建筑则要有足够坚实的夯土，保证建筑安全。

7.4.1.3　选择对建筑抗风有利的场地和环境

（1）规避不良地质

海南东部城市，地处海滨、河滨，河湖水系发达，地质构造普遍松散，不良地质条件区域较多，在开展城市建设的时候要着重避免不利地段：

风口、山口及河口，岸堤、海塘及河滩、旧有河道等不利于城市防风的地段；

规避地震断裂带，火山喷发区等不良地质区；

规避不稳定斜坡或滑坡、山洪、泥石流威胁区等对场地稳定性构成直接威胁的地带；

洪水威胁的低洼地段以及蓄洪滞洪区；

水文地质条件严重不良地带；

符合基本城市规划要求，如避开工矿排污、病源、大气污染源、水污染源等的下风、下游或下坡，危险品或易燃易爆仓库，高压输电、输油及输气线路。

（2）建设用地抗风防灾适宜性评价体系（表7-6）

表7-6　建设用地抗风防灾适宜性评价体系[35]176

一级指标	二级指标	建议指标		定性分值
气象条件（40%）	基本风速（或基本风压）（50 年一遇）100%	>35m/s（或>0.8KN/m²）		0.5
		30~35m/s（或 0.6~0.8 KN/m²）		1.5
		<30m/s（或 KN/m²）		3
地形地貌（60%）	相对高程（25%）	<100m		3
		100~200m		2
		200~300m		1
		>300m		0
	坡角（25%）	<10°		3
		10°~25°		2
		25°~30°		1
		>30°		0
	是否处于山谷（若是，山谷走向与台风季节主导风向夹角）（15%）	否		3
		是	>60°	2.5
			30°~60°	1.5
			<30°	0.5
地形地貌（60%）	是否处于谷口（若是，谷口朝向与台风季节主导风向夹角）（15%）	否		3
		是	>60°	2.5
			30°~60°	1.5
			<30°	0.5
	植被（20%）	覆盖率（70%）	≥50%	3
			20%~50%	2
			<20%	1
		植被高度（30%）	≥2m	3
			<2m	2

注：定性分值 0—不适宜；1—低舒适度；2—中舒适度；3—高适宜度。

7.4.2　城市空间与建筑设计

（1）城市空间布局

首先，在城市层面保证气象通廊与生态通廊的预留与通畅，城市路网密度、宽度适宜热带旅游岛特点，且末梢通达，同时严格限制化石能源机动车辆使用频率与增长速度，在保持生态资源环境的同时，规避城市发展所带来的交通拥堵与国家旅游岛定位相左。其次，在保证台风防御的基础上注重日常通风，如上文探讨中所提及的防风林种与景观林种的结合，建筑体型选择等要素；街道规划中，宜使通畅的林荫主干道与城市主导风向成大约 30° 的倾斜角，在使风顺利穿过街道到达市区的同时，既有利有规避台风对建筑的迎面入侵，也有利于沿街建筑前后面的空气产生压差，增强建筑自然通风潜力[36]379-392；第三，城市防灾设施需达到"国际旅游岛"的城市标准，在保证设施切实有效的基础上注重简洁美观的热带城市标准要求。

另外，现代城市防御各种自然灾害的通用手法包括修复城市自然生态、增加绿化景观空间、扩展城市绿轴、绿道等手段，即城市环境越接近自然生态，越有利于城市对自然灾害的防御，当研究区域的城市扩展与蔓延已成既定事实的情况下，生态建设可弥补人造城市的先天不足，有利于规避自然灾害，尤其是台风及其次生灾害的威胁，调控城市风险，同时还可调节微气候将城市热岛效应等危害降至最低。具体手段上文中多有提及，本处不再赘述。

（2）建筑设计

对于地处高湿高热区域的海岛城市，同时拥有隔离于大陆区域的地理环境，地域、民俗的差异造成其传统建筑风格，及现代城市要求中的建筑特色与建筑要求都区别于其他区域，当然，城市形态要求也有特殊的热带风貌需求。于是，在城市空间形态上要有所规避，例如，避免将等高的长排高大建筑（尤其是板楼）与城市盛行风向垂直布置，因为片区内的第一排建筑处于迎风面，平时阻挡身后建筑物与街道之间的通风及关联，还可造成城市景观的阻塞，灾时风荷载集聚造成建筑疲劳，建筑与街道的安全不能得到保证。处理方式上，首先，选取长宽比适合的建筑选型，本研究区域内，应采用通透的流线形体，避免违背热带旅游城市简洁明快特点的大体量建筑，如长板楼与厚塔楼的出现；其次，可将建筑长边与盛行风向尽量斜交，减少建筑正面垂直迎风，并做到建筑群的高低错落搭配及建筑间垂直距离的适宜，形成一条错落有致的城市轮廓天际线并确保减少城市风洞，还需注重视觉通廊的考虑；第三，城市建筑红线退让出海岸带，保留城市海岸线即生态灾害缓冲区，同时可借此构筑市民公共空间。

城市色彩方面，首先，出于对研究区域常年阳光充足特点的搭配，建筑外表面宜选取反应特带城市特点，简洁明快的浅色调，从城市反射率的角度来讲，白色是反射率最高、聚热效果最差的颜色，颜色越深越不利于高热直晒气候，城市屋顶等主要向阳面可通过粉刷成白色来降低城市热岛效应，外墙采用浅色调以降低聚热；其次，绿色建筑的特点较为适宜研究区域"生态基因库"的特点，"绿色屋顶"是可采取的重要方式之一，现已成为热带城市建设中较为常用的方式，对研究区域而言，需加大对"绿色屋顶"的适用性防风措施，如布置扎实牢固的屋顶等（规避风时高空坠物），其优点有可起到缓冲阳光直射增加城市绿化的作用，还可减少降雨时径流，风时增加屋顶阻力，抬升来风，降低风害影响。

7.4.3　城市道路救灾职能分化

7.4.3.1　海岸带道路交通政策

道路建设存在很大的工程量，海岸带的开发建设直接影响海陆生境，对城市的安全及防灾规划造成影响。区域与城市的道路规划，首先要规避不合理道路走线状况的产生（尤其是沿海岸线的走线）、降低滨海过境交通及末端交通对海岸带及近海的污染。欧洲海岸带行动准则

（European Code of Conduct for Coastal Zones）中关于海岸带道路交通政策较为论述了海岸带道路可持续的海岸带道路交通政策，可被国内相关政策的制定提供依据（图 7-8）[37]，本文归纳如下：

①应当在距海岸线一定距离的内陆腹地合理布置建设，与海岸线平行的新建过境干道和高速公路，并通过布置与交通性道路通达的支路到达海滨岸线，以减小滨海过境交通及建设与维护过程中所产生的污染对海岸带的破坏；

②避免并严令禁止在海滩、泻湖、不良地质区、滨海保护区或其他生态敏感区内修建新的过境干道或高速公路；

③选择在环境敏感性最低的地区布置，连接滨海过境干道、高速公路和海滨岸线的小型支路；

④引导滨海交通结构向可持续的结构转变，在步行舒适区域范畴内鼓励步行，同时鼓励发展环境友好模式的公共交通（TOD 概念，等同于鼓励步行）；交通网络应当实现多样化，如海、陆结合等。沿海运输性交通应尽量依托铁路或海运，在已有成熟的铁路或海运网络地区，应规避长距离的滨海公路运输。

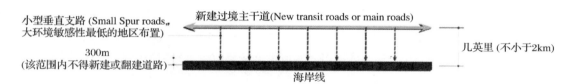

图 7-8 欧洲海岸带行动准则滨海道路布局管制示意
来源：《国际海岸带规划管制研究与山东半岛的实践》

中国的城市受古典建城思想影响严重，自宋以后城市建筑走向封闭，1949 年以后的计划经济时期进一步巩固了院落式封闭街坊的形态。时至今日，影响依然存在，主要表现为：末梢交通不畅，地块间多无支路分割，过量交通涌入城市主路，支路使用量不足。城市进入交通不畅的怪圈，注重环路，忽视坊间路的开通，这种状态除带来交通拥堵外，极不利于城市防灾，即城市生命线的通畅。

海岛城市的道路交通规划，应尽量契合公共交通为主的理念，以各种手段（含行政手段）限制机动车数量，为中国这块热带宝地留下自然的生态空间。新城规划在 TOD、TND 的思想下，完善公共交通以引导居民形成低碳的出行模式，在此基础上，形成具有与温带大陆城市有别的热带道路系统。

7.4.3.2 道路救灾职能层级

在较强的台风灾害下，通常会引起道路损毁或中断，而改变正常的通行距离与通行时间，所以在道路规划时要事先考虑道路灾时的通行能力，根据海岛不同城市的性质与对相关开发强度的预计，道路的救灾职按如下分类：

（1）环岛高速

高速交通是现代快速生活的保障，也是灾时最易遭受破坏及限速的道路，从现有条件看，灾时全封闭，作为救灾专用通道的意义较大，应在各地"零点"补充防灾仓储，储备少量救灾物资应急备用，并为大批量物资的集结预留用地，并成为机场、港口、城市仓储用地、避难所等构成救灾储备中心。

环岛高速与高铁本身"跨河穿山"要素较多，本身即为防灾重点或致灾要素，在预计的致灾点周边有必要设置直升机降落平台和物资空降点，以防灾时单点中断物资运输人员运输不畅。

（2）主干道

出于对车辆数量控制及城市尺度的考虑，主干道应在 20m 以上（但不宜过宽，以 20m 左右数值为宜），作为灾时第一层级的救灾通道。该类干道与临近建筑要有足够的垮塌距离，若周边为自然环境应留足缓冲空间，避免灾时的拥堵与无效。

在大多数城市中，主干道都不允许停车，且留有应急通道。海岛城市地区，主干道应对该项政策更加强化，规范平时秩序，并为路段封闭做好预案，以满足灾时管制的要求；可以有意识稍微加宽应急通道，为灾时滞水留有余地。

主干道亦是各类主要市政管线的主要通道，管线入地是管线布置的不二选择，由于海南城市地下水位偏高及降水颇多，管道井的防水及排水标准应高于内陆城市，甚至高于路面，最大限度做到不积水。

（3）次干道

次干道是以道路宽度 15m 以上的道路，配合主干道构成完整的城市道路网，是灾时第二级的救灾通道。其职能是将主要物资人流由与城市干道联通的城市仓储地输送至各个街区（国内规划习惯跨度为 400~500m），城市避难所往往设置在濒临主干道的次干道边。

停车方面，次干道需划定特定的停车区域，需保障应急通道的畅通，次干道比主干道承担更多的城市生活职能，保持防灾通道的通畅需要更为合理的城市管理，故日常的城市管理亦是城市防灾体系重要组成部分。

市政方面，次干道下分布市政设施的次级管网，由于承担交通的状况复杂，且道路坡度无足够条件支撑，所以不管灾时还是平时，次干道为市政设施主要损坏处，灾时需大量维护人员维持。次干道也是城市生命线各项要素集合的地段。

（4）支路

城市角度，街区内各单位之间可循环的支路，是治理城市拥堵，保障城市救援（含消防、救灾等）的重要手段。街区内宜规划 8m 以上的循环支路，作为灾时第三层级的救灾通道要求满足消防车辆的畅通与消防机械的操作空间，还须满足有效消防半径 280m 的要求。

针对处于城市开发阶段的海岛城市，新区规模往往超过旧区，规划中支路实现的可能性较大。在规划支路时配合停车场规划，避免支路的"停车场化"。

（5）紧急避难通道

城市范围内，路宽 8m 以下的道路，作为避难场所、防灾据点的设施无法连接上述 3 个层次道路网时，而设置的辅助性的路径。避灾道路要根据遇难者的人数、时间、沿路建筑的状况、车辆的通行量以及紧急通行等具有适当的构造。对于防灾减灾通道，应对防灾减灾机能有关并影响到道路有效宽度的各因素进行明确，如人行道分布、招牌设置状况、公共设施、停车状况、围墙、植栽、高架道路、公共运输、电力电信设施等[35]134。

7.4.4 台风高发区避难场的特殊要求

7.4.4.1 避难所设立的原则与策略

（1）避难所设立的原则

国内现有避难所设置原则结合海岛城市的现实条件，归纳基本原则如下：

平灾结合原则；

合理利用现有资源原则；

安全原则；

就近就便避难原则；

快速畅通原则；

配套原则；

家喻户晓原则；

本地特征(顾林生，2011，强调避难场所的避风、避雨、避洪)。

本地特征因地域特色而区别较大，例如，在我国海南东部城市，避难场所首先选择被风区域满足避风要求，同时还应选择地势高的平坦区域，并应考虑最高洪水位的影响。其建筑场所应避开滞洪蓄洪期间漂浮物易于集结的地区及进洪或退洪主流区。

（2）避难所选址特点

此处指的台风灾害是由台风引起并其引起的共生及次生灾害共同组成的灾害群。其特点是从预警至台风影响结束，持续时间长、灾害种类多、反复频率高，故台风灾害的避难所的设置要求不同于常规避难所要求。需防风，避雨，防洪，地质基础良好(防泥石流)，源于上述要求，海岛高台风地区避难所要求标准应高于普通建筑标准。台风避难所要发挥如下主要作用：

规避台风及其并发灾害，避免次生灾害的危害，灾时为灾民提供暂居地；

平时按规划人数储备防灾物资及留有卫生水源，并保障其有效性，灾时为避难者提供生活必需品；

平时储备医疗物资及初级医疗书籍，灾时可进行初步救援；

保证自发电电源与信息发射装置，灾时保证与指挥中心、周边避难所及救援队伍的通信顺畅，同时收集与传递灾害情报。

（3）避难所选址建议

在以丘陵为主的地址条件下，背风侧高地会成为避难所天然的选址区域，在被风的基础上，还可延缓或规避台风雨带来的洪涝及城市内涝，为直升机救援或补给留有余地。

常识中的城市规划原理中，学校、体育馆等公共建筑师天然的避难所，所以规划之初，学校、体育馆的选址就要考虑高台风地区避风的基本要求。像学校样式的公共建筑可设置半地下室已备避难所需，同时在建筑倒塌范围外设置多个独立出入口，以保证避难所的绝对安全。在中国大陆传统的城市规划中，医院的避难所作用没有被充分重视，针对一些有着高热气候条件的海岛城市，灾后甚至灾时防疫要求颇高，在医院优良选址的基础上，避难所、避难中心环医院而布，是公建避难的另一选择。

（4）避难所层级划分

避难所的分级从小到大依次为"避难点–避难所–避难中心"，避难点为社区级别，可结合小区绿地、活动场所等临时避难地布置，小区物业与居委会固定储备部分救灾物资，便于灾时发放，还可对救灾作出第一反应的组织；避难所，即广域避难地的概念，收容灾民，接收来自避难点的集体转移，有较为充足的生活物资及基本的医疗物资，有固定的备用通信设施，有较为明显的建筑形态，便于救援团队的辨识；避难中心，含有救灾指挥部的意义，作为灾时地区的指挥中心及行政枢纽，同时还兼具行政中心备份的功能，增加城市管理层级的弹性要求。

（5）避难所道路

城市道路的避难等级分化在 7.4.3.2 中已有详细论述，此处所指的避难所道路指避难所周边的疏通通道。该类道路与各级城市道路贯通形成网络状，做到最大限度的四通八达，即使部分道路拥堵堵塞，亦可以迂回路线到达目的地，不影响居民快捷通畅前往避难场所。其中避难中心、避难所的疏散线路为疏散主干道，不小于 6m（可满足大型车辆错车需要），避灾点的疏散线路为疏散次干道，不小于 4m（可满足小型车辆错车需求）（图 7-9）。

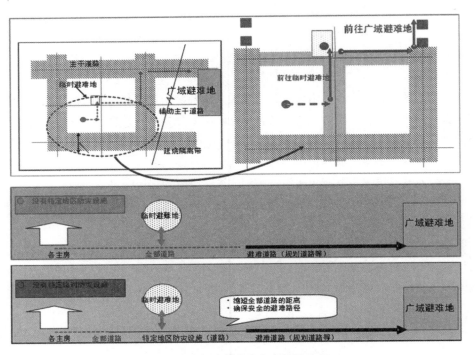

图 7-9　提高避难道路安全性的构想

来源：顾林生，2011

7.4.4.2　避难所抗风设计要求

台风因其影响时间长，避难所建筑的含义不仅仅是传统意义上的单独建筑、临时板房，还包括公共建筑中结构条件较好的空间。因美国为龙卷风、飓风多发国家，在其建筑法规与规范中，有"避难房"的概念，即在强风荷载地区的住宅或公共建筑中，无论其建筑结构形式和所用的墙体材料是什么，都应有一间配筋砌体（或现浇钢筋混凝土墙体。但实际上都采用砌块配筋砌体）房间作为"避难房"，开间大小、与周边墙体的连接方式，都有特殊的架构要求。2008年美国混凝土砌体协会（NCMA）颁布了 TEKS-14《用于躲避暴风和龙卷风的混凝土砌体避难所》，用于指导当地建筑物的抗飓风设计。我国至今仍无相关台风避难所的法律法规出台，我国的海南本省也无对应条文政策应对日益增加的台风风害[35]171。

台风避难所出去被风等选址方面的要求，在抗风设计方面也有具体目的：保证结构在施工阶段和建成后的使用阶段，能够安全承受可能发生的最大风荷载和风振引起的动力作用。台风避难所的设计应满足强度、刚度、舒适度方面的要求，满足疲劳设计要求，防治灾时构件局部破坏。建筑物的各个构件之间的连接，如屋顶、墙体、楼板和地基相互之间的连接，是建筑物遭受强风袭击时保持结构整体性的关键所在。

7.4.5　生命线系统与防救灾设施

飞速的城市建设，造就了大量的城市灾害空间，各样城市系统在平、灾双时的稳定，决定着城市的安全。特殊的地理位置决定本节所述内容更具海陆二元性，城市规划的防灾内容较之内地城市层面更多。

7.4.5.1　确保"生命线工程"的安全

"生命线工程"是指对社会生活、生产有重大影响的交通、通信、供水、排水、供电、供气、输油等工程系统，海岛通常孤悬海外，缺乏足够的战略纵深与补给后方，灾时确保"生命线工程"的安全至关重要。交通方面，灾时台风在海上引发巨大风浪阻碍海上交通的顺利运转，岛上暴雨与洪水割裂陆地交通联系，灾时能否保留相对通畅的交通，保障基本"生命线"的安全，是保障城市安全的关键所在。

另一方面，台风灾害对供气、供水、通信、网络等城市基础性工程造成直接破坏，能否抵御台风灾害的破坏，维持市政设施正常运行，决定着城市是否可以保证日常生活环境的稳定。在海岛城市中，那些城较早的地方，老旧城区居多，道路狭窄，人口密集，城市基础设施老化，整体抗风能力日益减弱。为适应城市化发展，提高御风能力，旧城改造与基础设施的改造需统筹兼顾，协调规划，进行整体综合开发与保护规划，确保洪涝排水系统、市政、电力、交通、通信等重要基础设施建设，特别要加强重要通信设施、线路和装备的维护，指定通信系统备用方案和紧急保障措施，确保应急期间的通信畅通。

单一、无备份、无回路的城市生命线防灾效用较为薄弱，有自然界，各系统的存在状态可以推知，由各条单一"城市生命线"由点及面，所形成的网络状系统安全性能较强。在城市各类管网密布的高强度建设区域，可以建立起各自的独立单元核，可因城市状况的不同，形成多级单元，在网络中形成不同的层级，从而可制定出不同的防护标准。形成网络状后，不但能充分发挥各自系统的优势，还可以提高整个区域范围内的生命线系统的安全性和供给能力。当某一单元的主系统出问题时，其辅系统可以得到其他单元核的启动源，并有效地运行，从而保证单元机能的稳定。同时，每个单元的生命线系统相对独立，当发生突发事件时，可以在应急状态下切断任何局部和重要部位的供应系统，将损害控制在最小限度内，防止灾害的扩大化、网络化，以保护整个生命线系统的安全（图 7-10）[38]。

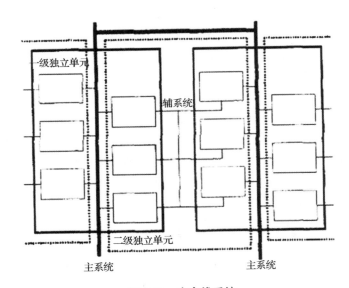

图 7-10　生命线系统
来源：《城市生命线系统安全保障对策探析》

设施廊道是其间另一个重要概念，属于"城市生命线"，往往结合城市绿道，生态廊道布置。设施管线，城市供应系统布置其间，重要节点与分流点设置设施用房。但日常生活中，占压设施廊道的情况很常见，尤其是临时用房的管制不严，设施廊道的黄线内，建设行为屡见不鲜，建设中易造成设施的损坏，灾时也不利于设施的抢修，通过城市总体规划的设施廊道，理论上属于法定禁建范围，在法治较为薄弱的海南，应加强对设施廊道的管理。

7.4.5.2　合理规划建设防洪设施

海南东部环岛城市往往风涝合一，防风减灾规划应密切结合防洪设施建设。首先，城市建设用地应选择有利的地形，避免位于江河两侧或江河出口附近的平坦地区，这些地方常是雨水汇集之处，水位较高，也应避免紧邻沿海区域，这些地区易受飓风和暴雨袭击，海平面上升和大风引发的海浪也会造成严重破坏。

将防风、防洪、防潮三防相结合，提升防潮堤与防潮沟建设标准，滨海中心组团周边建设标准定为 100 年一遇，城市副中心定为 50 年一遇，其余城区最低标准为 20 年一遇[39]；城市内部的工程任务是疏浚内城洼地和城市排除洪涝污水的河道与暗沟，在暴雨洪水袭击后迅速排除积水，在土方工程达不到排洪要求的地域，应大力发展机械抽水，增加排水能力。

暴涨暴落是海南河流的一大特点，城市建设时需通过立法形式预留足够行洪通道保障沿岸城市安全，合理规划建设截洪沟、排洪渠、蓄洪池、防洪闸、排涝泵站、防洪大堤，高速公路等跨河设施采取"赵州桥"样式可呼吸桥基设计，避免行洪瓶颈产生；海南岛河流集水总面积占全境 47%，保障流域生态环境至关重要，近岸生态绿地即可作为灾时临时行洪通道，又可减弱河道淤积、河岸抬高。

（1）台风灾害下的暴雨管理

防灾基础设施建设在城市排水系统方面的重要目标就是使城市的水文循环可以借助自然过

程来实现。城市内硬化的路面与地面会增加城市地表径流强度和城市水体中的污染物数量。现今城市环境下，降水等无法渗透入地下，而是快速地进入排水系统，随后流进河流水系，从而引发促使了洪水的产生、泛滥和侵蚀。城市的暴雨管理主要有 3 个方面，渗水、滞水、蓄水。

绿地结构可以吸收水分和重新补给地下水，并且能够过滤污染物质，降低水体的流动的动力，是一种有效的非结构性途径。

（2）城市细节布置的防灾效用

①规划分区。

对城市密度分区进行严格规划分区，规定每平方公里内的建筑量，或是建筑所占的比例，避免盲目的城市建设和城市硬化。城市的合理分区，维持各种物流、人流的通畅，维持秩序的城市的生活，也是城市防灾的重要方面。

应设定场地中硬化及非渗透地表的最大比例，现存、新建硬化表面及建筑屋顶都含括在内（表 7-7）[36]734。

表 7-7　场地硬化比例及环境状况

硬化率百分比	环境状况
≤10%	河流和其他水文要素得到了很好的保护，自然防灾能力良好
>10%	需考虑采取缓解措施，自然防灾能力渐渐丧失
>30%	生态系统退化，基本形成硬化的全人造城市系统，自然防灾能力也基本丧失，必须采取积极措施来降低非渗透性硬化地表面积。例如，用可渗透的、种有植物的地表代替道路上无用的硬化铺地。

②簇群发展。

将建筑物、聚落等呈簇群布局，在集约用地的基础上，使开放空间环绕四周，既提供防灾所需的通道，又提供防灾所需的备用空间，由于集约用地，还可相对减少硬化面积，滞风蓄水。

③街道限宽。

过宽的街道对交通安全带来的负面影响已显而易见，同时，在海南岛这样的多台风地区，过宽的街道还造成风速的增快，地表径流的加速进一步加剧灾害。

④排水系统的完善化。

由于城市污染的加剧，台风灾时污染物排解不利造成的二次污染，已成为重要的此生污染。将受到污染（如加油站、洗车处、垃圾场等污染源）的雨水收集并分离，避免与其他雨水混合；在各类市政用地周边规划适量绿化缓冲空间，种植有利于油污分解的草本植物；标识地上排水走向，告知公众，以免不必要的阻塞和不畅。

⑤街旁生态湿地。

由于地处台风高发区，纯工程化的道路系统已被证明是灾害的推手，街旁绿化生态系统在这个情况下显示出越来越重要的作用。加强类似生态湿地的分布范围与防灾能力是现代城市所必须关注的，这之中，滞风蓄水成为街旁生态绿化及排泄系统的关键。

在道路外侧结合原有街边绿化改造成为街旁生态湿地，即有植被覆盖沿街布置的"生态渠道系统"。与传统的工程化处理方式不同，一个典型的生态湿地使着地风和城市排水尽可能降速，有利于灾时人类灾时行动；同时有利于土壤对排水的吸收，补给城市生态。

7.4.6　海岛弹性防灾规划设计与联动应急预案

灾害是指集中于某一时间与空间内集中爆发的某种突发性事件或灾害，是自然环境、人造环境或两种环境之间矛盾的集中发泄。灾害导致人类生命财产的损失和基础设施的严重破坏，并对生活在系统之内的人造成精神上的压迫，致使本具有弹性空间的整个社会生活系统处于强压下的临界值，随时存在崩溃的危险，并且无法履行全部或部分的社会基本功能[40]。在海洋灾害系统中，易产生由外界条件的微变导致系统宏观状态的剧变的状况，即所谓的蝴蝶效应。

当今城市系统风险日益增加，灾害通过导致系统的崩溃，造成城市的混乱及信息上下行的堵塞。当代城市需有更强的自我恢复能力，更有弹性才能应对日益增加的城市问题。

①管理学概念中的 BCP（业务持续性计划 BCP：Business Continuity Plan；BCP 是组织为避免关键业务功能中断，减少业务风险而建立的一个控制过程，它包括对支持关键功能的人力、物力和关键功能所需的最小级别服务水平的连续性保证。在 ISO27001 外部评审阶段，通常要考核企业 2~3 个部门的"业务连续性计划"和"演习记录文档"，要求管理核心部门同样需要有备份功能，有自我恢复能力。之于城市系统核心，此概念通用，随着现代城市规模的不断扩大，调度核心的作用也愈来愈重要，灾害多发地段，在管理层面也要注重备份，注重灾后核心部门恢复，还需注重基地的多重选择、备份。大灾后首要重建的部门即为指挥调度中心，故城市调度指挥预案与专业人员的备份是弹性概念中的核心环节；

②现代城市的各项指标的制定都是硬性标准，城市各个环节直接的拼接都缺乏缓冲与润滑，在城市中保留与恢复部分自然生态地域，保持城市各个职能之间连接的通畅则是弹性城市的第二层概念；

③多节点、多中心布置，在抢通救灾的过程中，每个节点使用的有效性、通畅性，保证救灾流线的顺畅。

④建筑单体层面，如日本森公司，在传统电力系统之外，设置防灾专用的煤气发电系统，为防突发事件以作备份。多级储备、多备份，对高密度、高人流量的现代城市有很强的必要性。

7.4.6.1　多级救灾核心的分布

救灾核心的分级分为信息层面与物流层面。

信息层面是以救灾协调指挥信息的传达为目的，自上而下分为"防灾指挥部层级—避难所层级—日常生活层级"。指挥信息的通达效率，是一个区域现代化水平高低的重要评判标准。

物流层面，基于海岛城市与大陆隔离，缺乏防风救灾进深的现实条件，交通设施与交通节点成为整个海岛的传输中心。依此观点，由"机场、港口—城市零点及城市仓储—城市避难所"流线构成，通过各级道路系统连接（详见 4.4.1）的救灾分拨路线是较为适合海南岛东部城市带特点和需求的流线[41]。

①现代社会中，快速灾后救援的首选方式为空运，空港储备中心也就成为救灾物流的重要开端，因海南岛台风多发的状况，灾时空运影响较大，比较普遍的做法是机场物流作为一级救

灾储备中心，日常按标准储备战略物资以备灾。港口物流因其吞吐量远大于其他运输方式，港口的战略储备及补充在风灾过后有极其重要的作用，港口对腹地的救灾作用也较为明晰。滨海港口周边优良用地适宜规划大型紧急救援基地，作为海岛的救灾腹地。

②城市零点及其附近的城市仓储用地是承接上级储备中心与基层避难所的过渡环节，也是物资的分类中心，不同种类的物资在此分配，该环节的通畅是救灾效能体现的关键，该环节也是相关防风救灾信息上下行的重要节点。

③城市避难所是灾时最直接、最基层的救援避灾场所，也是各类物资与信息的终端与接收点。海南岛避难场所较之大陆，其建筑本体的防风防灾要求较高，简易的救灾房不适用于持续时间较长的台风及其并发灾害，防风避水是海南岛避难所的基本要求。由于高湿高热，疫病的基本防控人员与药物的储备也是城市避难所的另一基本要求。

7.4.6.2　特殊地区防护

城市生活的复杂性决定了防风救灾需要设计的领域较多，有些特区地区与领域需纳入防风规划的范畴。高危工厂需指定行之有效的防护措施，日本福岛核电站的泄漏，进一步说明了滨海工厂防灾能力的脆弱，以及波及范围的广泛，在日常的保护条款之外，还要特别关注海洋灾害的破坏。

动物园、野生公园等也是防风救灾中容易忽略的场所，灾时因管理疏忽或意识放松，都会造成野兽出逃，危及人类生活安全，美国多部灾难大片都有对类似情节的描述。

总之，防风救灾是一个系统化工程，设计的点线面较多，每个小点的疏忽都会酿成巨大的灾害破坏，如同蝴蝶效应，日常对系统的维护养护在防风规划中占据重要的地位。

7.4.6.3　防风规划与总体规划结合

防风规划应纳入城市总体规划的范畴，制定详细的防灾原则。首先，在总体规划的编制过程中，对城市建设用地选择应做好用地评价，使居住用地、公共设施用地、工业用地等主要功能区尽量避开灾害源和生态敏感地带尽量减少城市生命线系统受灾或受损的机会；其次，合理布局城市各功能区，创造有机生态的城市空间结构；最后，在总体规划的指导下，编制专项防风规划，确定详细的防风策略与自然生态涵养手段。

应注重防风规划的法制化与政策化，城市用地、工业产业的选址布局、林业资源的保有与恢复、灾时人群组织与方案安排等与防风规划息息相关的防灾御灾手段都需要明确的法律认定。首先，在法律的框架下，维护防风规划与策略的长期有效，避免朝令夕改；其次，以法规的形式，确立更新防灾预案，确保灾时社会秩序的稳定，城市生命线的畅通。第三，城市规划工作的法制化也是保证高速城市化阶段城市合理有序发展的重要手段，法律化的城市规划也要在更深的层次保证社会公平、公正，方案的合理、有效。

7.4.6.4　建立联动体系下的防风应急预案

建立行之有效的台风监测预警系统与社会联动的防灾应急预案对海岛城市带防风减灾意义重大，即能为防风救灾争取时间还可指导防风减灾规划。

首先，应建立集合气象、地质、交通、林业、规划等相关部门的联动机制，制定多方案、操作性强的应急预案，落实职责确保各项防风措施的部署实施；

其次，全面监控防潮堤、水库等城市重点水利设施，全面落实责任制并确保每处有专人时时监控并坚决杜绝突发性溃坝，如因灾出现裂缝或溃堤预兆，应立即采取放水、泄洪、固堤等应急处置措施；

第三，灾时首先做好低洼地区和被洪水围困群众的安全转移工作，同时切实防御山体滑坡以及可能引发的地质灾害，保障救灾工作的安全开展避免次生灾害过度扩大；

第四，灾后尽快恢复受灾群众的基本生活秩序，保障受灾群众的基本生活物资供应并对困难群众给予生活补贴，对洪水浸泡房屋进行安全鉴定和加固、集中财力重建倒塌房屋，保障群众安全回迁，争取将台风和强降雨造成的损失降到最低；

第五，建立平灾结合的各级卫生防疫队伍，保证台风及洪涝退去之后的防疫工作可顺利及时地开展，灾后需及时清理清除各种脏污，通过抛洒石灰粉等方式对环境进行消毒，确保高湿条件下大灾过后无大疫，还需加强对家畜家禽的清理和监控防止隐发疫情。

7.4.6.5　防灾系统的可靠保障

在城市规划制定时期就开始考虑防灾系统设置，并定期检查保证设施运行正常运转，并通过广告向城市居民广而告之。

（1）城市防灾标识

城市标志系统的发达与否，标志着一个城市的发展水平。上文提到，随着城市化的发展，城市立体空间不断构筑，向上，超高层建筑高度不断上升；向下，地下空间利用不断多元化；中度空间，高架道路、立体交通大量修建，日常情况下，标识系统不明确都会给城市交通带来巨大的阻碍。

结合城市正常交通系统，深化防灾标识，标明避难流线与避难所位置，通过居委会等基层组织深化居民对防灾流线与空间的认识，尽量将灾时恐慌降至最低点。标识下的流线，采取零容忍手段，不管何时需保持通畅，任何人不得以任何理由占用，可通过立法手段规避国人的劣根性。设计过程也需要规范，避免中断或不适用的应急流线出现，如上文中讲到的蓄水池的缓坡设计。

建筑内部空间的标识则相对较为简单，我国有详细的消防规范，里边的内容对标识的要求，可应用其他灾种，可统一布置，特殊要求可单列。

（2）照明系统

事实上，本文所建构的防灾御灾系统都是建构在光源充足的背景之下，而灾害来袭，却不分黑夜白昼，即便是白天，台风所引起的气候突变会造成多云少光的状况，在这种情况下，城市照明系统的稳定性与安全性，是决定着非常规条件下救援与逃生的关键。灾害不可能全部发生于自然光照条件良好的时间段内，如唐山大地震等就发生于子夜，如无稳定的救灾光源，黄金 72 小时的救灾时间，尤其是最初 12 小时就会大量浪费，与现代安全理念极不相符。

第一，救灾照明系统本身的安全性。提升救援线路在综合管沟布置中的重要性，在转弯点、分接口增强加固措施，灯杆、灯泡要有特定防风、放潮、防震处理，做到标明等级下正常运转。

第二，能源提供的多样性，灾时城市生命线的供给往往不可靠，照明系统需设置自身的能源储备装置，如太阳能、风能等新能源的使用，更重要的是高标准的储备装置灾时的正常运转。

第三，安全逃生系统的指示，可以灾时照明系统结合，另一个更为重要的前提是安全逃生线路的预测与规划。

第四，再完美的设施规划，也需平时的维护与功能宣广，政府与国民的防灾意识的增强也是其中的关键。

7.4.7 海南城市建筑防风策略研究

通过城市设计层面细节的增加来促进和保障城市对台风灾害的应对，同时兼顾提高日常生活的舒适度，从而做到"平灾结合"。城市是由建筑组成与构成，建筑的安全性与舒适性直接决定着城市物态安全，新的发展时期，带来了城市中鳞次栉比的超高层建筑、大体量建筑，在研究区域特殊的地缘特征下，建筑防风是一个规模宏大的课题，本部分就此展开，作为微观层面的研究内容。

7.4.7.1 通过城市设计手段改善通风

建筑防风不是城市生活的主要方式，城市通风从某种意义上讲对海岛城市更加重要。

由前文可知，从城市通风的角度来看，城市可通过有效的街道布局使主要街道与盛行风向形成倾斜角度，以保持30°左右为宜，这样的角度依然可允许风穿越街道进入城市中心区。同时沿街建筑物的正面和背面的气压模式不同，迎风墙在压力区而背风墙在吸力区。这种街道走向会对沿街建筑物的自然通风十分有利，并且同时也有利于街内的自然通风。这种布局主要适用于城市高密度居住区。

在海岛城市内，应尽量避免将等高的一长排高大建筑与盛行风向垂直布置，这样布局既阻挡了正常来风，又影响城市美观。第一排的建筑物起着风障的作用，导致街道和建筑物的通风条件都较差。真正能够有效改善城市通风条件的方法是：将不同高度的建筑物相邻布置，形成一条起伏有致的城市轮廓线，并使建筑物的长边与盛行风向斜交。

考虑高湿高热地域特征，在一定密度水平条件，应尽量使用窄而高的塔楼建筑形式，并在密度条件的许可范围内尽可能地扩大建筑间距。这样的布局可以为被研究城市片区整体提供最佳的通风条件，尤其有益于楼房中的居民。

①狭窄的塔状建筑物如果相互间隔布置，就会引起高层气流与地表气流混合。处于高位的部分风能因此被转移到较低位置，增加了地表气流的风速。这种效应可以改善较低楼层的通风条件，这样也改善了街道上和街道之间开放空间的行人通风条件。

②在这种布局中，更多的人可以生活和工作在高层建筑中，远离地面。特别是在建筑密集的城市地区，气温和气压都随着高度的增加而减少。因此改善了生活在高层建筑中的舒适状况。

③干热的上升气流，以及被高层建筑所截获的不同高度气流层的混合体，降低了人行道上的空气温度。这是因为30~40m高空的空气温度要低于近地空气的温度（近地空气被温度更高的地面加热）。

7.4.7.2 建筑防风合理措施分析

（1）适当提高房屋的整体性

大风时，由于气流分离的作用，房屋的屋檐、屋脊、山墙顶边和四周外墙的转角等房屋外表面的交接部位容易出现较高的局部负压区，并且由于气压分离常在其尾流中形成较强的涡流脱落。这些部位的压力波动也往往较大，甚至可能产生交变力的作用，在台风作用下，建筑物的破坏往往始于表面围护构件的脱落或局部破坏，因此，必须避免因局部破坏导致整体结构丧失承载能力和稳定性，通过加强各构件之间的连接，保证结构整体性，改善建筑物的抗风能力。在刚度和承载力有突变的部位，应采取可靠的加强措施。民间工匠口中流传的"屋盖墙体要稳定，构造连接要牢靠，门窗开洞要抗风，墙角基础要防涝"就是讲述的这样的道理。

民房中，在台风中倒塌的房屋最多的是木结构、砖木结构等简易房屋。砖混结构的房屋属于刚度大、抗水平力强的结构体系。但也经常出现，砖混结构的房屋倒塌的情况，究其原因是设计上的问题。如底层层高过高，每间房屋仅有两道横强，大部分不设置纵墙，采用木楼板等因素，使砖混的房子整体性减弱，造成失衡倒塌。

对于(超)高层建筑，现在的施工手段多以整体框架浇灌为主，建筑的整体性要明显优于低层、多层建筑，正常情况下，受台风影响倒塌的几率较小，其防灾重点应放在日常管理之上，如广告、顶层公共空间以及空调外机的管理等，避免大风时高空坠物的影响。海岛城市高层建筑的选址要格外注重，既要考虑规避不良地质，满足基础安全，还要协调整体风环境，避免因高层建筑建设引起的区域风环境的恶化。

(2)适当提高房屋变形能力

建筑物可通过整体结构的变形或位移消耗风能，而减少与风荷载的硬性接触。从现有的材料和施工技术来看，理想的抗台风建筑应为整体框架结构。目前看来，框架式的小高层住宅及与其高度相当的公建最为理想。一方面，可以利用其良好的弹性形变消耗风荷载；另一方面，框架结构表面维护结构破坏不会导致结构整体的破坏，做到"墙倒屋不塌"(中国古典的木构架房屋抗震能力较强而防风能力不足)。

(3)建筑体型

建筑体型对建筑物各个外表面所承担的平均风压系数有着明显的影响，建筑的高宽比是其中最大的影响因素。在结构工程中，结构选型是关键性问题，建筑选型应采用有利于防风抗风作用的体型，如圆形、椭圆形等，或者起码采用流线形屋顶。流线形的建筑体型以及由下往上逐渐变小的截锥形的体型系数较小，有利于防风。由上文分析可知，不规则或不完全规则高层建筑或大体量建筑，同样条件下不利于抗风，在设计与选型过程中应适当规避。

在进行结构平面布置时，宜采用结构平面形状和刚度分布尽量均匀对称，以减轻风荷载作用下扭转效应对结构内力和变形的影响，并应限制结构高宽比。高宽比过大的建筑所受的风荷载明显大于普通形态建筑；另外，高宽比过大的建筑其本身的刚度及整体性一般也较为薄弱，更易于变形和崩塌。

优化建筑体型，并协同进行配套的结构选型，对增强建筑物的抗台风等风害的能力十分必要。建筑中的层高、总高度、高宽比、长宽比及屋顶形式、建筑形态等，均对结构所承担的风荷载或结构构件的抗台风能力有较大的影响。在本文研究区域内，建筑结构的选型、平、立面布置宜规则、简单、对称，建筑材料的运用及建筑刚度变化宜平均分布，规避错层、扭转等布局形式的出现。多层建筑中，横、纵墙的布置同样应均匀对称，沿平面内宜对齐，沿竖向应上下连续。纵墙宜拉通，避免断开和转折[35]170。

（4）适当调高抗风设计标准

按现行标准，建筑物所受的风荷载根据基本风压值计算，基本风压则根据气象台站记录的平均年最大风速，采用极值 I 型的概率分布，确定重现期为 50 年的最大风速作为当地基本风速换算得到。确定最大风速时，应有 25 年以上资料。对基本风压的取值决定了对建筑物抗风设防的标准。人类社会进入 21 世纪以来，极端气候屡屡出现，台风灾害在预测和观测角度也屡屡体现出其不确定性，原有的取值在多数情况下不能适应快速的城市化发展，建筑形态的日新月异，防风标准的测定也有了局限性。同时由于国内施工中普遍出现的偷工减料、配筋不足的状况，调高设计标准有很大的实践意义。随着城市建设的多元化，未来城市建设管理工作也需细化和因地制宜，如可针对特殊建筑，采用新的数值模拟分析技术得出高于规范标准的执行标准，以保证城市生活的安全性。

7.4.7.3　其他相关影响因子分析

抗风设计方法是风工程研究成果的直接体现，其合理适用性关系着建筑物在风作用下的安全性。影响台风高发区建筑防风设计的主要因素是该地区气象条件、地形地貌条件、建筑布局方式、建筑体型等。

（1）地形地貌

我国荷载规范提供的基本风压取自"标准地貌"，即比较空旷平坦地面。而实际建筑建造地点很难处于于标准地貌的条件下，以我国海南东部城市带为例，丘陵地貌就是较为复杂的地貌状况。非标准状况下，基本风压基本上都需要按照标准基本风压换算。非标准地貌的基本风压主要影响因素有地貌及梯度风高度，其中梯度风高度也是由地貌确定，故，地貌是影响实际基本风压——风荷载的主要参数。

由于受到地表摩擦的作用，接近地表的风速随着离地面距离的减小而降低。只有离地面 300~500m 以上的地方，风才不受地表的影响，能够在气压梯度的作用下自由流动，达到所谓梯度速度，而将出现这种速度的高度称之为梯度风高度。地面粗糙程度不同，近地面风速变化的快慢不同。地面越粗糙，风速变化越慢，梯度风高度将越高；反之，地面越平坦，风速变化将越快，梯度风高度将越小。下表是各种地貌条件下梯度风高度的参考值。

表 7-8　不同地貌梯度风高度参考值

地貌	海面	空旷平坦地面	城市	大城市中心
梯度风高度（m）	275~325	325~375	375~425	425~500

地形地貌包括山地坡角、相对高程、山谷走向与主导风向夹角、植被影响等因子。山地丘陵地形虽从总体上对台风风力起到阻挡减弱作用，但当来流风迎山坡爬升时，在山脊、迎风山坡处，出现风速与风力增强的现象（图 7-11）。一定高度的表面植被能在一定程度上抑制上述风速加强与汇聚现象[35]167。由此，台风高发区丘陵地带的山谷处多为建设用地的首选。

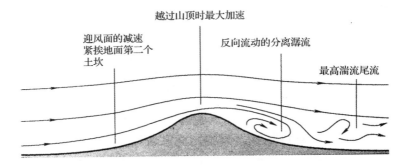

图 7-11　越山风的典型流动图像（Raupach ＆ Finnigan，**1997**）

来源：《沿海农村台风灾害区"避难所"优化布局理论与实践研究——以浙江为例》

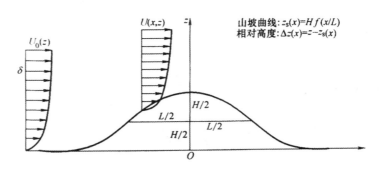

图 7-12　迎风山坡、山脊风速增强

来源：《沿海农村台风灾害区"避难所"优化布局理论与实践研究——以浙江为例》，P167

迎风山坡、山脊区域的风速和风压与同高度平坦区域来流风相比明显加强（图 7-19），而且，坡角及相对高程越大，风速加强效应就越显著。

当来流风攻角垂直于山谷走向时，山谷地形对流动风速和风向的影响并不显著；但当来流风攻角不垂直于山谷走向（<90°）时，气流将发生明显变形并趋于平行山谷走向流动，风速有加强的趋势；当来流风与山谷走向基本一致时，风力将会显著汇聚并增强。从台风灾后状况观察，处于与台风风向一致走向的山谷口的平坦处（即传统意义上的风口）的房屋，其破坏程度比其他区域明显严重。从这个状况可以确定，海南东海岸城市丘陵、山地处的街道尽量避免丁字路口及街道尽端建筑的出现，这些区域的建筑往往承受更大强度的风荷载，同等条件下，受灾状况比较严重[35]168。

植被表面，如天然乔灌木丛、人工防护林等对风速有很大影响，即山丘表面粗糙度对流动分离点及背风区域的回流有较大影响。总体来讲，随着粗糙度 Z_0 的提高（即表面植被高度的增加），分离点前移（更早出现），风速剖面抬高，风速加强程度得到了一定的抑制；山丘后部的回流区域趋于增大，该区域风速趋于平缓。故岸线上海防林的防风作用远远超过城市内部的防风林、景观林，山体绿化的维护与补充，也是城市防风的有效措施。

（2）建筑布局

建筑布局主要包括建筑间距和布局方式，按一定规律和间距布置的群体建筑对流动风有一定程度的相互遮挡效应。间距过大（间距/高度>5）易成为孤立建筑，缺乏结构上的防风支持；间距过小（间距/高度<0.5），则不利于采光通风，影响居住质量。在建筑布局上，平面布局较规则时，如布置成为并列型、围合型对抗风较为有利，不规则形状，如 U 形、Y 形等则不利于防风。竖向布局错落较小，如屋脊连线沿山坡成较光滑的斜线或曲线时对抗风较为有利；错落较大，成明显的锯齿形对抗风较为不利。海南岛东海岸沿岸并不适于特殊形态建筑、独栋高层、超高层建筑的存在。过分突出于周边的建筑，在台风经过时，较易受损发生破坏并且会连带对周围其他建筑，尤其是低矮建筑的损坏。故地标性建筑，尤其是超高层建筑的规划审批需慎之又慎，综合考虑地质、气象、防灾、利用、集聚人口等诸多要素。

在海岛城市中，通风与防风要求需兼顾，建筑聚落总体平面布局应既有利于建筑抗风，又有利于自然通风。布局方式宜尽可能规则有序，成片布置，以有利于构建对强风有整体遮拦效应的建筑群；丘陵地带，建筑聚落总体布局应尽可能平稳光滑，屋脊沿坡的边线宜成一较光滑的曲线，避免出现较大错落，或突兀建筑形体出现。同时对于地处台风高发区的海岛城市，宜在街坊周边布置乔灌木相结合的城内防风林，既提高街坊的抗风能力又增加城市绿化率。建筑间距方面，严格执行卫生间距、消防通道的间距，并可适当扩大。海岛建筑间距因日照要求不同与大陆相比较小，就造成缓冲空间较小而对各种通道要求更高的情况。

7.4.7.4 建筑通风设计策略

高湿高热高台风地区风环境的控制较为复杂，因防台风需要，城市内存在大量防风植被和防风布局，但高热天气对适宜的风环境有较为迫切的需求。但日常状态下，过大的风速会带来行人感受上的不舒适，甚至危险。如在城市日常环境中，街角、建筑之间或转弯处风速突然加剧，行人会因惯性感到不适，并被迫改变行走状态。恶劣的风环境对商业区的人流聚集有很大影响，会使行人不能驻足、休憩，影响商业氛围。第二章中提到的海口骑楼的街道形式可较为妥善地规避相应弊端，为行人行走、购物创造优良的风环境。

建筑的布局和体量组合会直接影响到风环境，表现了动态风与建筑体量及建筑全体之间的相互作用，可能产生的联系。城市环境中，对于风环境的评价因行人各方面状态不同而不同，且存在较大层面的主观判断，如运动状态（行走、驻足或坐）、穿衣状态、年龄段及健康状况等可能影响判断。下表为在英国已广泛应用并受到世界各国认可的 LAWSON 评价标准（表 7-9）[42]。

表 7-9 **Lawson 行人风环境舒适度标准**

种类	行为描述	平均风速上限，量多不超过 5%	行为可能发生的典型区域
C1	快速走路	10m/s	路边或停车场
C2	休闲散步	8m/s	商业街等购物空间
C3	站立	6m/s	建筑入口或人行道
C4	静坐	4m/s	路边咖啡座，内庭院，休息平台

在规定检测时间段内，若风速在 20% 以上的时间内都超过上表中最大舒适风速，理论上需要进行一定降低风速的措施；若风速超过最大舒适风速的时间为 10%~20%，可能会导致行人在一定程度的不舒适，但缓解措施可因具体状态而定；如果数值在 5% 以内，普遍认知上是可接受的。根据上述评价标准，南北向、东西向商业街，圆形广场的外围切线部分，最大风速宜低于 8m/s，而在广场中心的驻留休闲区域，风速宜保持在 4m/s 以下。

通过前文可总结出几点更有效的规划方案和建议，如重点监控现有超高层建筑的位移，避免应风振产生的事故；控制新建、待建建筑物的高度，尽量避免超高层建筑的出现；控制高层建筑物之间的密度，防止产生微环境上的风向变化，造成复杂的城市"风环境"对建筑物造成破坏；合理安排高层建筑的地理位置，以减少其所受台风风力的影响；增加城市植被的覆盖率可以有效减小台风的风力，从而对建筑物产生较小的风压和风致效应等。

7.5   规划层面的防灾应用——以我国海南岛东海岸为例

中国大中城市至今日已成为典型的"灾害生态体"（顾林生，2010），规划目标中无限扩大的城市建设用地及以高消耗为推动手段的立市模式使我国城市化进程与"可持续发展"的既定目标渐行渐远。在进入快车道的城市化进程与日益严重的农村问题的双重压力下，以可持续发展为基调的小城镇模式的探索也在不断深入。海南东南沿海地区集聚了产业基地、集体农场等多种产业模式，其自然生态形态保存也较为良好，同时也是我国重要的旅游目的地。地理特点及功能定位使该地区小城镇的发展具备了先天的生态背景条件，为其可持续发展及"弹性防灾规划"奠定了基础。

作为原始生态状况保持良好的海南岛东海岸，生态手段与退让手段是强于技术手段的规划方法，即以生态换防灾，以空间换防灾。在土地规划上，则有以下层面，防护缓冲用地规划、城市建设用地的防灾效用、防灾设施用地的设置、限制开发用地的明确。海南岛东部环岛城市带处于流域下游，属于滨海空间与滨河空间的结合地，"近海—入海口—河流"形成具有地理特色的天然防灾通道，在空间规划层面，合理利用先天优势，将得到事半功倍的效果。

7.5.1   总体规划层面的防灾辨析

城市总体规划作为城市规划的纲领，引导着城市的发展方向，是将战略规划具象于城市的必经阶段，根据《城乡规划法》，总体规划阶段的成果具有法律效应，总体规划阶段的防灾蓝图是城市防灾御灾的主要依据。

7.5.1.1   海口

（1）战略位置分析

海口对海南的依托，在 1949 年以前的 900 年间，主要有两个方面：一是因加强海南海防的需要，在宋代作为琼州的水军重镇而打下发展基础，在明代为防备倭寇而建成战略而建成略具城市雏形的海口所称；二是由于集散琼州的进出物资和旅客而成为全岛第一大门户和商业都会[43]。海口市作为海南岛唯一的集公路、铁路、海运和航空为一体的大陆联系通道，具有先天的发展优势与潜力。

单就自然条件而论,海口的建港条件不太理想。主要缺陷是:南渡江每年都向其河口海域输送多达 42.8 万 m³ 的泥沙,水下地形容易发生变化。然而海口市仍然具备建设人工港的基本条件。在海口城市发展的每个时期都依当时所能得到的条件拥有自己的港口。这是海口能够比海南其他城镇更快地发展起来并且取代府城成为海南最大和最重要的基本条件之一。再次,海口有整个海南作为腹地来加以依托,可以从全岛的发展中获得强有力的支持。

海口位于西太平洋与南中国海的交界处,隔琼州海峡与雷州半岛相望,其战略与交通地位极其显著。台风登陆或影响琼北地区时,多为东/东南风,且风速较大。海口地处地势低平的海湾凹入部分及平原河口地区,在遭遇台风时易形成海湾增水现象,造成洪水与风暴潮叠加,对城市安全造成巨大威胁;城市海岸线是台风并发及次生灾害的多发区,台风涌起的风暴潮,最多可深入岸线 16km,淹没港口与城市街道,海口为工业重镇、港口要塞,海滨污染严重、地下水超采过度,城市地面以每年 2~3m 的速度沉降,风暴潮瞬间破坏力易加速城市海岸线侵蚀、地面塌陷、海水倒灌等隐性灾害的爆发;台风雨则是伴随飓风影响城市的主要陆上灾害,长时间的狂风暴雨对城市水土破坏严重,易引起地质坍塌与滑坡。海口还是台风在海南岛登陆之后第一个受侵袭的大城市,城市实体完全暴露于台风之下,城市防风抗风任务巨大。

(2)规划结构态分析

在上轮海口总体规划中,城市总体开放空间结构特征概括为:"北临大海、南接丘陵、组团布局、田园楔入、绿水城一体"。由此形成的海口中心组团景观架构是:"东北江河海,西南丘林田,两片高层区,分列古城边,五条空间轴,串起绿水城"(图 7-13)[44]。

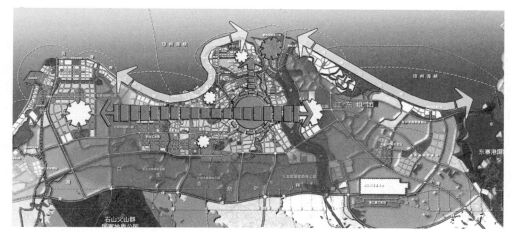

图 7-13　海口市城市结构分析
来源:海口市规划局

良好防灾规划尤其是防风规划,与适宜的城市结构分布息息相关,如高层、超高层的分布区域,城市绿道的设置(含水道),生态缓冲地的范围。

生态格局方面,限制城市核心区的范围,保持"田园楔入"常态,保证海防林、漫滩的完整性,并保证生态树种的种类,避免为人工树种取代,注重防灾布局与景观的结合,避免沉闷氛围的产生。因海口存在大范围的工业片区,还需参照对近海工业进行控制。

对海口而言，南渡江及大量海湾，是天然的生态走廊与廊道，保留流域的生态植被，维持输沙量等指标的稳定，结合南山生态保护，确定贯穿全境的生态环境保护规划，是增强城市有机性，增加城市弹性的充要条件。

7.5.1.2 三亚

三亚的情况较之海口，特简单许多，三亚城市职能为休闲旅游观光，居住与生态之间的关系，是其防灾效用的关键。

（1）生态保护规划

城市环境与自然环境需达到平衡状态，在维持现有状态下，生态环境不向负值方向发展。生态平衡带的外边界以距市中心 25km 为宜；边界以外区域因建设量明显降低，对建设用地内分地块的限制可适当放宽，但严令禁止新污染企业入驻三亚，建备污染循环处理系统，做到"三废"的自行消解；因三亚一直没有进行成规模工业建设，城市整体更为接近海南岛生态核心区的中部山区的生态状态，即城市毗邻生态核心区，由上文可知，生态核心区是生态基因库及资源保护的关键区域，外围区域森林覆盖率需达到 40% 以上[45]，中心则应达到 100%，以立法形式禁止建设开发。海洋对生物能量和物质的传输转换有良好作用，在三亚的生态框架中，城与海的关系非常密切，海域的生境平衡与调节等同于陆地的生态平衡，主要海景观光点海域，生态环境要求则高于陆地，生态平衡带宜位于海陆交接处的近海海疆。据上可知，三亚生态平衡构架面积可以达到 12000km²，人均约有 1.3hm²（含海域）。

（2）结合生态廊道的树篱廊道

生态廊道的概念，从城市宏观角度讲，指城市建设区域，自生态林地至城市中止区（海岸）保留一定连续空间，维持生态状况的稳定性，灾时作为城市的缓冲地，消解灾害对城市的破坏作用。落实到廊道，一定宽度的廊道可形成独立的内部微观生态环境，并含有内部生物种（敏感种），每个侧面与城市之间都存在边缘效应。基于上文"生态换防灾"的概念，生态状况的维持是防风防潮的有效措施。廊道概念的应用在三亚总体规划中有较为明确的表现（图7-15）。研究证明，适宜物种延续性状态维持的生态廊道的宽度应在 12~30m。三亚市的规划中，进行了相应的生态廊道规划，给出了 4 个等级[45]：

第 1 等级，即自然河道与生态绿岛，以三亚河、大茅水沿岸为主，河流两岸自蓝线起各退30m 宽的绿化廊道，廊道与市区绿地和道路绿化相连接，城市外种群源可经此进入市区，最终通达大海，各类生物可借此在市内外迁移避免生态孤岛的产生。主城区内的 10km 海岸线退让80m 宽廊道，成为该级别廊道的组成部分；

第 2 等级，即城市主干道，含环岛高速路、二环路、榆亚大道，月川路，金鸡岭路等 6条，道路原规划宽度为 50~100m，在此建议将道路宽度拓宽至 80~100m，红线内设 30m 宽绿带，形成生态通廊；

第 3 等级，即城市次干道，红线宽度 40~50m，红线内设 12m 宽绿带，与上两等级绿带通廊交织形成城市生态绿带网络；

第 4 等级，即市区内红线宽度 15~30m 的道路和街道，在道路两侧布置行道树，有条件加宽的道路，可红线内设 12m 宽绿带。上述绿带廊道的植被配置要考虑上、中、下立体结合，满足不同种群（含人群）的利益需求。

7.5.1.3 公园系统

因人地矛盾突出，现代城市的公园系统与开敞空间基本都是结合城市防灾空间布置。尤其是结合避难场所布置，图 7-14 较为详尽地对规划设计相关事宜进行了诠释。

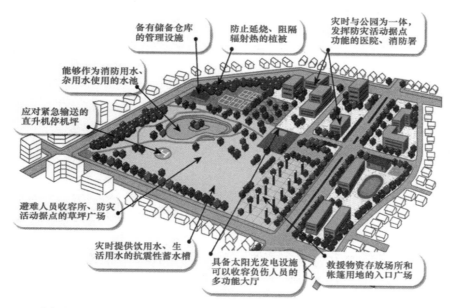

备有储备仓库的管理设施

防止延烧、阻隔辐射热的植被

灾时与公园为一体，发挥防灾活动据点功能的医院、消防署

能够作为消防用水、杂用水使用的水池

应对紧急输送的直升机停机坪

避难人员收容所、防灾活动据点的草坪广场

灾时提供饮用水、生活用水的抗震性蓄水槽

具备太阳光发电设施可以收容负伤人员的多功能大厅

救援物资存放场所和帐篷用地的入口广场

图 7-14 通过广域避难地等防灾公园建设，谋求城市防灾功能的提高，以及确保安全宽裕的生活

来源：顾林生，2011

（1）公园系统可作为城市的洪涝过渡空间存在

水域景观空间结合公园绿地系统是最符合生态、景观、治水、休闲功能的土地利用方式。公园绿地可提供足够水岸空间及实地以作为河流滞洪、蓄水和生态治理之用，而水域空间又可以供应绿地充分的养分与水源。19 世纪至 20 世纪初的美国公园大部分均设置于河川、湖泊滨水空间多规划为洪水调整及水质保护的功能。海南东部环岛城市具有天然的亲水景观空间，名镇博鳌直接位于万泉河出海口处，水景与防灾空间的结合浑然天成。

（2）湿地主题公园

笔者认为海南岛旅游中不宜大量新建主题公园，以伪造景点，破坏旅游质量，但以生态规划为前提的湿地公园则应提倡。规划在海口、文昌等东海岸区域，依托红树林沼泽、滨海湿地和湖泊湿地等资源，保持湿地区域独特的自然景观特征，维持系统内部不同动植物物种的生态平衡和种群协调发展，在不破坏湿地生态系统的基础上建设不同类型的辅助设施，将生态保护、生态旅游和生态教育的功能有机结合，突出主题性、自然性和生态性三大特点，建设集湿地生态保护、生态观光休闲、生态科普教育、湿地研究等多功能于一体的生态型主题公园，其中海口应争取建设国家级湿地公园[①]。

---

① 海南省住建厅，海南省主题公园建设发展规划（2010~2020）

7.5.2 针对性防灾措施的应用

7.5.2.1 防风林规划原理与应用

（1）风速、风压对树林的影响

风速的变化通常是指风的阵性和随高度变化而产生的变化。自然界中，风形成的主要原因是，太阳辐射的不均匀及下垫面的差异，影响空气的温度变化而造成的。二者的复杂性造成空气温度变化的不稳定性，即造成空气流动的不稳定性。通常阵风的风速要比平均风速大50%以上[46]。

风速随高度的变化，主要原因是地面的摩擦力大小的影响，离地面越高，产生的摩擦力越小，风速越大。风速随高度的分布可以用以下公式进行计算[47]：

$$V = [5.75\mu * \tau \log 7.35(h-h_1)]/h$$

公式中：

h 为高度；h_1 表示地面凹凸的数值，在草地 0.25m。

$\mu * \tau = A/[0.4\rho(h-h_1)]$，$A = 0.38h\bar{u}$，$\bar{u}$ 为 5m 高出的风速；ρ 为空气密度，以 1.23kg/m³ 计算。

根据公式可知，以树林为例，在树高的范围内，由上可知，高度越高，风速越大，树冠顶部所承受的风力最强。所以突出林地平均高度的植株，遭受风力最大。第五章可知，突出建筑群的建筑所受风力越大的原理与此相似。

风压即风流动所产生的压力。风对树木的压力大小与风速、树冠大小、形态以及疏透度有关。

单位面积上的风压：

$$F = (1/2g)\rho V^2$$

根据公式及上文中的数值，计算出的不同风力下的风压值见下表：

表 7-10　不同风力下的风压值

风力等级	风速（m/s）	单位面积上的风压（kg）
8	17.2~20.7	18.49~26.78
9	20.8~24.4	27.04~37.21
10	24.5~28.4	37.52~50.41
11	28.5~32.6	50.77~66.42
12	32.7~36.9	66.83~85.10
13	37.0~41.4	85.56~107.12
14	41.5~46.1	107.64~132.83
15	46.2~50.9	133.40~161.93
16	51.0~56.0	162.56~196.00
17	56.1~61.2	196.70~234.09

（2）防风林规划的一般规则

防风林所防护区域（风影区）的延伸度与防风林本身的高度和长度有关。防风林最为有效的作用区域在其下风向，防风林树高 2~5 倍的区域。当防风林带的长度至少是其高度的 11~12 倍时，可以达到最大风影区长度；长度超过 11 倍，就不再延长风影区的长度，但却增加了防风林的效率。迎风角度也非常重要，越陡效果越明显。

树种混杂的混交防风林作用效果较单一树种的纯林好，多树种所保持生物多样性[46]，还可为更多的动植物物种提供生存休憩空间（表 7-11）。

表 7-11　树种防风能力对比表

防风林种类	种植密度	5 倍于防风林高度的下风区风速减少	15 倍于防风林高度的下风区风速减少
多行针叶林组成的防风林（效果最佳）	60%~80%	75%	35%
单行针叶林组成的防风林	40%~60%	70%	40%
单行落叶阔叶林组成的防风林	25%~35%	50%	20%
固体风障		75%	35%

实践证明，红树林是海岸线防护最为有效的树种，红树林对于一定强度范围内的热带风暴及台风具有防护抵抗能力，在红树林保护区内，11~12 级或者更大的风力才会对红树林的生态系统造成损坏。台风对红树林的破坏程度同树种来源、树林疏密度、树龄等存在着一定的相互关系，环岛天然红树林的保护与恢复是海南岛放风策略的重点。

红树林有其特殊的生长环境，也不适宜作为景观树种存在，城市内的防风林设置则应多种搭配。以三亚为例，在感潮河段需要恢复红树林，如白骨壤（*Avicennia marina*）、桐花树（*Aegiceras corniculatum*）和红树（*Rhizophora apiculata*），海岸线以种植木麻黄（*Casuarina equisetifolia*）和桉树为主。道路树篱除种植桉树、木麻黄、相思树、加勒比松外，还要考虑美观，种植木棉（*Gossampinus malabarica*）、凤凰木（*Dolex vegia*）及紫锦木（*Euphorbia conitifolia*）等[48]。

图 7-15　三亚沿岸防风林
来源：作者自摄

当道路交叉或道路与河流交叉时，形成城市绿道与生物廊道的中断，阻碍物种迁移与繁殖，所以，生态廊道中相应的节点设置十分必要，具体可采用在交叉处设置小块林地或绿地的方式，缩短物种迁移的距离，有利于物种暂存，通常以交通截面及其流量计算，节点面积以 $1\sim5hm^2$ 为宜。

(3)规避城市景观绿化的防风弱项

台风登陆，城市绿化景观系统都会受到巨大破坏，行道树中的景观树种是受台风破坏影响较大的树种。台风在绿化景观方面的破坏主要有，树木倾倒和折断对交通或人群的危害及灾后恢复所产生的巨大经济损失。

尽管台风风力较大是造成灾害的主要原因，但仍可以采取相应措施来减小台风的灾害程度。如防风树种与景观树种的混交配置(解决方式见上文)；避免频繁无规划的城市道路改造所造成的大树搬迁；因缺乏植物树种规划与相应的详细道路规划，由管线施工等造成树种根系受损而降低各方面能力下降；护树设施的老化及其设备本身的非适用性，及树木修剪不及时不合理所造成损坏等。本文研究区域这样的台风高发区域，在掌握各种系统布局配置详细信息的基础上，制定更为详尽规划措施，并因地制宜，维护好各类系统，规避文中提到的问题。海南岛存在大量地域性的树种，如多根系的榕树等，在树木维护与设计设施下地方面的规划时，首先要对植被特性进行详细分析，然后开始工程运作，避免大陆经验主义所造成的损失与破坏。

7.5.2.2　合理的海岸带维护

(1)海岸带退线的依据

海岸带退线是指城市建设中，建设区域需距离海岸线、海崖、河口、或生物边界(如红树林、珊瑚礁等)等地貌要素一定退线。海岸带退线的目的为，保障海岸线及其针对开发行动，避免或降低台风、风暴潮、海岸侵蚀等自然灾害的破坏；控制与限定退让区内开发建设行为，控制沿海岸线的带状开发倾向，降低并规避建设行为对海岸建设的影响；保护海滩、沙丘等敏感资源及海岸带生态系统；保护市民海岸线公共空间的利益不受损害，并增强通达的便利性；保护海岸带自然景观与人文景观；保护原始生态哺育带，保证自然生态的长效延续；开发建设行为的不规范性还可促进海岸带立法工作的进行。

海岸带退线在世界各地海岸带建设中应用广泛。欧洲沿海国家一般都将海岸带退线要求纳入法律，规范；美国在1998年，有25个行政区域针对海岸带退线立法。各地对退线距离要求有所不同，综合来看，多以海岸带蚀退的速率与一定年限的乘积确定。例如，美国北卡罗来纳州的海岸带退线要求，小型建设开发以自海滩第一条固定植被线向内至少30倍于年平均蚀退距离划定，更大规模的建设开发则以60倍于年平均蚀退距离划定；在此基础上，依据地域状况，增加部分退线距离，应对飓风、风暴潮等自然灾害对海岸带开发造成的破坏及侵蚀加速的情况。

(2)海滩及沙丘保护

海滩与沙丘是海岸带动态系统不可或缺的重要组成部分[49]：第一，海滩不仅是重要的海滨旅游资源、公共休闲区域，还在维护海岸带的自然水动力平衡、生态平衡、阻止海岸蚀退方面有着极其重要的作用；第二，自然沙丘是抵御风暴潮和海滩蚀退花费最经济实用的自然弹性防护屏障[37]；第三，作为城市与海洋的有效缓冲带，为城市留出防灾空间，避免水陆的直接碰撞。

针对海滩及沙丘保护的相关方式有：禁止针对海滩及沙丘的破坏性建设，使其只作为公共休闲区域使用；保护、恢复和培育沙丘，修建跨越沙丘的栈道；海滩培育（beach nourishment）；相关动植物的保护，保持海陆生态的有效平衡等。

（3）护岸的使用

除去海岸带退线、海滩沙丘的保护，针对大量已开发或不良地质海岸带，护岸的使用也是较为实用的方法，但要做到合理有效。研究区域内，海口海甸岛、三亚等地，城区依海而建，因开发程度不同，可将护岸划分为重点区段、普通区段。重点区段，含城市沿海紧靠大海的道路段或建成区；普通区段，含城市郊区的海岸和一般建筑区。不管在哪种区段，护岸一般可分为刚性和柔性措施 2 种。

刚性护岸，即硬性建筑材料构筑的长时间年限的护岸设施，常见的建筑材料是块石或混凝土，硬化材料有其在生态弹性方面的缺陷，一般用于城市核心区等重点区段，硬化程度较高区域所在的岸线。相关形式有直墙式或斜坡式护岸，根据需要，部分海滩或海水浴场可因地制宜建造丁坝或潜堤。

柔性护岸，即以生态防护措施或动力平衡措施为手段的护岸措施，一般用于普通区段，主要方法在近岸海滩上种植适合当地生长条件的生物，本文研究区域，主要使用红树林、珊瑚等生物资源辅以其他手段，由上文可知，可起到防狼防风，改造海陆生态的作用。

7.5.3　城市河道湿地规划

城市化进程下，河道的退化，沿河蓄滞带以及城市内块状湿地的消失，使得台风灾害时风暴潮、城市内涝等灾害愈演愈烈，并且台风灾害造成的伤亡大部分源于次生、衍生灾害，故对城市水道与湿地的补充性规划与抢救是台风高发区及暴雨频发区城市的必修课程。

海南东线城市尽管滨海，但由于历史上城市选址对防风防灾的影响，各大城市核心却依河流展开，河流拥有良好的生态环境，对台风雨、风暴潮的防护有积极意义；同时由于河道属于开敞空间，台风来袭，河道也成为主要的台风通道，良好的植被条件也为堤岸的安全作出保证。

7.5.3.1　流域规划

（1）流域河道自我运输和自净能力下降

高台风城市的暴雨径流是影响河流特征的重要因素。在城市化的过程中，同一降水强度下，河流洪水水流频率和强度的数量级呈现惊人的升高。在整个过程中，整个流域出现以下特点：

河道湿地与浅滩的消失；混凝土硬性岸线的出现；河流生态环境与自净能力退化；河道淤积加剧；人工设施的影响河道通畅。

在城市规划过程中，对洪水的防护是通过设置防洪堤，并根据通过统计发生频率来划分漫堤洪水的等级。例如，在任何一年中，发生可能性为 50% 的洪水称为"两年一遇"洪水。不过随着近些年极端天气的不断出现，历史统计已不完全适用于防灾标准的制定。海南岛东线城市由于全部位于海岸线，且海岸多数属于浅滩地形，地质条件欠佳，海南岛东北部拥有产业职能的城市,其核心区不宜滨水而建。海南东岸主要河流下游通过城市时,应加紧补救或补充规划洪泛区与生态湿地(图 7-16)[36]746,并加以合理规划利用。

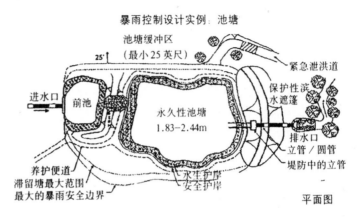

图 7-16 湿地扩大滞留池(Wet Extended Detention,ED)实例,通过滞留水流达到调洪和保护水质的目的
来源:《城市设计手册》

洪泛区是与河流水系相接壤的平坦区域,一般被定义为百年一遇洪水水位高度以内的地区。随着城市化加深,河道不断抬高,洪泛区范围也在不断扩大。由于城市建成区的问题,扩大洪泛区已不现实,生态湿地的规划成为较为行之有效的方式。

(2)三角洲城市地下水状况的多元化

海南东海岸线,尤其是琼北地区台风灾害的加剧与地下水状况的不断恶化息息相关。地下水质的恶化与地下水量的减少,造成咸水倒灌与地面沉降的现象,继而影响三角洲的流域状况,进一步加深风暴潮与台风雨的危害性。同时三角洲地下水状况的改变,也造成海岸线下咸淡水分界线的改变,促使岸线状况发生变化,从而影响整个海陆边界的稳定性,使得预期的规划包括防风规划效力下降。

地下水的开采原因,大多数源于经济实力的不足,随着城市经济能力的上升,对海南东部多雨地区,地下水开采已经不是淡水采集的必要条件。水库,生态林地大型蓄水池、湖泊等地表水源,均可通过现代输水管道提供城市供水。在生态度极高海南岛,城市蓄水池、处理污水等中水的运用应通过地方性法规的硬性规定,应用于厕所冲刷、道路清洁、植物浇灌等。允许条件下,可补给沉降的地下水,逐步修复被破坏的生境。

经济发展均有其螺旋式上升的过程,上述要求对发展水平一般的城市较难达到,但 21 世纪"国际旅游岛"建设的背景,为海南岛开发建设带来前所未有的机会与资金,借机提升城市硬件建设,生态细节建设,才是可持续发展的要点所在。

(3)WSUD 概念的引入

在海南高湿高热气候条件下,基于海南岛生态旅游岛的发展战略,以及出于对 1990 年代以来海口等大城市的城市设计实践思想延续,同时根据天津大学建筑学院多年研究,笔者认为 WSUD 的概念较为适合研究区域。

1994 年澳大利亚在美国雨水最佳管理作业(BMPs)的基础上,提出了水环境友好型城市设计（WSUD）概念。目前，WSUD 已经从最初的雨水管理，拓展到供排水减量、雨水管理及其景观化等综合城市水务管理原则[50]。1998 年以来，德奥等国开展的受损河岸自然生态修复与城市河港、滨水区再开发同步，荷兰三角洲地区开展的面向河汊水网地区的水域空间设计研究，都可视为 WSUD 的实践和拓展。其中，荷兰因出海口处河海交叉与海南东部城市河流广布兼临滨海的状况相似，其研究对海南东部城市的河流水系规划有巨大的实践意义。WUSD 从内涵上只要包含 3 个角度：

第一，城市流域空间的生态修复与雨洪管理的生态对策。根据河流及河口、海口形态与动力规律，融合建设环境中的滨水空间，并采用半自然化的防护措施，缓解防洪安全性与亲水性之间的矛盾，并逐步达到最大限度的自然生态防护。

第二，结合雨洪管理措施，更新传统雨水排放方式，通过市政系统的改造等多方面途径将雨水就地净化、蓄滞措施，在特定暴雨强度下及城市开发后雨水排放量尽可能维持在平日水平。在下文中会提到，美国部分州已对雨水管理进行立法，以法定形式确定城市开发后雨洪排放零增长。

第三，滨水空间表达。将水，包括江河湖海，以及水设施作为空间结构要素，成为公共开放空间的主体，倡导以水空间为导向的城市空间设计，顺应雨水、洪水、潮水的自然动力规律，展示水的自然形态、水与建筑的依存关系。

7.5.3.2 湿地的保护利用

（1）城市生态湿地补充规划

湿地除具有缓冲洪涝的作用外，在城市中，可利用湿地渗透于蓄水的功能，降解污染，疏导地表径流，可调节局地微气候和水平衡，提高区域的环境质量。城市环境下，大量有毒物质会随地表径流、降雨等进入湿地水体，且吸附在小沉积物的表面上或在黏土的分子链内。在沼泽类湿地内，较慢的水流速度有助于沉积物的下沉，也有助于与沉积物上附带的有毒物质的储存和转换，大量水生植物还可有效地吸收有毒物质。栖息湿地的水生植物根系可为微生物提供良好的微生态环境，从而为高效降解、迁移和转化有机污染物提供条件[51]。当然，受饱和度影响，湿地不具备无限吸收有毒物质的功能，注重生产技术的改进，从源头治理污染。

利弊皆存，湿地的降解净化作用为城市提供有机平衡的同时，水体降解之后，质量的下降，与湿地景观的建构与利用形成较大的矛盾，海南热带气候也为蚊蝇、寄生虫的滋生提供环境。湿地植物的发达，占用滞洪空间，不利于台风时的洪涝缓冲。

（2）恢复和辟建湿地

滨水区旧有建成区应逐步恢复与河道相连通的城市湿地与水系，即可滞洪又可作为城市排水的有效渠道；新批建设区域，在限定建设总量的基础上，严格保护湿地界限，并依据建设量开挖新湿地，增强高台风城市的有效御灾能力。需要说明的是，湿地区域要着重注意市民安全的保障，需指定通过适宜的地方性法规来保障民众诉求。

湿地是河湖水系重要组成部分，上文中提到为扩大城市建设用地，城市内部与周边的湿地损失殆尽，急需恢复，故，城市规划中，可根据城市职能分布，在建成区内，辟建恢复湿地，"退城还湿"。

湿地除去有效的生态职能，还是城市景观的重要组成部分。除了人造的植被景观，湿地生境，是城市动植物的有效依托载体，成片的湿地空间自然形成开阔的生态廊道，在城市中构筑人与自然的和谐共处的关系(图7-17)[52]。

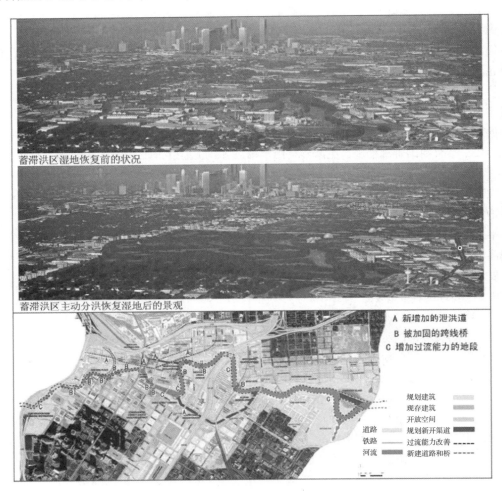

蓄滞洪区湿地恢复前的状况

蓄滞洪区主动分洪恢复湿地后的景观

A　新增加的泄洪道
B　被加固的跨线桥
C　增加过流能力的地段

规划建筑
现存建筑
开放空间
道路　规划新开渠道
铁路　过流能力改善
河流　新建道路和桥

图 7-17　美国休斯敦市布法罗河水域空间的湿地规划

来源：《城市理水》

7.5.3.3　城市河流生态缓冲区

河流缓冲区域在内陆城市往往是高价值建设地区，在海南岛东部则不可一视同仁，由于致灾因素众多，因地制宜制定地方性政策法规，着力于恢复河流生态廊道。河流边缘是水文循环中最重要的区域。岸线的设计和处理对水质的影响巨大。城市建设中，河岸的自然植被为人工植被与护堤硬化所代替，这大大降低了堤岸的自然过滤和持水能力，也减弱了台风时狂风对堤岸的影响。所以河流缓冲区的植被规划是城市防风、防洪的重要组成部分。

(1)城市河流缓冲区设置建议

城市与河流之间的防灾缓冲空间，即传统意义上城市河流缓冲区，这个空间是城市建设需要让出的空间。以现代城市布局，推荐的城市河流缓冲区宽度范围从每边岸线后退 6~60m，平均宽度可以达到 30.5m，为了提供足够的缓冲空间，推荐最小宽度 30.5m(图 7-18)[36]749。

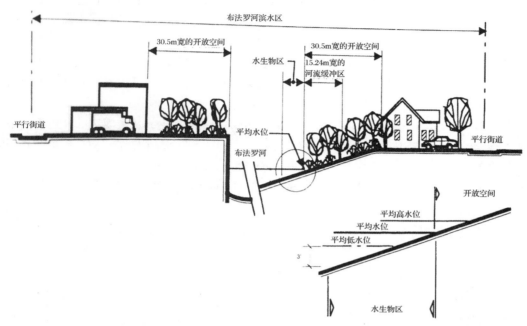

图 7-18 上图为一个典型的横断面，体现了 **30.5m** 缓冲距离之内的规划设计原则，包括一条 **15.24m** 宽的茂密植被带，以及出于保持河流水质而流出的第二条 **15.24m** 宽的开放空间(**Friends of the Buffalo River，1996**)

来源：《城市设计手册》

在德国在完成逐步对传统工业的改造的同时，德国对洪水的防治，逐步转向"立体防治"思路。近年来，德国开始拆除部分大堤，让海水、河水重新流回蓄洪区、田野、湖泊中；恢复河流的迂回绕道和沼泽湿地，减缓水流。洪水过后，政府联合保险公司，按照《国家洪水保险法》发放了洪灾保险金。同时，政府借机收购灾后的洪区土地，迁走洪区居民，为统一的缓冲区设置准备条件[53]。

在城市中可以考虑设立市内分洪绿地。在城市河道两岸划出大片空地作为公园，并划分出多个区间，当河水流量达到某一限度后即开启其中某一空间或多个空间分洪，因此这类分洪区兼有绿化、娱乐和防洪功能。在日本已建设的 10 多个城市分洪区中，以神奈川县的鹤见川，分洪绿地规模最大，占地 101hm²，蓄水量 390 万 m³，可削减洪峰 300 m³/s[54]。

(2)缓冲区分段

国内现行的自然保护区条例中，将自然保护区分为核心区、实验区、缓冲区。河流作为城市重要的脉络，从城市到河流之间的缓冲也需进行分段，构建多层次的缓冲区，体现最大防灾效应，同时满足平灾结合的要求。

高效的城市河流缓冲区设有 3 个水平区域，分别为滨水区、中间区、外部区，每一区域发挥着不同的功能，具有不同的宽度、植被和管理内容[36]749。滨水区保护河流生态系统的物质和生态完整性，其生态及植物生长目标是形成稳定的生态系统及滨水丛林覆盖层，加强河流堤岸各方面稳定性，防止河岸侵蚀，提高抗灾能力；需要强调的是，由于特殊的热带气象地质条件，北方城市推崇的亲水建设模式尽量避免在海南出现，城市安全性及防灾能力高下是评价城市是否成熟的重要标准。中间区域从滨水区的外边界向外宽度有所不同，主要依据是各地实际状况，包括洪水重现期、台风影响频率等，中间区的主要功能是为了进一步分隔发展用地和河流，该区域的生态系统要与滨水区相延续，且保留部分池塘沼泽，宜形成统一的防灾系统，以海南岛的现实状况，该区域可作为人的亲水区，可以留出部分休憩场所。

外部区属于缓冲区中的缓冲区，按照上文中 Schuheler 的理论，从中间区的外边界到最近的永久性构筑物，一般要保持 7.6m 的距离。该区域内可以进行人工造景，满足居民对良好景致的需求，在此区域内可储备定量防灾物资，灾时可成立紧急救灾指挥中心。在规避永久性建筑物、构筑物的前提下，严控临建，严格执行两年的期限并不时抽查，从制度上保障末端执法的权威性，从体制上保障城市安全(图 7-19)[52]225。

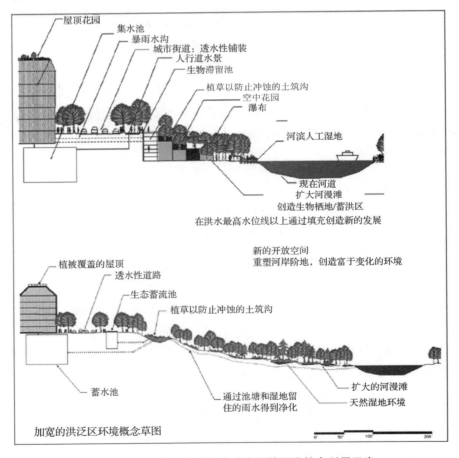

图 7-19　休斯敦市布法罗水域空间的雨洪综合利用示意

来源：《城市理水》

（3）缓冲区中的景观意向体现

缓冲区除部分恶劣地质区域外，建议以丰富植被为主要防护方式。植被以本地生植物为主，辅以兼植部分防风植物，再配合部分野生花卉、灌丛、芦苇、林地等。以期防风植物与本生植物达到新的生态平衡，形成自我维持能力，达到长期的防风护堤能力。植被规划有如下优点：防风植被防风固土，提升岸堤防洪能力；植被过滤和净化暴雨径流，根系防风固土使堤岸免受侵蚀；植被湿地吸收上涨的水体，减少洪水量；植被为动植物提供适宜的生态环境（图 7-20）[52]103。

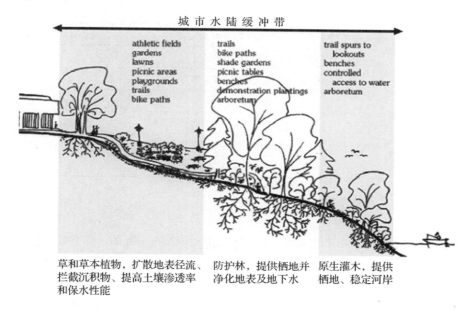

城 市 水 陆 缓 冲 带

athletic fields
gardens
lawns
picnic areas
playgrounds
trails
bike paths

trails
bike paths
shade gardens
picnic tables
benches
demonstration plantings
arboretum

trail spurs to
lookouts
benches
controlled
access to water
arboretum

草和草本植物，扩散地表径流、拦截沉积物、提高土壤渗透率和保水性能

防护林，提供栖地并净化地表及地下水

原生灌木，提供栖地、稳定河岸

图 7-20　城市水陆缓冲带的理想构成
来源：《城市理水》

防洪堤设置是河流缓冲区的刚性体现，防洪堤外观上有最小标高和最陡坡度的要求，起防洪堤作用的基准退线会比规划要求中的蓝线退后，这意味着退线之外的部分区域防护级别低于规划级别，易被海水冲刷，设计时可利用海水常冲刷的条件创造特色的景观形式，避免常规性建设的反复建设、反复破坏。

（4）生态防洪的半自然化

生态防洪的概念是将洪泛视等河流必发现象视为一种对河流生态系统有益的自然现象，可采用顺应洪水自然过程、化洪水为资源的综合控制方法，进行对灾害的防治。海南岛东部流域广阔，河流密布，大多数沿岸城市规模并不大，为生态防洪的利用提供了硬件条件。在城市中，主要手段是重建缓冲带、增设与河道垂直的开口、鼓励小规模泛洪、控制洪水淹没范围等，通过不断培育河滨生境，逐步实现河道半自然化。其效用是可减低洪水累计风险，减少洪水危害。因此河道半自然化是实现流域生态防洪的必要条件[55]。本文认为"半自然化"对策将对各类拥有柔性岸线的城市河流均有一定的适用性。生态恢复另外的益处就是避免风灾时易发的泥石流等灾害。

表 7-12　城市河流生态修复目标-策略

总目标	分目标	策略(与空间规划和土地利用调整相结合)		
城市河流生态恢复	降低河流沟渠化程度	恢复或建设河流缓冲带	陆生缓冲带	
			湿生缓冲带(河滨湿地)	
		建设半自然化堤岸		
	降低洪水风险(核心策略：增加河流滞蓄洪空间)	恢复或建设河流缓冲带(同上)		
		加强各滞洪设施之间的联系		
		降低泛洪平原		
		后退的防洪墙		
		建设副河道或多河道		
		建筑防洪		
	改善河流与人的关系	增加河流缓冲带的景观多样性		
		增加半自然化堤岸的亲水性		
		促进更开放、综合的土地利用		

7.5.3.4　规避强降水条件下城市内涝

（1）内涝的成因

城市地区的洪水可能是由来自遥远地区的洪流流经该城市引起的，也有可能是因为该城市地区过量的雨水不能及时被土壤吸收或尽快排走所导致的。由于土地表面被建筑物、道路和停车区所覆盖，城市地面吸纳水分的能力下降，这就在雨水带来了更多过量的地表径流，增大了城市低洼、平坦地区发生洪水的危险。近年来，海口主城区几乎年年在雨季尤其是台风来袭时，遭受城市内涝的问题，主要原因有 4 点，地表降水饱和、海水顶托、排水管网不完善和人为破坏排水管网。规划角度、设计角度的缺乏远见，建设角度的漠视自然，规范角度过度的讲求国内统一（以雨水较少的苏联式建设方式为规划蓝本），都为城市内涝的激增埋下隐患。本章节为城市内涝的减少提供有效措施。

（2）通过城市设计减少洪水危险

从对"弹性城市"的论述中，我们了解到水患的产生无可完全避免。因此，需要一个更宏观、更永续的洪水应变策略，过去十几年来，国际上渐渐出现了"与洪水共生"（Living with Flood）的概念，改变过去一味控制、抵御洪水的思想，扭转对人类和洪水之间关系的认知，重新检讨城市的土地政策、开发思维、规划设计才是减低灾害的根本之道。并且以一系列更细致的配套政策和措施来面对洪水，降低洪峰流量，将洪水可能造成的灾难减到最小。

城市范围内由过量雨水造成的洪水危险，可以通过某些城市设计细节而降至最低。以下设计细节的应用可以实现这一目标：

减少城市硬化表面，增加土壤吸水、蓄水能力，从而降低地表径流，尤其是道路径流的强度；保护并恢复城市旧有河道、水沟等自然排水通道，目的是恢复相互连接的城市流域系统，最终形成可与下水道系统同等能力的地表排水系统；将过量的径流收集在如一些小型的湖泊，蓄水池等城市蓄水系统中，并结合城市中水系统使用。

有相当一部分的城市表面，并不会受到剧烈机动交通碾压，如停车场和人行道。这些地方可以采用渗透材料来铺筑表面，如有孔洞的水泥砌块、特殊的砖块等。可以铺上土壤并种植合适的草来改善渗透性能。在块材之下铺筑一层沙子与沙砾的混合层，形成一个半硬化表面，能够增大其下有效渗透区的面积，从而提高土地的吸水率。在城市绿道、生态廊道的规划之中尽量减少不透水材质，以砂石路代替柏油与硬质铺装。

在城市新区开发中也要注意径流控制，美国很多州都有地块开发后高峰径流零增长的规定，这样每个地块的开发者必须在地块内采取措施来蓄水和保证雨水下渗。新开发不附加新增量，那城市原有的系统就不会被破坏。图 7-21 为美国一城市新开发地块的 google earth 截图，这个新开发地块在平地时首先做的就是蓄水塘以确保大雨时径流不会增加。

图 7-21　城市新开发地块
来源：google earth

图 7-22　下渗式雨水滞留浅塘

（3）城市自然来水处理系统的生态优化

海南岛东部多雨，且雨量大，时间密集，在具体操作中可设置与城市蓄水池相结合的雨水利用系统。推广屋顶绿化吸收部分雨水，并使屋顶流下的雨水更清洁；建造蓄水池收集雨水，用于园林灌溉和卫生间冲刷；采用多孔渗水路面过滤雨水、减少径流；营造雨水花园、生物滞留洼地等拦截和储存雨水，并让雨水通过渗透以及与植物、微生物接触去除其中的主要污染物。

在城市绿地区域内可设置下渗式雨水滞留浅塘（mulden－rigolenversickerung，MRv）[56]。MRv 承接屋面及铺面径流，过滤下渗至地下滞留箱，过量雨水溢流至雨水草沟。蓄水池的设置要因地制宜，如小区公园、学校操场等都可以形成洼地，操场等可使用草皮覆盖，游园等可采用杂草加碎石子的覆盖方式，雨水可通过洼地后下渗；专门设置的蓄水坑，要浅，底部要平，边上放缓坡，规避雨洪时安全隐患。澳大利亚蓝山国家公园的回声角（Echo Point），场地的中央是一个蓄水和渗水的池子，平时无雨无水，降雨后雨水可以渗透到地下的蓄水池用于冲洗厕所（图 7-22）。

雨、潮水设施设计不仅可以满足防潮、排涝等安全要求，同时适用于常遇潮汐过程和无降雨日地景观效果。雨水池塘、滞留塘设计符合无降雨日休憩空间要求，潮汐水道断面设计适用于枯水景观[50]。

（4）城市地下管网的更新改造

海南岛东部城市内，多径流遍布，河流的排水能力决定着城市安全，修筑双层河道[54]与地下河式排水道设计是较为行之有效地改造方案。对于一些排水能力小的城市河道，为扩大行洪能力和保持河流景观，可采取双层河道的办法解决。底层为混凝土暗渠，以泄洪为主，上层为浅渠，保持自然景观，以供居民娱乐休息为主。地下河的合理应用指更新城市原有单纯的管道排水方式，在径流汇集的主干道上开挖地下河（即于地下设计的大型排水沟渠，一般可下人），增加城市的径流量，也便于日常的维修与检测。

在地理环境复杂的城市内部，管网的布置布局复杂性极大，下图较为明晰地展示了地下排水管道设置需注意的事项与情况。

参考文献

[1]孙晓峰，曾坚，吴卉．海南岛典型灾害对东线环岛城市带的影响[J]．城市问题，2011（04）：37-41．

[2]胡玉萍．建国40年间（1949-1988年）海南岛自然灾害及其抗救举措研究[D]．南京：南京农业大学，2007．

[3]李倩，俞海洋，李婷，等．京津冀地区台风危险性评估——基于Gumbel分布的分析[J]．地理科学进展，2018，37（7）：933-945．

[4]颜家安．海南岛生态环境变迁研究[M]．北京：科学出版社，2008．

[5]王宝灿，陈沈良，龚文平．海南岛港湾海岸的形成与演变[M]．北京：海洋出版社，2006：2．

[6]钟功甫，陈铭勋．海南岛农业地理[M]．北京：农业出版社，1985：20．

[7]杨冠雄．海南省的环境与可持续发展问题探析[J]．海洋地质动态，2002（03）：10-13+2．

[8]兰竹虹．中国南中国海地区海岸湿地综合管理研究[D]．广州：中山大学，2006．

[9]陈君，陈秋波．海南岛主要气象灾害分析及防灾减灾对策[J]．华南热带农业大学学报，2007（2）：24-28．

[10]黄世昌．浙江沿海超强台风引发的潮浪及其对海堤作用[D]．大连：大连理工大学，2008：5．

[11]左书华，李蓓．近20年中国海洋灾害特征、危害及防治对策[J]．气象与减灾研究，2008，31（4）：28-33．

[12]乐肯堂．我国风暴潮灾害风险评估方法的基本问题[J]．海洋预报，1998（03）：38-44．

[13]萧艳娥．海平面上升引起的海岸自然脆弱性评价——以珠江口沿岸为例[D]．广州：华南理工大学，2003：14-15．

[14]许飞琼．灾害损失评估及其系统结构[J]．灾害学，1998（03）：80-83．

[15]杨思全，王昂生，高守亭，廖永丰．试论灾害评估信息系统的研究进展[J]．灾害学，2002（2）：72-77+94．

[16]杨桂山．中国海岸环境变化及其区域影响[M]．北京：高等教育出版社，2002：67-78．

[17]张朝阳．遥感影像海岸线提取及其变化检测技术研究[D]．郑州：解放军信息工程大学，2006：10．

[18]唐克丽．城市水土流失和城市水土保持[J]．水土保持通报，1997（1）：17．

[19]王颖，朱大奎．海岸地貌学[M]．北京：高等教育出版社，1994．

[20]胡蓓蓓. 天津市滨海新区主要自然灾害风险评估[D]. 上海：华东师范大学，2009：3-4.

[21]Georgiou, P. N. , A. G. Davenport, P. J. Vickery. Design wind speeds in regions dominated by tropical cyclones[J]. Wind Eng. Ind. Aerodyn. 1983, 13：139-152.

[22]Chu, P. -S. , J. Wang . Modeling return periods of tropical cyclone intensities in the vicinity of Hawaii [J]. Appl. Meteor. 1998, 37：951-960.

[23]许世远，王军，石纯，颜建平. 沿海城市自然灾害风险研究[J]. 地理学报，2006(02)：127-138.

[24]于保华，李宜良，姜丽.21 世纪中国城市海洋灾害防御战略研究[J]. 华南地震，2006(1)：67-75.

[25]冯士筰. 风暴潮的研究进展[J]. 世界科技研究与发展，1998(4)：44-47.

[26]黄金池. 中国风暴潮灾害研究综述[J]. 水利发展研究，2002(12)：63-65.

[27]赵庆良，许世远，王军等. 沿海城市风暴潮灾害风险评估研究进展[J]. 地理科学进展，2007(5)：32-40.

[28]刘宁，孙东亚，黄世昌等. 风暴潮灾害防治及海堤工程建设[J]. 中国水利，2008(5)：9-13.

[29]吴正，黄山，胡守真. 海南岛海岸风沙及其治理对策[J]. 华南师范大学学报(自然科学版)，1992(2)：104-107.

[30]王建国. 绿色城市设计原理在规划设计实践中的应用[J]. 东南大学学报(自然科学版)，2000(1)：10-15.

[31]李香，赵志忠，张京红，等.GIS 技术支持下的海南岛暴雨灾害危险性评价[J]. 海南师范大学学报(自然科学版)，2010，23(2)：193-197.

[32]吴庆洲，龙可汉. 我国防御洪涝灾害的综合体系及减灾对策[J]. 灾害学，1992(4)：23-28.

[33]黄南艳. 天津市海岸线确定研究[D]. 青岛：中国海洋大学，2006：14.

[34]潘安平. 沿海农村台风灾害区"避难所"优化布局理论与实践研究——以浙江为例[M]. 北京：中国建筑工业出版社，2010.

[35]唐纳德·沃特森，艾伦·布拉特斯，等. 城市设计手册[M]. 刘海龙，等，译. 北京：中国建筑工业出版社，2006.

[36]王东宇，刘泉，王忠杰，等. 国际海岸带规划管制研究与山东半岛的实践[J]. 城市规划，2005(12)：33-39+103.

[37]余翰武，伍国正，柳浒. 城市生命线系统安全保障对策探析[J]. 中国安全科学学报，2008(5)：18-22.

[38]张鹰，丁贤荣. 中国风暴潮灾害与沿海城市防潮[J]. 海洋预报，1996(4)：48-52.

[39]何爱平. 中国灾害经济：理论框架与实证研究[D]. 西安：西北大学，2002：10.

[40]孙晓峰，曾坚. 快速城市化背景下城市复合防风策略研究——以海南岛东部城市带为例[J]. 建筑学报，2011(S2)：45-48.

[41]邹佳媛，都兴民. 建筑设计的自然观与科学观——建筑的整体化设计策略[J]. 建筑学报，2006(02)：18-22.

[42]胡序威，杨冠雄. 中国沿海港口城市[M]. 北京：科学出版社，1990：194-205.

[43]王建国，方立，陈宇，等. 海口滨海岸线城市设计探索[J]. 规划师，2003(9)：41-45.

[44]王家骥，舒俭民，高吉喜，等. 景观生态学在三亚城市规划中的应用研究[J]. 水资源与水工程

学报，2007(6)：85-88.

[45]朱伟华，丁少江．深圳园林防台风策略研究[M]．北京：中国林业出版社，2008：57.

[46]王利溥．经济林气象[M]．昆明：云南科技出版社，1995：187~194.

[47]陈玉军，郑德璋，廖宝文，等．台风对红树林损害及预防的研究[J]．林业科学研究，2000(05)：524-529.

[48] J Pat Doody. Coastal Conservation and Management [M]. New York：Kluwer Academic Publishers，2001.

[49]龚清宇，刘伟，李晶竹．基于潮汐暴雨过程的城市设计及其数值模拟[J]．天津大学学报，2008(4)：461-466.

[50]李学伟．城市湿地公园营造的理论初探[D]．北京：北京林业大学硕士学位论文，2004：16-17.

[51]汪霞．城市理水[D]．天津：天津大学，2006：223.

[52]洪炳南，苏志龙．沿海城市防台风长效机制研究[J]．中国水利，2006(7)：51-52.

[53]刘树坤．现代城市水灾漫谈[J]．中国水利，1994(09)：13-14.

[54]龚清宇，王林超，朱琳．基于城市河流半自然化的生态防洪对策——河滨缓冲带与柔性堤岸设计导引[J]．城市规划，2007(03)：51-57+63.

[55]Geiger W，Dreiseitl H. Neue Wege fuer das Regenwasser-Handbuch zum Rueckhalt und zur Versickrung von Regenwasser in Baugebieten[M]. Muenchen：Oldenbourg，2001.

第 8 章　滨海城市非工程防灾策略

近年来我国防灾领域各项工作已逐渐加强和完善，但依然存在着多方面的 问题。工程类措施仍然是理论研究与实践中的重要部分，与之相对的非工程措施却始终受到忽视。工程防灾立足于工程技术视角对系统进行防灾性能的提升，强调结构的脆弱性，而非工程防灾立足于社会科学视角为系统提供防灾环境的基础保障，强调社会的脆弱性。工程措施在城市防灾减灾中起到的主体作用不可否认，然而非工程措施作为工程措施的重要补充，能够扩大、稳固工程措施的效果，也具有重要作用。因此，工程与非工程措施均是城市防灾的重要手段，两者之间紧密配合才能处理好全周期的灾害问题[1]。

非工程防灾措施以城市作为研究对象，最早应用于城市防洪领域中。20 世纪 70 年代，美国率先提出非工程措施作为减少洪灾损失的综合措施[2]。非工程措施是相对于工程措施而言的，因而包括除工程措施之外与防灾减灾相关的一切活动，包括法律法规、防灾规划、应急预案、管理体制与管理机构、防灾宣传教育、防灾保险、心理疗伤等若干方面。当今世界防灾方面具有先进经验的国家，如美国、日本等国的防灾工作开始注重工程防灾措施与非工程防灾措施相结合，将灾前、灾中和灾后作为整体看待，其工作重心也由防灾减灾转向适灾消灾，形成灾害的可持续管理机制[3]。

8.1　管理系统与非工程防灾

管理系统的非工程防灾策略包含基于灾害风险评价的灾前准备、基于灾害全过程的响应系统以及灾害管理体制与灾害法律法规等内容。

8.1.1　基于灾害风险评价的灾前准备

灾害风险评价是城市综合防灾体系中的首要环节，主要以地理信息系统为技术平台，通过科学准确的统计数据，制定灾害风险分布图以及其他相关信息，为政府管理部门、市民和相关机构提供最新的灾害动态信息，为制定具体的防灾策略提供科学依据[4]。基于灾害风险评价进行城市综合防灾规划，可以确定高风险灾害种类和高风险地区，规划各级应急避难场所、应急避难道路、防灾机构的位置，设置避难设施和物资，并将相关信息以多种形式进行宣传，使市民熟知灾害的相关内容，如泛洪区范围(洪水淹没区范围)，从而有效地规避风险。

1994 年以来日本和美国的防灾机构在北岭地震和阪神地震经验总结的基础上，建立了数字城市减灾框架——数字东京和数字洛杉矶模型。该减灾框架包括城市基本情况、城市恢复重建后的基本情况、地震发生前后的对比以及城市减灾措施和管理几部分，建立了城市易损性图像，并包括输入输出系统、评估决策系统、指挥系统等，有助于市民和防灾部门进行快速决策[5]。日本基于 PC 网络平台的数字防灾信息系统建立比较完善，如东京防灾地图网站即为具备较全面防灾信息的综合服务平台，通过该网站人们可以了解潜在地质灾害信息、查找到最近的避难场所位置以及灾时安全道路信息。

目前我国多个城市已建成或正在进行数字城市平台的建设，如北京、上海、广州、深圳、武汉、厦门、苏州等城市均已建设地理信息资源共享服务平台[6]。智慧城市平台以信息和通信技术为基础，对复杂的城市系统进行数据获取、分析和评价，从而对城市交通、灾害、服务等需求做出智能响应、管理和运行。如"智慧上海"重点发展云计算、大数据、人工智能等高新技术产业，在城市建设和管理方面取得了显著成绩。但我国以防灾信息为主的数字信息平台建设还处在起步阶段。防灾设施、应急避难场所等信息仍主要以静态地图方式查询，信息详实度和互动性还有很大的提升空间(图 8-1、8-2)。

图 8-1　东京防灾地图网站

来源：东京都防災マップ［DB/OL］.東京都総務局総合防災部防災管理課，http：//map. bousai. metro. tokyo. jp/

(a)潜在地质灾害信息查询

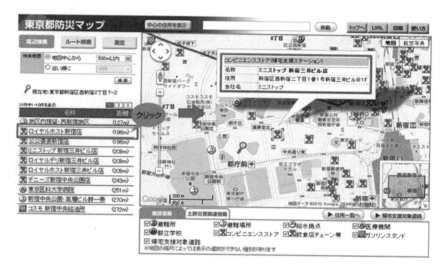

（b）避难场所信息查询

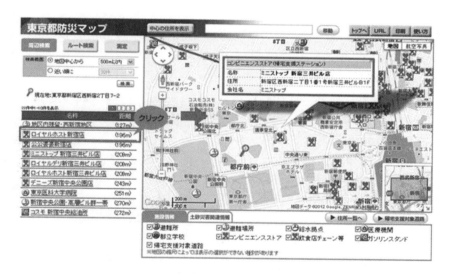

（c）灾时安全道路信息查询

图 8-2　防灾信息查询（续）

来源：东京都防災マップ［DB/OL］．東京都総務局総合防災部防災管理課，
http：//map. bousai. metro. tokyo. jp/

8.1.2　基于灾害全过程的响应系统

一般灾害发生时段主要包含减灾、准备、反应、恢复四阶段[7]。在这一过程中，非工程防灾措施在灾害监测与预警、应急信息收集与发布、应急预案与实施保障等诸多环节均起到重要作用。

8.1.2.1 灾害监测

灾害监测主要依赖设置应对地震、洪水等特定灾害的专业设备，并结合数字技术、智慧技术、大数据等为灾害信息收集和判断提供更加便捷的途径。如通过 GIS 与遥感（RS）和全球定位系统（GPS）相结合，构成动态的灾害监测系统，可实时客观获取空间信息及灾害发生、发展和变化的数据作为 GIS 的数据来源，并通过 GIS 进行分析处理和决策支持[8]，并将预警信息及时发送到轨道交通、公路、民航等运输部门以及企业、居民社区等。

日本气象厅等相关机构在日本全国范围内设置了地震仪和地震强度仪，其地震综合监测网络包括高密度高灵敏度地震观测网、海底电缆式巨震综合观测网、地震灾害信息网等[9]，用来推测地震源的位置和地震规模、预报海啸、及测定各地的震动强度。当发生地震时，监测设备解析震源附近地震仪检测的初期微动，如果估测的最大强度接近 5 级以上，则立刻发布紧急地震速报。该系统在地震发生后的 2 分钟左右可发布 3 级以上地震的震级，5 分钟左右发布震源位置、地震规模、及观测到较大摇动的市町村的地震强度[10]。该系统通过广范围的卫星图形早期掌握受灾状况，并通过 GIS 将防灾机构的综合防灾信息汇集到共用地图，实现信息共享[10]。综合防灾信息包括地震损失评估结果、生命线系统停止供给信息、气象观测信息、地震避难所和医疗设施等信息。

希腊在地下埋设电极，通过观测地下电压的变化预测地震。该方法能够在半径 100 公里以内，以里氏震级 0.7 以内的误差准确预测地震的地点、日期和震级大小，其预报率和准确率对于里氏震级 5 级以上的地震均约可达 60%[11]。

纽约市"连接的城市"（connected city）计划实现了城市的信息化、智能化和网络化构建，该计划运用物联网技术、射频识别技术 RFID、GIS、RS、GPS 等技术收集城市各类信息，通过数据中心将信息整合处理并提供数字化的综合型信息平台，同时通过云计算技术对数据进行处理，为管理决策提供响应依据。数字城市使纽约市在应对"桑迪"飓风中提高了应急处理的效率，并使人们提早通过多种渠道获得飓风的实时信息，做好预防的准备，从而在一定程度上减轻了灾害的影响（图 8-3）。

灾害信息的早期获知对灾情判断、灾害预警、早期处理以及应急部署等具有重要意义，目前我国已基本建成覆盖全国的地震监测台网、地震分析预报和地震科研体系，但仍存在着台网分布不均匀、监测能力较弱、技术有限等问题，且具有监测手段单一、监测系统之间联系弱等缺陷，其及时性、准确性、连续性和全面性受到一定限制，影响了灾害监测识别与及时预警。针对

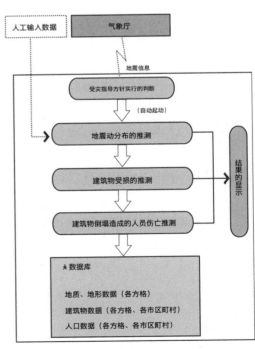

图 8-3　日本综合防灾信息系统

来源：日本の災害対策[R]. 日本内阁府，2011.

这一问题，在进一步建设中应综合利用多种监测方式，形成卫星-航空-地表-地下紧密结合的广义遥感监测体系①，实现对地球运动、变化及灾变过程的全面监测[12]。另外，将 GIS 的数据管理、处理能力和智慧技术结合起来，可提高防灾工作的效率并减少经验依赖的程度和人为的任意性[13]。

8.1.2.2 灾害预警

预警是根据以往的总结的规律或观测得到的可能性前兆，在灾害尚未形成影响之前发出警示信号，防止灾害在不知情或准备不足的情况下产生较大影响，从而最大程度的减低危害所造成损失的行为[14]。日本 2007 年启动的地震预警系统（EWS，Early Warning System）是一套可迅速侦测地震并根据地震强度发布警讯的系统。地震发生后能量以纵波和横波两种形式释放，纵波（P 波）速度快但破坏能力小；横波（S 波，主震动）速度仅为纵波的一半多，但破坏力巨大。地震预警系统在靠近震源的地点检测到 P 波后立及处理，对震源位置、地震规模、各地主震到达时间及强度进行预测并发布预警信息（图 8-4）。

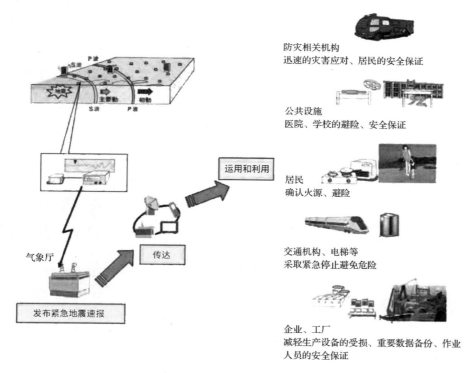

图 8-4　日本紧急地震速报图示

来源：日本の災害対策［R］. 日本内閣府，2011.

---

① 将一切利用电磁与非电磁信号、远离目标体进行直接和间接感知与测量的方式，即广义遥感，包括经典遥感、非接触式测量和地球物理测量等。

从检测到纵波到横波产生影响，期间存在着几秒到几十秒的时间差，预警信息可及时发送到轨道交通、公路、民航等运输部门以及企业、居民社区等，在这期间接到警报的部门启动自身的预警机制，如有关部门可以采取列车停车、电梯控制等措施，居民可及时切断电气系统，并进行疏散和避难行动。另外还可通过网络技术实行电脑自动控制在接到警报后自动切断电源，避免次生灾害发生，将灾害的损失降低到最小。研究结论显示，在地震预警100%普及的情况下，死亡人数能够减少80%[15]。我国台湾也建立了地震早期预警系统，并在多次地震中发挥了重要作用。

目前我国尚未在全国范围内实行预警系统，仅在核电站、输气管线等重大基础设施配置了地震报警及处理系统。2007年10月，《国家防震减灾规划（2006年—2020年）》发布，其中明确提出要建立地震预警系统，据此各省市的地震预警系统也将陆续建设。

8.1.2.3 应急信息

应急信息的快速收集与及时、准确、有效地发布是实现第一时间避灾和救灾，减轻灾害影响的重要环节。随着数字技术的普及，城市灾害发布系统的可用渠道更加丰富，因此应充分利用已有科技产品，建立全面、完备城市灾害信息系统。防灾信息可通过广播、电视、报刊、通信、网络、公共电子显示牌、警报器、信息广播车及人员通知等方法进行传播，确保人员及时准确得获得相关应急信息（图8-5）。

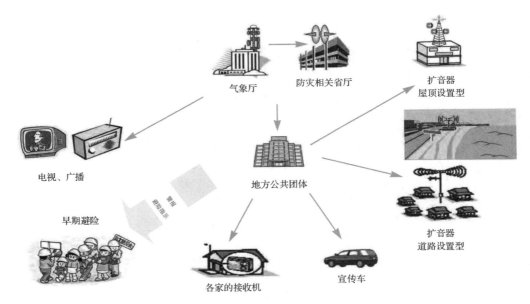

图8-5 日本应急信息发布

来源：日本の災害対策[R]. 日本内阁府，2011.

日本构建了气象厅与中央政府及地方防灾机构、媒体在线等相连接的应急信息系统；建立了连接中央政府等机构的中央防灾无线网络、连接全国消防机构的消防无线网络、连接地方公共团体消防机构及市民的都道府县、市町村防灾行政无线网络等灾害对策专用的无线通信网络。中央防灾无线网络可用于共享电话、传真、数据通信、视频会议、及以直升机传送的灾害影像。其资料体系由四部分构成：防灾相关机构间的通信资料、当地灾害对策本部的通信资料、都道府县等的通信资料以及灾情时紧急联络网资料。中央防灾无线网络可分为地面无线线路、移动无线线路、国土交通省线路、卫星线路、其他部门线路、有线线路；此外还建立了卫星通信系统与受灾当地联系(图 8-6)。

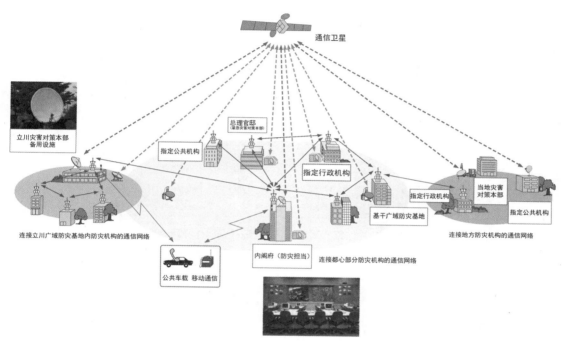

图 8-6　日本中央防灾无线网络

来源：中央防災無線網——大規模災害発生時における基幹通信ネットワーク[R]. 日本内閣府，2013.

电视和广播网络覆盖面广，其信息发布具有较高的实时性和方便性，可作为灾时主要应急信息传播工具之一。各级政府应选择指定的广播、电视、报刊等媒体作为信息发布的唯一官方渠道，并以报道灾害预报、疏散逃生等指导性内容为主，而非以灾害损失为主[16]。如日本NHK 电视台作为日本官方灾害信息发布媒体，不仅与灾害监测系统建立了紧密联系，其自身还具有独立的灾害信息采集系统，一旦发生灾害，电视台立刻停播节目并报道灾害预防和应急防灾信息[16]。

同时，通过数字网络途径，人们可以将所获实时信息分享，为政府及相关部门获得信息提供一些传统渠道难以及时获取的信息。通过网络平台，人们可以了解分享灾害对自己所在位置的影响情况，周围道路、建筑等设施的损害及关闭情况，亲朋好友的安全状态等。如美国地理测绘局(USGS)"你感觉到了吗(Did You Feel It)？"网站不仅提供了多种灾害实时信息、相关知识以及防灾措施，还通过多种网络渠道建立了市民共享信息及进行反馈的平台[17]。日本 NTT 电话提供受灾地电话号码作为邮箱的录音系统，通过拨打无局号的"171"电话人们可以进行录音和播放，从而通过话音邮件确认受灾地区亲属的安全状况[18](图 8-7)。

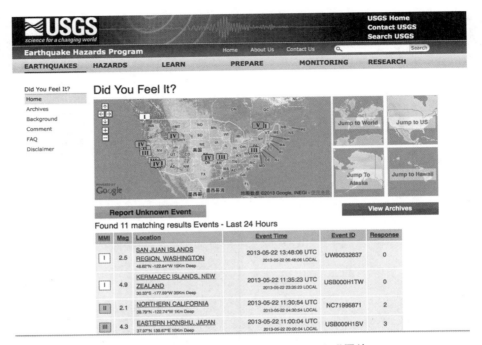

图 8-7　"你感觉到了吗(Did You Feel It)?"网站

来源：Did You Feel It? ［DB/OL］. http：//earthquake. usgs. gov/earthquakes/? source＝sitenav

8.1.2.4　实施保障

应急预案的建立应统筹安排政府相关部门，成立以政府为主导的官方预警监控机构[19]，建立信息共享的专业预警平台和城市、城区、街道、社区的分级工作系统，明确各级行政机构的目标、责任与职能，提出具体的应急实施措施和保障方法，并保证其发布信息的透明性和权威性。同时，进一步加强国家及地方政府应急预案的法律保障，成立独立的防灾管理部门，形成部门间横向协调和统一指挥的工作机制，避免应急救援力量的分散和混乱。我国在应急管理方面已制定了从国家到地方层面的各级应急预案体系，并逐渐投入实施中。但与发达国家相比我国还存在一定的差距。为保障防灾响应系统的有效运行，亟待建立全国多层次的防灾信息共享平台。

集合互联网、物联网、智能信息处理等多种综合技术，并与国家、各大城市减灾中心、各涉灾部门联网，实现全国范围的灾害数据资料共享，实时掌握区域和地方灾害动态及相关影响，以提高决策的准确性[20]。最终，构建信息共享的数据库和网络平台，包括基础信息库、知识库、案例库、文档库、预案库等专业数据库，并与监测技术紧密联系实行实时更新。建立空、地、人的立体监测网，以及与气象、水文、地质、地震、环保、消防、卫生防疫等部门监测系统相互衔接和补充的城市综合灾害监测系统。

8.1.3　灾害管理体制与法律法规

近年来，虽然我国防灾领域中的各项工作已经得到加强和完善，但依然存在着多方面的问题。现阶段全国各地的城市防灾规划体系还未形成自上而下的清晰网络化构架，防灾规划建设中存在着诸多问题，如目标灾种少、防灾手段单一、防灾布局不合理、防灾设施欠缺和重复配置并存以及局部高水准和整体水平偏低等问题。我国城市实行的是分灾种、分部门的灾害管理模式。资源共享性较弱，水平参差不齐，职责权限交叉和分割，未形成分工和协作的良好机制。防灾规划虽然是城市规划中的重要组成部分，但在实际规划编制和城市建设中却始终处于从属地位。防灾规划的编制主要基于工程技术为城市防灾提供技术、管理和组织程序上的专业措施，而缺乏基于综合防灾理念的城市全局考虑。如在城市总体规划中，防灾规划停留于用地适宜性评价层面；在控制性、修建性详细规划中，关于防灾空间、避难场所、疏散通道的设置也少有体现。因此，现阶段迫切需要建立适应我国城市组织层级特点的灾害管理制度，发挥城市、街道、住区党（团）组织的带头作用，建立城市灾害应急机构等核心防灾组织，在上级部门支持下积极制定各级防灾规划及实施指南。

此外，我国现行的防灾法律基本针对单一灾种，仍然缺乏城市层面的综合防灾法律法规。在这方面，日本的防灾法律体系可以作为借鉴，其防灾法律体系由基本法、灾害预防、灾害应急、灾害恢复和复兴四方面构成，为防灾活动的有序进行提供了法律保障和依据。

《防灾对策基本法》是日本防灾法律的核心，以 1959 年的伊势湾台风为契机制定，并在吸取阪神大地震灾害教训的基础上进行了完善。其主要内容包括：防灾责任的明确化、有关防灾的组织系统、防灾计划、灾害预防、灾害应急对策、灾害恢复计划、财政金融措施及灾害紧急事态计划。基于我国各地区的现实条件，可以在一些城市进行非工程防灾法规的示范项目，尤其是一些具备经济和社会基础的发达地区或城市，更应该针对其所处地域的自然环境、城市规模、人口密度等基本条件制定基于多灾种的非工程防灾制度，成为城市综合防灾的重要制度保障。

8.2　社会系统与非工程防灾

灾害的发生并非偶然现象，而是各种危险和脆弱条件不断累积的产物；并非所有的灾害都会造成灾难，灾难的形成揭示了城市环境、社会、经济、政治等方面的问题。发生在我国的 2003 年非典疫情扩散，2008 年汶川地震大规模破坏和伤亡，2010 年上海静安火灾的发生和迅速蔓延，2010 年我国 269 座县级以上城市受淹及 2012 年北京等大城市暴雨等灾害事件均显示出我国在灾害应对方面的事前准备不足、事中能力欠缺、事后反思不够等问题[21]。长期以来人们将灾害作为偶然事件处理，只在灾害来临

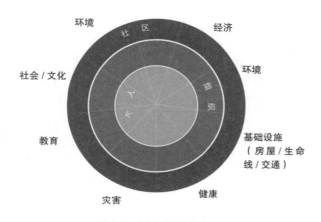

图 8-8　城市韧性车轮

来源：How To Make Cities More Resilient：A Handbook For Local Government Leaders[R]. International Strategy for Disaster Reduction. Unite Nations，2012.

时被动地采取应灾措施，忽略了灾害孕育形成过程与人类活动的密切关系，而防灾减灾应是城市环境、经济、社会可持续发展的重要组成部分，通过社会防灾系统的建立可提升城市适灾韧性，达到巩固城市防灾系统的目的。

8.2.1 防灾教育与防灾活动

防灾与每个公民的切身利益密切相关，每个公民都具有参与防灾活动的权利和义务，并且公民的积极参与将直接影响到防灾活动实施的效果。因此，应积极加强防灾宣传，提升全社会的防灾意识，使公民能正视灾害并有准备地应对灾害。

根据灾害的范畴，宣传教育可分为两个方面：一方面，针对渐进性灾害，提高人们对于生态和环保方面的认识，了解到个人对环境保护所能做的贡献和途径，从每个人做起减弱人类活动对城市环境的影响，不为灾害创造孕育环境。另一方面，应了解所在地区的易发灾害、灾害特点，熟悉地区周围避难场所和安全路线，掌握防灾设备使用、避难疏散的知识，提高自救和互救的能力，并建立邻里互助的协作体制，以及进行必要的演习和训练。

日本在全社会建立自助、互助、公助相结合的模式，即每位公民及企业以自觉为基础的"自助"、地区多样主体的"互助"和国家及地方公共团体的"公助"之间的协作。中央防灾会议2006年确立了"采取安全、放心、有价值的行动"为口号的"关于推进减灾国民运动的基本方针"，推动个人、家庭、地区、企业及团体等日常性减灾活动及投资的持续开展。该活动包括动员更加广泛层次的群众防灾活动；以多种形式、通俗易懂的方式宣传防灾知识；促进企业和家庭对防灾的投资；促进各种组织参加的广范围协作；促进每个公民长期持续进行防灾活动五部分（表 8-1）。

表 8-1 日本关于推进减灾国民运动的基本方针

1	动员更广泛层次的群众防灾活动	在地区庆典活动中设置防灾活动部分
		防灾演习中进行家具的固定
		防灾教育的充实
2	以多种形式、通俗易懂的方式宣传防灾知识	利用画册、照片集、动画剧、游戏等各种媒体宣传
		结合灾害经验教训进行介绍
3	促进企业和家庭对防灾的投资	促进企业及家庭对防灾的投资
		建立商务区、商业街的防灾意识（从退守型防灾向进攻型防灾转变）
		促进业务持续计划（BCP）的制定
4	促进各种组织参加的广范围协作	国家机构、地方政府、学校、公民馆、PTA、企业、志愿者团体等的协作
5	促进每个公民长期持续进行防灾活动	促进每个地区设立防灾活动
		在地区、学校、企业进行防灾活动的先进事迹表彰

来源：根据 日本の災害対策［R］. 日本内阁府，2011. 绘制

日本通过"防灾日""防灾周"在全国各地举行防灾展示会、演讲会、防灾演习等各种活动，普及防灾知识；在"防灾和志愿者日"及"防灾和志愿者周"期间地方公共团体等紧密协作在全国举行演讲会、讲习会、展示会等活动，推广灾害时的志愿者活动和自主性防灾活动[10]（图8-9）。借鉴日本的防灾宣传经验，防灾宣传教育不仅在于设立"防灾日"等活动，更应通过各类宣传渠道和在固定的地点、人群、领域内持续地、规律化地进行，已达到知识普及的效果。如通过广播电视、报刊书籍、公益广告、网络等多种媒体，并以学校、社区、公司等为单位，设立固定宣传时间、地点的防灾活动。

图 8-9　日本的防灾宣传

来源：防震大国养成记［DB/OL］. 网易新闻，http：//news. 163. com/photoview/3R710001/33928. html # p = 8T5GIHVU3R710001

8.2.2　建立安全社区和规划避难行

世界卫生组织（WHO）1989 年提出"安全社区"概念①，该概念强调了安全社区不仅应建立社区自身防灾体系，还要形成保障自身体系循环的措施。即安全社区需要联合社区公民、区内各组织及各级机构发挥各自优势，形成相互协助的稳定系统。2002 年我国山东省济南市槐荫区青年公园社区被 WHO 命名为安全社区，2006 年我国颁布了《安全社区建设基本要求》（AQ/T9001—2006），2007 年开始实行《"减灾社区示范"标准》，2010 年发布了《全国综合减灾示范社区标准》。至此，我国安全社区建设已经有了一定的理论基础和建设标准，但实际的大规模建设还处于起步阶段，并在不断探索之中[21]。

随着城市的不断发展，安全社区建设应采取重点城市先行规划作为示范，逐步在全国推广的方针，建立以区级、街区级和单位级别（公司或住区）的防灾单元，建立自上而下、多层次的应急管理体系和应急预案，形成常态化的防灾宣传和管理，强化市民参与和共同面对危机的意识，实现安全社区的可持续发展。在建立中，结合我国组织层级特点，发挥社区党（团）的组织带头作用，建立灾害应急机构等地区级核心防灾组织。并且应在上级部门支持下积极制订

---

①　安全社区需制定针对所有居民、环境和条件的积极的安全预防方案；具有包括政府、卫生服务机构、志愿者组织、企业和个人共同参与的工作网络，网络中各个组织之间紧密联系，充分运用各自的资源为社区安全服务。

各级防灾规划及实施指南。另外，建立政府、公众、个人、志愿者的社会联合防灾体系，充分发挥公民在防灾中的积极作用，建立社区公民的集体感，并提供、增加和丰富公民参与的形式。

在此基础上，应促进市民根据安全社区规划提前规划自己的避难行动，以应对未来可能发生的灾害风险。以地震为例，居民在地震发生初期应采取一系列行动（图8-10），随后应根据所在地是否发生火灾及住宅倒塌、有无人员伤亡、是否存在危险，以及当地是否发布避难通知，进行选择性避难。可以选择直接从家到紧急避难场所（防灾据点），或与家人朋友相约在之前确定的地点集合后一同到达紧急避难场所（防灾据点）。到达后应检查紧急避难场所周围的安全性（如是否存在火灾蔓延的危险），根据实际情况转移到具有广域避难场所作用的郊野防灾公园或中心避难场所，等待灾害危险减轻以及地震灾害对建筑影响稳定后，撤离到紧急避难场所（防灾据点）。如居民住宅受到较大破坏可选择到固定避难场所进行避难，当灾害消除以及居民住宅修复完成后可回到居住地（图8-11）。需要注意的是，灾害趋于平静后，数量众多的人员在回家或前往避难场所的过程中，可能会在道路上发生二次灾害。因此，政府防灾管理机构应为步行回家人员提供安全保障计划，规划出灾害发生时可安全通行的道路，提供网络实时查询，使居民在灾害发生时主动选择安全道路。同时，在安全道路沿线提供各种类型的服务，包括便利店、连锁店、学校、加油站等，为步行者提供水、厕所、休息区域，以及道路信息和紧急避难场所查询等。

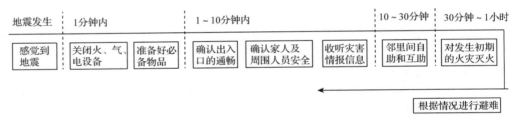

图 8-10　地震灾害发生初期的应急反应

来源：本章参考文献[1]

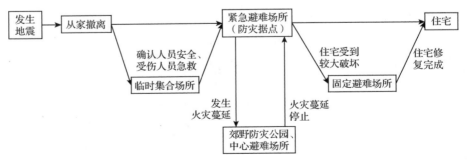

图 8-11　避难选择时序图

来源：本章参考文献[1]

8.3　经济系统与非工程防灾

　　经济系统中，通过城市防灾工作的资金和财务风险管理体现城市应对灾害的韧性，其非工程防灾策略包含防灾建设的资金投入和来源、灾前财务性风险管理等内容。

8.3.1　防灾资金来源保障

　　稳定的资金来源是城市防灾工作顺利进行的重要保障。防灾应作为地方政府预算的一部分，用以增强城市经济、生态系统和基础设施等的抗灾能力。应增加防灾建设的资金投入，拓展资金来源渠道，并为灾害救助设立固定的基金。如日本在防灾方面投入很大，2010 年防灾的相关预算总计约 1 兆 2383 亿日元，其中科学技术研究占 0.6%，灾害预防占 17.5%，国土保全占 62.4%，灾害恢复占 19.5%[10]。在防灾投入方面，地方政府应努力争取国家和上级政府的补充资金来开展防灾行动，并鼓励其他部门参与宣传活动以获得更多资助。日本东京与民间部门和团体签订了"事先型"的平时合作协定，确保灾时能够迅速进行物资和设备的调配[23]。同时，提高资金使用效率，通过科学论证制定地区防灾规划，并提出保障实施的机制。另外，为建筑和基础设施防灾减灾建设进行投资的企业实行激励政策，鼓励对房屋的评估、加固和翻新；对增加灾害风险和导致环境恶化的情况进行罚款和制裁[24]。

8.3.2　灾前财务性风险管理

　　积极推行灾害保险为主的灾前财务性风险管理措施，灾害发生后通过灾害风险分担，可以经济手段度局部受灾地区的损失给予部分赔偿，减轻当事人的损失，达到促进生产和生活恢复的效果。日本 1966 年开办了地震保险，并在其后不断充实完善保险的内容。其保险内容包括以民宅及其内部家财为对象的家庭财产的地震保险和以工厂、仓库、事务所、商店等拥有的建筑物、机器、设备、产品、商品为对象的企业财产的地震保险，承保灾种包括地震、火山爆发、海啸等[25]。目前，以保险为主的经济防灾方式在我国还未充分发展，在高密度城市中心区可率先尝试推行以政府为主体、并结合市场机制的巨灾保险供给模式，并充分结合高密度城市中心区的经济、社会等情况制定相应的标准和管理机制[22]。

　　城市灾害的形成及其防御过程与城市活动的方方面面密切相关，灾害源仅是灾害发生的外因，而国家制度、经济发展水平、社会组织结构、城市灾害管理能力和城市居民的防灾意识等是影响灾害规模和强度的基本因素和内因[23]。非工程防灾策略是工程防灾策略的保障和补充，非工程策略的广泛运用可以促使全社会从各方面为防灾做好充足的准备，将有助于社会整体防灾意识和整体防灾水平的提升。

　　通过基于智慧城市理念的监测、预报和预警信息发布等非工程措施，可以使人们及时离开易受到灾害威胁的区域；通过加强防灾宣传，普及防灾救助知识，使人们在灾害发生时能进行有效的自救，避免大范围的人员伤亡。另外，通过防灾基金的设立和防灾保险制度的完善，可为灾后修复和重建家园提供保障。因此，基于韧性理念的非工程防灾策略，是城市综合防灾目标得以实现的重要保障，是城市的自然—经济—社会整合系统中的重要组成部分。

参考文献

［1］王峤，曾坚，臧鑫宇．城市综合防灾中的韧性思维与非工程防灾策略［J］．天津大学学报（社会科学版），2018，20（6）：532-538.

［2］梁志勇，何晓燕．国外非工程防洪减灾战略研究（I）：减灾措施［J］．自然灾害学报，2002，11（1）：52-57.

［3］翟国方．规划，让城市更安全［J］．国际城市规划，2011，26（4）：1-2.

［4］UNISDR. HowTo Make Cities More Resilient：A Hand Book for Local Government Leaders［R］. Geneva, Switzerland：United Nations Office for Disaster Risk Reduction，2012.

［5］崔秋文，陈英方，陈长林等．数字城市防震减灾［J］．防灾博览，2006（5）：30-31.

［6］数字城市案例集锦［R］. ESRI 中国（北京）有限公司，2008.

［7］FEMA. Multi-Hazard Mitigation Planning Guidance under the Disaster Mitigation Act of 2000［R］. Washington，DC：Federal Emergency Management Agency，2008.

［8］孙芹芹，陈少沛，谭建军等．基于 MDA 的城市地质防灾应急 GIS 模型研究［J］．计算机技术与发展，2008，18（7）：184-186.

［9］李卫东，王宜．现代化的日本地震综合监测网络［M］．北京：地震出版社，2009.

［10］日本の災害対策［R］．日本内阁府，2011.

［11］张洪由．日本加强防震减灾研究［J］．国际地震动态，1995（9）：29-30.

［12］吴立新，刘善军．GEOSS 条件下固体地球灾害的广义遥感监测［J］．科技导报，2007，25（6）：5-11.

［13］李先梅．GIS 在防震减灾中应用的发展趋势研究［J］．防灾技术高等专科学校学报，2006，8（2）：73-76.

［14］预警［DB/OL］．百度百科，http：//baike. baidu. com/view/316884. htm.

［15］问路地震预警［DB/OL］．财经网，2008. http：//www. caijing. com. cn/2008 - 10 - 31/110025186. html.

［16］金磊．城市灾难中的应急管理与媒体应对策略［N］．中国建设报 . 2011-07-26（3）.

［17］Did You Feel It?［DB/OL］. http：//earthquake. usgs. gov/earthquakes/? source = sitenav.

［18］東京都帰宅困難者対策実施計画［R］．日本东京都 . 2012.

［19］林奇凯，刘海潮，梁虹，等．当前城市社会风险预警管理 现状及其机制构建：以宁波市为例［J］．宁波大学学报：人文科学版，2012，25（1）：108-113.

［20］邹武杰，傅敏宁，周国强等．城市综合减灾服务体系建设方案设计初探［J］．自然灾害学报，2004，13（3）：30-32.

［21］中国城市状况报告 2012/2013［M］．北京：外文出版社，2014.

［22］童星，陶鹏．国外防灾减灾新经验与启示［J］．中国应急管理 . 2011（12）：13-18.

［23］顾林生．城市综合防灾与危机管理［J］．中国公共安全（学术版），2005（2）：41-46.

［24］How to Make Cities More Resilient：A Handbook for Local Government Leaders［R］. International Strategy for Disaster Reduction. Unite Nations，2012.

［25］刘竹年．日本的地震保险［J］．世界地震工程，1993（1）：22-29.

［26］翟国方．规划，让城市更安全［J］．国际城市规划，2011，26（4）：1-2.